TOPOGRAPHICAL STORIES
Studies in Landscape and Architecture

地形学故事
景观与建筑研究

AS 当代建筑理论论坛系列读本

TOPOGRAPHICAL STORIES

Studies in Landscape and Architecture

地形学故事

景观与建筑研究

[美] 戴维·莱瑟巴罗　著

刘东洋　陈洁萍　译

中国建筑工业出版社

总序

“AS当代建筑理论论坛系列读本”的出版是“AS当代建筑理论论坛”的学术活动之一。从2008年策划开始，到2010年活动的开启至今，“AS当代建筑理论论坛”都是由内在相关的三个部分组成：理论著作的翻译（AS Readings）、对著作中相关议题展开讨论的国际研讨会（AS Symposium），以及以研讨会为基础的《建筑研究》（AS Studies）的出版。三个部分各有侧重，无疑，理论著作的翻译、解读是整个论坛活动的支点之一。因此，“AS读本”的定位不仅是推动理论翻译与研究的结合，而且体现了我们所看重的“建筑理论”的研究方向。

“AS当代建筑理论论坛”，就整体而言，关注的核心有两个：一是作为现代知识形式的建筑学；二是作为探索、质疑和丰富这一知识构成条件的中国。就前者而言，我们的问题是：在建筑研究边界不断扩展，建筑解读与讨论越来越多地进入到跨学科质询的同时，建筑学自身的建构依然是一个问题——如何返回建筑，如何将更广泛的议题批判性地转化为建筑问题，并由此重构建筑知识，在与建筑实践相关联的同时，又对当代的境况予以回应。而这些批判性的转化、重构、关联与回应的工作，正是我们所关注的建筑理论的贡献所在。

这当然只是面向建筑理论的一种理解和一种工作，但却是“AS读本”的选择标准。具体地说，我们的标准有三个：一、不管地域背景和文化语境如何，指向的是具有普遍性的建筑问题的揭示和建构，因为只有这样，我们才可以在跨文化和跨越文化中，进行共同的和有差异性的讨论，也即“中国条件”的意义；二、以建筑学内在的问题为核心，同时涉及观念或概念（词）与建筑对象（物）的关系的讨论和建构，无论是直接的，还是关于或通过中介的；三、以第二次世界大战后出版的对当代建筑知识的构成产生过重要影响的著作为主，并且在某个或某些个议题的讨论中，具有一定的开拓性，或代表性。

对于翻译，我们从来不认为是一个单纯的文字工作，而是一项研究。“AS读本”的翻译与“AS研讨会”结合的初衷之一，即是提倡一种“语境翻译”（contextural translation），和与之相应的跨语境的建筑讨论。换句话说，我们翻译的目的不只是在不同的语言中找到意义对应的词，而且要同时理解这些理论议题产生的背景、面对的问题和构建的方式，其概念的范畴和指代物之间的关系。于此，一方面，能相对准确地把握原著的思想；另一方面，理解不同语境下的相同与差异，帮助我们更深入地反观彼此的问题。

整个“AS 当代建筑理论论坛”的系列活动得到了海内外诸多学者的支持，并组成了 Mark Cousins 教授、陈薇教授等领衔的学术委员会。论坛的整体运行有赖于三个机构的相互合作：来自南京的东南大学建筑学院、来自伦敦的“AA”建筑联盟学院，和来自上海的华东建筑集团股份有限公司（简称“华建集团”）。这一合作本身即蕴含着我们的组织意图，建立一个理论与实践相关联而非分离的国际交流的平台。

李华　葛明

2017 年 7 月于南京

学术架构

“AS当代建筑理论论坛系列读本”主持

李华
东南大学

葛明
东南大学

“AS当代建筑理论论坛”学术委员会

学术委员会主席

马克·卡森斯
“AA”建筑联盟学院

陈薇
东南大学

学术委员会委员

斯坦福·安德森
麻省理工学院

阿德里安·福蒂
伦敦大学学院

迈克尔·海斯
哈佛大学

戴维·莱瑟巴罗
宾夕法尼亚大学

布雷特·斯蒂尔
“AA”建筑联盟学院

安东尼·维德勒
库伯联盟

刘先觉
东南大学

王骏阳
同济大学

李士桥
弗吉尼亚大学

王建国
东南大学

韩冬青
东南大学

董卫
东南大学

张桦
华建集团

沈迪
华建集团

翻译顾问

王斯福
伦敦政治经济学院

朱剑飞
墨尔本大学

阮昕
新南威尔士大学

赖德霖
路易威尔大学

“AS当代建筑理论论坛”主办机构

东南大学

“AA”建筑联盟学院

华建集团

目录

总序

学术架构

导言：景观建筑学与建筑学的地形性前提 1

第 1 章 作为框架的地构：
或地形如何超越自己 15

第 2 章 培育、建造与创造力：
或地形是如何（在时间中）变化的 53

第 3 章 设计自由与自然法则：
或地形是如何因地而异的 79

第 4 章 平整场地：或地形是如何成为各种
小地平汇聚起来的地平面的 103

第 5 章 性格、几何与透视：
或地形是如何藏匿自身的 119

第 6 章 建筑与情境：
或地形是如何显露自己的 151

第 7 章 形象和它的场景：
或地形是如何保留行动的痕迹的 181

结语：微尘伦理学 211

索引 230
致谢 244
注释 246
译后记：关键词译法 274

导言：景观建筑学与建筑学的地形性前提

1

在这篇导言中，我想描述一下景观建筑学与建筑学（Landscape Architecture and Architecture）这两大学科是如何帮助构建起合一的文化框架——地形学（Topography）的。

景观和建筑这两大学科的关系需要我们重新思考，因为一直到现在，主导着理论和实践的有关这两个学科关系的两种解释版本都变得越来越可疑，也必须说，令人生厌。一种常见的说法是，这两大学科在本质上就是彼此不同的，也最好作为不同学科研究和实践。另一种观点则假定了相反的关系，认为这两大学科其实就是一个学科，最好当成同一学科对待。第一种观点的历史优势在于它容许景观建筑学作为一个独立学科成熟起来。第二种观点的理论优势在于它容许景观和建筑的实践重新发现它们在创造性制作以及设计上的共同起源。主张景观和建筑学当分当合的争吵，在过去的几十年间一方面制造了鲜活的话语，一方面也让话语离题且乏味。晚近又出现了第三种认识，一种较好的版本，因为它不那么容易陷入教条立场，更为准确地面向实践本身。景观和建筑既不真的相同也不完全不同，它们只是彼此相似罢了。二者共享的话题（主题、框架、场所）就是地形学。地形学不只奠定了景观与建筑的相似性，还为二者对当代文化的贡献提供了基础。景观建筑学和建筑学的任务，它们作为“地形性艺术”（topographical arts）的任务，就是要用持久的维度与美好的表达，为我们的生活提供平凡的模式。

3

作为观察，它看似没什么大不了的，作为陈述，它听上去就像无需证明似的。但真要解释我们刚刚所提出的景观和建筑的相似性却并不容易，因为有关这两个学科相似性的问题直接深入到了两个学科各自的核心，扰动着那些人们习以为常的假设。还有，在它们此时的共同史里，景观和建筑必须决定它们是怎么就彼此相似的，才能层析出它们在当代文化中如何更新和重建自己建设性角色的方式。让我们借用一下柏拉图在《智者篇》（The Sophist）[1]中的分类法，我们可以用有关“不同”（difference）、“相同”（sameness）、“相似”（similarity）的概念，重新陈述一下此导言中所试图回答的问题：景观建筑学和建筑学这两大学科所共享的前提到底是什么？

传统的解读会认为这两大学科本质上就彼此不同。直到不久前，人们还在把建筑学理解成为“母学科”，景观则为建筑学的“子学科”。景观和建筑的专业史和理论史都支持这种假设。

图1 莱萨·达·帕尔梅拉浴场（Leca da Palmeira），葡萄牙，阿尔瓦罗·西扎（Alvaro Siza），1961—1966年

因为在很遥远的过去就有人声称自己是建筑师，而景观建筑学里产生这样能自我命名的实践者的历史则短得多。所以，人们认为景观专业始于19世纪。可同时，又没人会无理地认为实际的地景（landscape）营造没有建筑建造在时间上那么古老——诸如伊甸园（the Eden）传说这类神话记录，显示着造园艺术的出现该有多么久远。不过，我们又无法否认建筑和景观这两个专业的历史，的确一个长，一个短。

理论记录展示着相似且同样鲜明的差别。有关建筑的写作有着古老的历史，而那些专门的景观写作则到现代才出现。同样，没人会认为在19世纪之前的那些岁月里景观不值得成为理论反思的对象，可是有关造园和风景的思想却多出自其他领域的作者，比如农业专家、艺术史或美学专家、建筑学者，以及诗人、散文家和小说家。

因为很容易就区别出景观设计史和建筑史，所以人们通常会认为这两个学科在本质上就是不同的——就是母与子、前辈与后代的关系。不过，在题材上清晰辨别景观和建筑则很困难，或许都不太可能。例如，是景观还是建筑艺术应该负责一处内院的设计呢？即使是最著名的例子，对于这样的问题也很难有清晰的回答，比如位于加利福尼亚拉荷亚（La Jolla）的萨尔克研究所（the Salk Institute）的院子，或是位于俄亥俄哥伦布（Columbus）的韦克斯纳视觉艺术中心（the Wexner Center）的前院。在前者的设计中，路易·巴拉干（Luis Barragan）的景观实践不比路易斯·康（Louis I. Kahn）的建筑概念作用小。在后者的设计中，劳里·奥林（Laurie Olin）和彼得·埃森曼（Peter Eisenman）之间存在着相似的互补性。有了这些实例，我们就会质疑有关景观和建筑学科根本不同的说法是否还站得住脚，更不用提及早前几个世纪里其他无数的例子了。

4

在第二种分类里，也就是在认为景观和建筑“相同”的认识中，对历史的研究从属于对设计题材的反思：那就是景观和建筑都要考虑的形式和空间。跟音乐、文学或是电影不同，景观和建筑都是要给实际生活的场景与环境以广度（amplitude）和形构（configuration）。由于是这样的题材，就需要一种相当程度上的抽象，才能接纳“空间假说”（space hypothesis）以及它所需要的艺术门类搭配。人们需要忽视一些条件，具体到诸如建材、生产模式、常规尺度、使用类型，才能把景观和建筑看成是形式构成的艺术。然而，在所有相关类型的话语中，这一抽象看法都被制度化了：比如在教学、批评、学术和理论化的过程中。出于这一原因，评析一处花园布局中的不对称平衡，或是某建筑底层平面中相似的形构，都成了难易程度相同的事情；同样的话也适用于对一座花园或建筑的比例、节奏、“层次性”（layering）、透明性、流动或是连续性的评析。景观和建筑这两个领域里的专业杂志能提供大量的证据，说明形式主义话语的流行该有多么广泛。然而，对于任何想要打破牢固建立起来的思维习惯的人来说，很显然，这样的思维习惯所能穿透的并不深，这样一笔带过的态度也不会覆盖深入对策所需要的全部复杂性。当最初的设计和一般性概念开始变得更为详细时，当形式化方案被赋予具体功能或是放置到个别基地上时，景观和建筑这两类作品之间的相同性几乎就很难再被辨识出来。通常，这种相似性的提法也会因为太过概要化，而不再具有实际意义。

在有关景观建筑学和建筑学不同和相同的争论之外，还有第三种说法，那就是提出二者之间存在着相似性。要把握“相似性”这一简单的概念，比我们想象的更为困难。诸多讨论这两个领域的人都认定，景观是一种支脉艺术，是建筑学的后代，身份类似于室内设计。在这样的亲缘关系中，景观与建筑的共同性被当成毋庸置疑的东西而不加解释。当人们意识到建筑和景观的位置可以逆转且已经被逆转时，二者之间的相似性就显得比排位问题更为根本。如果说过去是景观向建筑寻求思想和方法的话，现在倒是那些本来（被认为）专属于景观的概念和技术被看作十分适合于建筑：比如，过程现象（phenomena of process）或是时间中的展现（temporal unfolding），用“标记”凸显刻画（“registration” promoting articulation），作为调查技术的“地图术”（mapping），等等。我们无法否认这些思想和方法在建筑学里产生的强烈影响，也不能将这种借鉴仅仅解释为生态意识增强的结果，尽管它肯定与生态意识有关。近来支持城市生态学的观点认为，对景观的思考能让建筑师重新认识设计建筑时的任务与本质，将建筑当成整体环境的一部分，而不仅仅是建筑学里的东西。晚近一本有关景观理论的著作提出的一个建议，也有类似于在景观和建筑之间进行重新排序的意思。那本书的作者认为花园才“更完美”，仿佛花园有着比“庄严建筑”（stately building）（所具有的）成熟文明度更高的提炼。[2]因为排序是不稳定的，那就必须去描述一种更为基本的关系，也就是一种有关这两个学科存在着相似性的关系。可是，在这样的相似性里又包含着什么东西呢?

那些赞成建筑学作为原初性学科的人声称，虽然前不久，建筑艺术忽视了景观学里的概念和方法，可这些概念和方法在过去几百年里完全属于建筑学，只不过叫法不同罢了。这么争吵下去并不会有什么结果。我们需要的有关相似性的论述，既能防止一个领域完全吞没另一个领域，也能抵制将它们当作完全分离的学科。接下来本书所采纳的就是这么一种中间立场，不过，还有着一个更具雄心的目标：就是要证明，只有当建筑和景观发现彼此关系的复杂性和广泛性时，只有当花园和建筑承认并且试图表达它们的地形性格时，景观和建筑才能恢复它们在当代文化中的立足点和角色。

在遥远的过去，景观和建筑之间的区别并不像它在20世纪时那么明显。是的，也就是在那段时期里，才发展出某些能将景观和建筑整合起来的最精彩的设计。就像在本书最后一章里所展示的那样，15到16世纪时，沿着阿尔卑斯山脚修建出来的朝圣之路都是实现了景观和建筑互补性的美好实例。只是到了巴洛克时期，这种景观和建筑的互补才走到了终点。那些关心于地势的美学或是非农业方面的设计师试图在思想和技术上跟那些关注于房间、建筑和城市空间的设计师区别开来。在这一时期，其他艺术也开始分家，建筑与雕塑分家，同样，涂绘和线绘也分了家。例如，线绘草图不再仅仅是一个工程的初始阶段，而是成了一个人艺术创造力的证明，就像一座城堡或是大教堂那样的明证——或许可以说更具雄辩力，因为天分在出自一人之手的作品里，比在那些折磨人的合作过程中，更能完全和强烈地实现它的潜能。这一比较中的“更能”在此引入了排序的问题。这也正是在浪漫主义早期那些艺术史学家和哲学家们关心的事情。例如，因为建筑所具有的物质实体性以及服务于实用事务的特性，黑格尔（Hegel）就把建筑排在所有其他门类美术之后。其他人会以不同的方式为各种艺术排序，但是这些人都假定了艺术是各自独立的。 6

哀叹于这样的独立以及它所倡导的专门化趋势，艺术史学家汉斯·塞德迈尔（Hans Sedlmayr）批评过“综合性艺术作品衰败”的负面后果。随着纯绘画（pure painting）、自主性建筑（autonomous architecture）、风景园（the landscape garden）的诞生，不只出现了之前曾一起合作的各种任务之间的纷争，而且各种艺术在公共领域的现实意义也开始萎缩，文化变得非人性化了。[3]塞德迈尔为他著作的英译本选了“失去的中心”（The Lost Centre）这么一个副标题。这也是对该书德文本怀旧的标题“Verlust der Mitte”的直白翻译。同样灰暗的情绪也出现在塞德迈尔从叶芝（William Butler Yeats）那里选来的题词中：“支离破碎，六神无主”（things fall apart，the center cannot hold）。

塞德迈尔机敏地指出了自文艺复兴以来就已经存在的各种艺术之间某种程度上的内部竞争。但是塞德迈尔令人惊讶地断言，只是到了“旧制度”（Ancien Régime）结束时，各种艺术才开始自主地界定自己的学科，摆脱跟建筑的结合。他说，这场革命的第一场主要战役就发生在户外。风景园的发展乃是“有意识抗议”建筑霸权的最初爆发地。作为一种序幕，英式园林的推崇者坚决反对所有支持法式园林的人。他们称赞前者为“自然的”，谴责后者为“人工的”、“非自然的”、“建筑化的”。塞德迈尔指认沙夫茨伯里伯爵三世（the Third Earl of Shaftesbury）为这场反叛的策动者。我对沙夫茨伯里在园林史中重要性的评价，出现在本书的第5章。沙夫茨伯里对于“带有自然色彩的事物”的敬畏似乎影响了那些不只是好战还有些伪 7

宗教情怀的积极分子们。在他身后的几十年间见证了一种有着自然神学支持的自然崇拜的发展。这一潮流的世俗化症状要算在19世纪初出现的“公园狂”（parkomania）了。这一症状清晰地表现在这一时期欧洲和美洲的墓地里，以及而后的大学校园设计中，还有晚近的“工业园区”身上。

这一论点自从被塞德迈尔在1955年提出之后，受到了严厉的批评，特别是来自现代艺术和建筑辩护者们的批评。他对风景园历史的记述也被指责存有缺陷，特别是有关英式花园的“自然”性格的描述上。奇西克花园（Chiswick Garden）里那些被移栽的大树即使被安置得看似“不规则”，也不能叫作“效法自然”。这个过小的花园里塞满了阁馆。约翰·狄克森·亨特（John Dixon Hunt）因此将之描述为一处“建筑的露天博物馆”——如果这就是“非建筑化”的话，那它一点儿都不自然。[4]最后，塞德迈尔跟德国纳粹的关系使得他的判断带上了污点，有了压抑和教条的意味。不过，尽管在塞德迈尔的概念、历史阐释和意识形态中有各种缺陷，他对“综合性艺术作品”（gesamtkunstwerk）走向解体以及之后多元化趋势的描述都帮助我们理解了后来人们试图反思建筑与景观关系时的历史语境。这不单解释了日后诸般尝试中为何会有派系性格，也在更为积极的一面解释了为何在有关景观和建筑孰先孰后的争论之外，人们仍在不断反思景观与建筑汇合的可能。

8

塞德迈尔的论述，不管存有多大的瑕疵，也还展示出对景观和建筑之间关系的一部阐释史。在我看来，当下任何有关此类话题的反思都该记得有这么一段历史。因为只有当我们理解了早前那些阐释的范畴之后，我们才会明白那些已经变得理所当然的概念和术语——也就是说，假如我们不这么做的话，这些已经变得理所当然的概念和术语仍会令人困惑。在过去的好多年里，就是因为不满足于有关建筑创造力本质和它在当代文化中的角色的主流阐释，我才一次次地返回这段历史。

首先，让我陈述一下我的这些跟学科有关的关注点。在1970和1980年代——就是所谓的后现代时期里——人们曾对建筑的语义方面很是关注。那些年里，人们经常讨论的“转向历史”（turn to history）指的是“转向历史中的风格”（turn to historical styles）。对于风格的执着又导向了对于“形象性”（imagery）的执着，特别是对建筑内外的二维形象或是“廓形形象”（figures in profile）的关注。空间被看作从属于表面，而表面又从属于风格——各式各样的风格。历史和风格原本可以提供除了形象性之外更多的研究话题，例如有关建筑建造过程的各种风格。但后现代建筑师只想要追回那些能够恢复建筑表达或是交流能力的图形。因为他们假定现代建筑缺失的就是现代建筑表面已经剥去的历史形象性。毕竟，现代建筑的设计师们承认，为了转向现代功能要求而拒绝了传统装饰。而后现代渴望的是意义，是从最为突出展示了“内容”的那些要素——建筑的“图形性”或是图画性要素——那里得来的结果。不过，在这一过程中，借来的也并非只有历史主题；符号学里的语汇和概念也被认为很适于解释建筑进行意指（signification）的潜能（变成一种传统修辞和现代营销的奇异混合）。

我从来都没有怀疑过建筑可以也应该具有表现力、喻象性或是交流能力，但我一直认为并且坚信建筑的显露方式与绘画、戏剧、电影的透露方式不同，更不用说广告了。或许，用一种更为有力的方式说，绘画特有的透露方式并不适合建筑用来制造它的意指，即使建筑有时会调用和展示图画性母题。 9

下面的这一前提尽可能直接地陈述了我的反向立场的基础：建筑物总是要建在某地。这一简洁的陈述可以帮助我们扭转让建筑在当代文化中日益丧失其意义的趋势。虽说这一陈述开启了诸多宽广的话题，它还是能即刻点出当建筑仅把自己展示为舞台布景时所具有的局限性，并提醒我们注意建造和地点的重要性。而建造和地点也是图画化建筑通常在其以市场为导向的对于表面和“随意意符”（free-signifiers）的关注中所忽视的话题。过去这些年，在为本书出版做了一定修改的文章里，我一直检验着这么一个前提，就是我们对于那些凝聚在园林之中、扩散到地景深处的地形（在构成上）的物质性和（在情境化）的空间性特征的反思，是否能够帮助建筑重新发现既能刻画形象，又能或许更能在更为基本的层面上拥有具有意义的显露模式。

关心地势并不意味着只对几何感兴趣（即，对一片土地的轮廓、范围或是形构感兴趣），关心地势还意味着在意实体事物的物质性、色彩、厚度、温度、光度、质感。还有，土地（land）不仅只是土壤，土地还包括了所有藏在地表之下需要我们去发现的一切，涌现在地表之上的一切以及若干维系着这种涌现过程的作用力。对于这些要素品质的关注，自然会导向对于它们之间关联性的关注，这样，也会导向对于它们表现力——甚至再现潜能——的关注。但是对于土地物质层面的关心也可以导向对土地功能性潜能的觉察，诸如一处基地上的物质都可以做些什么，除了表达或是再现之外，这些东西是否也能够在服务于其他目的的方面起到作用。对于地景实效性方面的关注也吸引着我们注意地景当中那些可预见性和不可预见事件。不可预见事件暴露的正是所谓先见和设计才智的局限。在某些情况下，这些局限可以说是灾难性的，而在另外一些情况下又可能有着极佳的作用。

进而言之，土地在明显具有物质实体性的同时，也明摆着具有空间性。即使典型的重透视感的设计手法有偏爱正面性和画面感的倾向，我们也没有理由否认这一点。关注一处场所的空间方面——围合性、连续性和延展度——也可以引导我们解 10

读土地可居住和可利用的潜力。它们不只是或者说本质上不是图画式的，而是实用性的。

除了土地的物质与空间视角之外，对于建筑来说，土地还有着更为迷人的第三个特征，那就是它的时间性品质。持续一段时间去观察，我们就会看到地景中的物质组成在持续地更新着自己。一处基地的新陈代谢是土地保持持续价值的能力的关键。时间还是体验景观的媒介，因为人只有在空间中穿越或是运动，才能最全面地了解地势。时间性为建筑感觉打开了一个精彩的维度。概言之：地景对于建筑来说是重要的，因为对于地势的物质性、空间性和时间性的关注展示了与图画式手段不同的方法是怎样增强建筑文化内涵的。

这也就是说，建筑面向地景的转向，可以让我们重新构想建筑在一个更大的文化语境里所扮演的角色。景观和建筑就是，或者说可以是，建设文化的载体、赋予我们生活模式以持久维度和表现的方式。花园和建筑在它们的表现性上就像任何其他形式的文化产品那样——例如诗歌、哲学或是政治的生产。这两种艺术的实践也像其他艺术的实践那样要接纳批评：一旦现有的格局被判断为不再恰当（使用上不当或是表达上不当），那么创造性思想就得提出其他的替代方法。在建筑领域里，过去几十年间一直有人在批评那种把建筑当成孤立物体去设计和建造的做法。许多人反对那种认为建筑可以从内部界定，无须参照具体地点去构思的观点。作为对比，有人提出在建筑与其附近其他形构的关系才是重要的。这一观点之下还有着各种不同说法，有的认为应该利用设计去维系或是维护先于项目的存在，有的认为可以利用设计去修改既有条件，还有的把设计视为某种形式的批判。通过重新修改在建筑和身体之间的古老类比，有些批评家将“物体化建筑”（object-buildings）的发展解释成现代个人主义的证据。公共空间的失落是跟公共生活的缺失有关的，因为内向化的私人生活已经绕开了这两者。例如，这就是理查德·桑内特（Richard Sennet）在《公共人的陨落》（The Fall of Public Man）一书中所阐释的主题。[5]然而，这一论点的哲学基础是建立在建筑学、城市理论和社会学之外的。

现代哲学对过去几十年里的建筑所做的重要贡献在于提出了“存在，必然是关联性存在”的说法，亦即，个人只能相对于他者或是在跟他者的对话中才能界定自己。在人身上成立的这一道理在建筑身上也成立。就提一个有关个人根本性介入的最为著名论点吧。马丁·海德格尔（Martin Heidegger）说过，人类的存在永远都是身处“此在”之境中的（sein ist dasin）。[6]即使当情境释放了对于个体的持有，个体体验到了“本真”生命的那些时刻，这也是一种基本条件。汉娜·阿伦特（Hannah Arendt）认为，公共生活乃是个人全面成熟所需要的生活世界。

她的这一观点深化了一个同样基本的前提。[7]人类自由是从公共领域即她所言的“显现空间”（the space of appearance）中去体验的。同样，莫里斯·梅洛–庞蒂（Maurice Merleau-Ponty）通过引述圣·埃克苏佩里（Saint-Exupery）的话结束他的大作：“人就是一种关系的网络。这些关系，对人来说才是重要的。”[8]当自由不能意识到如果个人没有锚固在世界中，他的行为和决定也将丧失了赋予意义的语境时，自由就会挣扎。在这方面，我们还可以引出许多其他哲学家［例如，马丁·布伯（Martin Buber）、伊曼努尔·列维纳斯（Emmanuel Levinas）、保罗·利科（Paul Ricoeur）、查尔斯·泰勒（Charles Taylor）］。所有这些人都在呼吁将个人重新理解为“世界中的存在”（being-in-the-world）。这么看时，存在总是卷入实际的、伦理的、政治的、美学的交互性所编织出来的质感丰富的关系中。思考的首要任务是发现和命名处在若干参照视域之中的人与事物之间的关系。这里所提出的建议是各种关系在同一层面展开，一种整合了各种不同制度和情境的都市或是乡野的地景。然而，“情境性”也是并且本质上是历史性的。历史性可以说是“情境性”的竖向维度。我们刚才引述的那些思想者们对于“在场”的批判已经导向了一种对事物和场所“行为性”性格（active character），以及它们的时间性和历史性的注意，或者借用一下让–吕克·马里翁（Jean-Luc Marion）的新术语，对“环境性”现实（environmental reality）细致而又迷人的想象。[9]相应地，对于景观建筑学和建筑学来说，对于其项目实际现象的关注，意味着要去关注项目的“行为效果”（enactments），关注事物的涌现和消失，这也意味着要去关注事物的“偶发性”（contingency），而不是它们（假定）的稳定性、独立身份和“客体性”（objectivity）。形容这一偶发环境的最常用词汇是“语境”。[10]

12

对于建筑来说，倡导语境，倡导将建筑物重新界定为更为宽广环境里的一种组成，意味着要去重新思考建筑跟它的物质性和空间性环境的介入——不管是面向人造还是非人造的环境。这也意味着物体的“弱化”，或者叫物体的“世俗化”，因为如果我们以一种更新了的感觉去看语境包围建筑的方式的话，在各个方面，在建筑学科变得日益有赖于不断分化与不断拿来这二者交互的策略之后，建筑学已经开始了一次缓慢但是持续的撤离，逐渐远离了早期现代主义太过依赖建筑学所相信的（建成）物体救赎能力的乌托邦说辞与救赎允诺的撤离。现在，我们寻求的不再是一个建筑的世界，而是世界的建筑。在此，地景再次为建筑思考提供了一种框架，因为地景无法回避，无处不在，或者如我开始习惯的叫法，地景是地志性的（topographical）。

我对最后这个词的感觉会比常规使用中把“地形”仅仅

等同于“土地”的意思要开阔些。地形包括了人类建造的和未被建造的地形，但是在这之外，还包括实际生活性事务或是它们的痕迹，从典型的到特殊的痕迹。作为特殊痕迹的一个例子，就像本书第2章里所描述的那样，是理查德·努特拉（Richard Neutra）设计的身处加利福尼亚州沙漠贫瘠沙海里的考夫曼住宅（Kaufmann House）周围那一片苍翠地景。如此认识中的地形当然也是物质性的，但这片绿景还可以通过它周围的足迹如何邀请、维系、表征诸多且多样的日常生活去辨识。这片土地持续愿意产生的一种馈赠就是那些已经漫溢到肌理之中的过去行为的痕迹。这些记号并不仅仅是遗迹，那样的话，它们只是指示了某些过去发生的事情。如果地形提供的东西都是这类遗迹的话，那当下和未来也就被排除了出去。诚然，地形上的刻写会提供有关之前行为的迹象，但是它们也指示着那些仍在发生和将在未来发生的事物。一处痕迹就是（制作或是占据）行为所采用的某种轮廓、某种建议，这样的痕迹并不会死守着它的过去，只不过要在它的形式和当下投射出去的形式之间保持某种张力罢了。沿着从这里到那里、从现在到未来的唯一路径的运动很是简单，但却生动地显示着这种张力，显示着能让那些限定着此时此地的对立者们持续保持对立的空间情境。从这个角度去理解，地形就不仅仅是表现性的或是指示性的，它还是关联性的，是赋予生命以质感、丰富性、自发性的对比性场景的马赛克般的整合。或许我们可以用“整合的多样性”去形容地形的这一方面。本书第1章就把位于加利福尼亚州拉荷亚（La Jolla）的由托德·威廉姆斯（Tod Williams）和钱以佳（Billie Tsien）设计的神经科学研究所（the Neurosciences Institute）描绘成这种意义上的地形学实例之一，因为这个设计将之前地景中不曾关联的方面整合到了一个“地构”（earthwork）[①]建筑身上去了，这个“地构”既唤起也显露出土地是怎样容纳实际生活事务的。

13

地形虽然在刻画和被刻画着，但它并不需要持续的关注，也不会持续地把自己强加于人的意识之上。恰好相反，地形倾向于从关注那里隐退，为的就是维系日常事件的生趣，而日常事件只是偶尔才具有美学性。这样看来，地形并不完全是“地景”的常规意义，也不是“建筑”一词所能涵盖的东西；相反，地形是景观和建筑各自细化的内容的前提结构。

我之所以要拓展“地形”一词的意义，目的是描述赋予了景观和建筑学这两个学科基本亲密性的环境。如果建筑学肯注意地景现象的本质层面，就可以发现它的地形性感觉：诸如物质的多样化、时间的展现、隐退的潜能，以及无与伦比的出人

① “earthwork”常见的汉译是指土木工程里的“土方”，但本书作者用这个词主要是指人类对土地的改造结果尤其是支撑着上部建筑的地下构筑部分。——译者注

意料的成形能力。

在亚里士多德的《物理学》(Physics)一书里有这么一段话。可以说，这段话比较接近关于自然世界的工作方式和非自然世界的工作方式之间异同的早期思想传统：

“例如，如果一栋房子属于自然创造的事物之列，那自然可能会用跟艺术创作同样的方式去造房子；反过来，如果让艺术创造自然物的话，那艺术可能会用跟自然同样的方式造此物……一般而言，艺术活动一是完成自然所不能实现的东西，另一是模仿自然。”(《物理学》199a 13)

14

如果如汉斯·塞德迈尔所宣称的那样，各门类艺术之间的“纷争”可以从文艺复兴时期算起的话，上面这段话已经表明，这类纷争的思想框架在上古就已牢固地建立起来了。在这段文字中，亚里士多德所指的“艺术”[①]和自然词汇，已经像是在说这些“制作中”的行为是彼此不同的了。不过，事情还不是这么简单，因为我们还可很容易地从亚里士多德那里引出另外的段落，其中，亚里士多德会把人类存在——以及人的产品——描述成自然的一部分。

在亚里士多德之后的建筑和园艺理论家们若要重复自然与艺术的区别与对话这一经年不休的观点的话，不一定非要去引述这一早期表达。对于绝大多数人来说，这种分离之所以出现，是因为不同的材料和方法。沿着这一思路发展的讨论并非都是些狭窄的专业讨论，诸多讨论交会到了宇宙观和本体论身上，因为它们所带出的基本话题都是对“人在自然中”或是“人与自然对抗”的角色的质疑。这种人与自然的分离也类似于个体能在他或她自身发现的东西：就像加布里埃尔·马塞尔(Gabriel Marcel)所观察到的那样，身体是个体所拥有的东西，个体也就是以身体存在的。沿着相似的思路，何塞·奥特嘉·伊·加塞特(José Ortega y Gasset)把个体描述成为“自我塑造”的产物，因为虽说一个人的性格也许是被(自然)赋予的，人却可以制造自己的声誉。既然一个人的身份是同时由性格和声誉界定的，艺术和(人的)自然还是在交互地起着作用。本书所呈现的讨论并没有设定要走向哲学人类学，不过，本书的讨论的确借助于亚里士多德有关房子和自然的比较，进而提出，地形给我们生活的模式和目的以物质和结构。这些文章沿用了亚里士多德所采用的虚拟语态，因为对于景观和建筑，我一直关注的是似乎两者可以视为彼此，但又不会认为它们真的就是对方。

最后再提一下亚里士多德的那段话：亚里士多德的文字表明，艺术作品和自然造物之间的关系就在于艺术要去模仿自然并为自然完成它的作品。这里，我们再次靠近了“艺术模仿自然”这一概念的源头。这一概念有着丰富而复杂的历史，一种交

---

① 即古希腊人所理解的技艺。——译者注

替援引、阐释、曲解、遗忘、复兴亚里士多德建议的历史。[11]在本书接下来的几章里，有时会直接触及这一难题，有时只会含蓄地涉及这一难题。不过本书自始至终，都在思考着把景观和建筑理解为“摹仿性”艺术的各种方式，以及通过此项计策用建筑和园林放大被给予现实的诸般可能。再放开来讲，在亚里士多德的那个对比中，其最后的那个断言引出了有关再现的问题，一个影响广泛又非常难解的问题。不过，地景和建筑的作用不只是为了沉思，也是为了人们占据其间。生活中的实际使用是其中重要的部分。这一事实让再现问题变得相当具体。让我用提问的方式强调一下这一基本话题：在什么样的条件下，我们可以把一处“场景”（setting）视为和欣赏为一种“形象”（image），同时容许忽视场景所要服务的实用活动，那些有特殊目的和对象的活动，而又不会忽视到场景本身？在本书里的每项研究中，以多样方式展开的正是这一有关空间场景的“好像”（as）与“本是”（is）的问题，也就是关于在景观和建筑之间“不同”与“相似”的问题。

15

更为完整地说，本书这些章节代表着我的诸般尝试。我想描绘出地形赋予自身同时作为平凡与现实目的的一种再现与容纳物的方式，描绘出地形如何代表着不是自身的事物，却能像那种事物那般行动，描绘出地形感如何可以生动出现又保持隐藏，对于地形的刻画怎样可以既是形象性的又是具有功能性的。这就假定了在“一个个建筑物”–“汇总的建筑”（buildings-architecture）之间的那种区别与词汇“地”–“景”（land-scape）之间张力的近似平行。我所展开的讨论不能被描绘成后现代式的讨论，如果“后现代”立场被当成是一种“后功能主义”立场的话，因为我相信贴在现代主义者身上的“功能主义”更多地只存在于历史学家的脑袋里，而不是设计师的心里。换言之，现代主义者并不见得要比之前几个世纪里的任何人会对一处景观或是建筑的形象性与其（功能）操作之间相互关联复杂性的理解更差。即便现代主义者那些决然论断会让人们以为他们就是如此。或许，对于这种“相互关联”的思考连续性会在本书所选用的一系列历史实例身上表现得更为清楚。它们有些就来自不久之前的过去，有些来自早期现代主义的英雄时代，有些则来自18和16世纪。本书第1章所研究的一个项目几年前刚刚完成，而最后的一个例子则来自文艺复兴晚期。

16

本书中有几篇文章写于20多年前，相反地，另外两篇则完成于最近几年。其中有些文章的写作目的是为了在学术杂志上发表，其他则是讲课用的讲稿。为了本书的出版，我修改过但没有彻底重写这些文章里的任何一篇。如果那样的话，就等于在撰写一本完全不同的著作了。如此这般的汇总展示着颇为宽广的立场和声音，折射着它们最初构思时的那些不同语境。有些文章是把某一处具体的地景或是建筑物作为研究的对象，另一些文章的研究对象则可能是一个文本。当我的研究出发点是“写作”时，我通常会关注那些由建筑师或是景观建筑师书写的文字。或许，这样的幅度将会赋予我们所要研究的那些话题以某种广度，并展示出我所提出的问题在诸多领域都会有用：既面向大学也面向职业事务所。对于大学而言，这样可以使设计课和讨论课都能阅读来自诸多不同的学科——从历史学、文学到哲学——的文献。还有，我希望这样的广度能显示出我的观点：只有把这些艺术视为更宽广的文化语境的一部分时，才可能理解它们；建筑的题材也不应该只有建筑本身，而应该是最为宽广和丰富意义上的人类存在。我想把阿尔多·罗西（Aldo Rossi）说过的那句名言，“建筑就是建筑”（architecture is architecture），与阿伦特哲学挣扎背后的那一动机，“出于对世界的爱”（for love of the world）[12]，放在一起。我相信，诸如景观和建筑学科的理论反思和历史研究的基本任务，与写作一样，都是要尽可能为创造性地改变日常存在的物质和空间条件作些贡献。

第 1 章　作为框架的地构：或地形如何超越自己

土地形态的几何和尺度是否事先规定着建筑形态的几何和尺度呢？那些藏匿在土地表面之下与之上的建构体（constructions）该是同一种——而不是两种不同——的工程吗？那么，地下结构是不是（或者说就应该）事前规定了地上的结构呢？如果说在景观建筑学中这样的说法尚可被接受，如果说在不同类型的地势上种植、养育不同植被的话，那人类对地表的其他刻画活动、建筑物，就没有这么直接地体现着具体地点上不同的地平、几何、物质的作用力了。我们这里要追问的一个简单问题是，建筑物的设计和建造，也就是我们通常称之为建筑的“框架”（framework）的东西，是否可以被理解为人们对基地进行处理之后的“自然产物”（outgrowths）？[1]　17

诸多近来很是重要的项目表明，建筑的确可以被理解为地表被整理、培育后，基地——也就是地景——“绽放”的结果。位于加利福尼亚拉荷亚由托德·威廉姆斯、钱以佳夫妇设计的神经科学研究院就是其中一例，清楚地代表着这样的立场。这栋建筑可以有诸多方面值得我们研究，不过，作为一处“石中园”（a garden in stone），这栋建筑特别适合于我们来研究土地形态与建筑形态之间的关系。在仔细打量这栋建筑之前，我们有必要去简要追溯一下它所代表的这类方法的三个历史先例，以便辨识这一设计意图中真正的挑战。这三个先例分别来自18、19、20世纪，分别是某种路径、某类房子以及“原始棚屋”（primitive hut）。它们各自展示出空间围合对于地下和基础部分的某种依赖关系。

花园路径　18

过去，景观理论家们曾认为，建筑物的确是要依赖并且要细化建筑所在的具体地点上的地势特征的。赫施费尔德（C. C. L. Hirschfeld）在其《园艺理论》（1779—1785年）一书中就曾令人印象深刻地完整阐述了花园设计的“现代”——也可以说是“后巴洛克”（post-baroque）时代的——传统。他把花园建筑（亭阁、避暑别墅、废墟、神庙等）都看成是花园地势的引申、发展或是细化，特别是花园中的路径。正如户外露台可以靠拓宽步道去形成，门廊或是骑楼也都可以通过覆盖露台去形成。如果花园路径是通过遵从和凸显它下面的地势轮廓去适应人类行走的话，一栋与基地结合完好（well-sited）的建筑物也应该做到这一点。最为常见的土地构筑物，比如挡土墙，支撑和维系着其边上扎了绿篱、种了树木或有围合的露天或不露天的通道。山顶高地和所见前景也同样意味着上部对下部的依赖。山顶的土地形态是人在那里眺望的首要条件，因为如果没有高起的平地，那么相应的前景或是观景的地上框架也就没可能存在。正如赫施费尔德在其书中有关建筑的第一段话的结论句中所言，当我们把路径和亭阁看成是对土地的一种修饰时，二者之间就确立了某种相似性："建筑和雕塑都试图要为修饰园林作出贡献。"这里的修饰不是指那种多余或是附加的东西，而是指能够改善、突出或是提炼地势特点的东西。

如果这样的要求对于建筑学显得有些过于强制或是约束过多的话，那么对地构和框架之间的关系还存在另外一种不同的理解方式。现代建筑为我们提供了大量的像是"摆在地上"（placed on the land）的实例，仿佛它们的设计与所在场所的特殊性没有什么关联。的确，很多著名的建筑物曾是为某处而设计的，然后又不加改动地被搬到另外一个地点。詹姆斯·斯特林（James Stirling）设计的剑桥大学历史学院大楼（History Faculty at Cambridge University）就是这么个例子。在20世纪50年代，弗兰克·劳埃德·赖特（Frank Lloyd Wright）就暗示过，没有具体场所指向的随意平面模式套用在当时已经成了常见的做法，即使在他看来这种做法有着方向性的错误。赖特在《鲜活的城市》(The Living City）一书中指向了相反的方向：他呼吁建筑当"配合"（with）土地而不是"摆在"（on）地上，土地形态要和建筑形态联姻。[2]

19

台地排屋

诸多不那么出名的建筑同样也显示着这种设计概念在到处空降。在城市和城郊，到处都能看到跟别处建筑差不多的近似设计。重复倒也不是今天才有的事情，在传统的居住建筑中，重复就是常态。最明显的例子就是台地排屋（terraced housing)，它先是在伦敦和英国的其他城市里发展起来的，然后就被传到了乡下。尽管台地住宅很普及，就像它名字里的"台地"一词所暗示的那样，这里，建筑形态的形成关键要看特殊的基地条件。在建筑的上部框架被建造出来之前，要先在地下挖出半地下的基础部分。被挖出来的土不是被运走，而是被用于垫起一排房子前的街道。街道成了平台。它的一侧有挡土墙，以抵抗侧向力，另一侧围着起拱的地下室，上面是人行道。人们要想看清一处典型伦敦台地从原初的地面被垫起多高，就必须下到房子和人行道之间的这个地带去，或者是站在房子背后"马厩"的标高上，就会看到有条坡道通向边上或是前面的街道。下面这部分工程结束之后，人们才开始建造上部的房屋。虽然地下和地上部分是一体的，地上的框架并不“细化”地构。土方的挖掘与台地的建造构成了一个高差，需要砌一道挡土墙。这样的建筑物不像是从土里自然长出来的，而像“插到”地里去的。建筑的上部并不是由下部决定的，而是戳进下部去的。因此，这是一种与花园亭阁的基础部分非常不同的基础：不是一种地下结构体，而是地下一个水平层，不是一种地下的竖向关系，而是一种地面水平关系，一直延伸到建筑外墙的位置上去。

原始棚屋

近来，肯尼斯·弗兰姆普顿（Kenneth Frampton）在谈及建筑上下交接必要性时，将戈特弗里德·森佩尔（Gottfried Semper）的“建筑四要素”浓缩成为一对要素：地构（earthwork）和框架（frame）。地构是建筑物地形性立足点，它包括建筑的基座地台（base platform）和火塘（the hearth）（或是类似的现代社会对应物），而框架，就是建筑的围合和分隔的正交体系，被认为包含了竖向结构（包括屋顶结构）和墙体体系。[3]然而，森佩尔的四要素并不是这样的对子。相反，森佩尔是把其中的三个要素归为一组的——土台、屋面、围合——这三个要素有别于火塘，因为它们都要围绕着火塘展开。而且，这三个要素在时间顺序上和本体论意义上，也跟在火塘后面出现的。要想理解这一点，人们必须将一个建筑物的支撑体系和它的（社会性）起源区别开来，虽然二者都可以被当成是建筑的基础。建造艺术的起源是跟社会的起源共时的，也就是说，是和人们因为宗教或是社会活动的需要而开始聚集在一起的行为是共时的。正如森佩尔所言，（围绕着火）所发生的共同性场景对于先民们来说是如此重要，地构和框架因此也总是服从于这一初始且根本的场景（以及这一场景所产生的相关物）。为支持社会事件所发生的地构与木构的合作因此意味着土地和建筑形态的相互性。它们的关系核心上就是要为共同性事件服务。结果，土台和木构互动着，成了实际事务的背景。

20

这样，一栋建筑物和其基地的关系可以是如下三种关系中的任何一种：建筑物乃是对于其地势的一种细化，或是对地势的一种插入，或是服务于（某种社会性目的）的与地势的配合。我们可以找来诸多其他例子来说明这些不同的手段。但这三个例子已经足够充分，它们能为我们稍后对于近来关于地构和框架关系的阐释提供一种讨论的背景。

地形自我延伸

近来，若干重要的建筑项目对于建筑物和基地的相互关联性给出了一种不同的也更具挑战性的认识，就是建筑物不能独自成立，不能闭合自足，而是要取决于环境，依赖于或是附属于环境。“基地建造”（site construction）[景观建筑学里一个最为基本的“前文本”（pretext）]一方面仍旧保留着以前的做法，另一方面，现在，又被用来去“确定”（determine）建筑物的整体集合与各种场景，仿佛它就是某种结构，不仅会将建筑物和基地捆在一起，还会让建筑物成为基地的某种特征似的。这种形容词性的建筑理念已经超越了当代批评的常识，因为人们以前的看法只是让基地为建筑项目“确立结构”。 21

在这样一种新的倾向下，基地——或者，更加广义地说，无处不在的地景——并不只是环绕着、补充着建筑物的东西，它还进入了建筑，一直穿越了建筑，并从建筑中释放出来，激活了建筑——就像在一把干柴上点燃的火。换句话说，地景或简单地说土地（环境、气候、地域）都重新获得那些曾被我们拿走的东西：诸如物质，空间广度，光感，“氛围”（atmosphere），等等。在地景描述中一直都很根本的话题（诸如自然过程、物质，等等）现在也占据了建筑话语。这就解释了为何当代批评与实践会高度重视某些主题和技术：例如，在当代批评中所讨论的可持续性、时间性、“标记化”（registration），在当代实践中所讨论的测绘术、地图术、分期开发。所有这些都是人跟土地合作时所用到的基本内容。

这些词汇和技术被传播和共享的原因无疑是复杂的，但是在诸多有关建筑要重新跟环境结合的争论的表面下，藏着一种负罪感，就是人们对过去那些忽视（通常还打扰）了它们所处场所的建筑的负罪感。更具体地讲，将建筑重新定义为地景（的一个部分）乃是试图回答此前一直长期困扰着理论和实践的诸多问题：比如，当建造活动所使用的要素和技术跟具体场地都没什么关系的时候，那么，在设计一栋建筑物时我们该如何面对场所的特殊性？如果我们可以找到更加便宜、实用的非本地产的可替代建材，我们是否还会让本地产的建筑材料在决定建筑形态的过程中仍然扮演着重要角色？一栋建筑物的技术和美学考虑该怎样面向这个地点上的自然或者说生态过程呢？最后，设计师本人非常个人化的美学偏好又该怎样和项目身上那些必要的约束条件调和起来呢？

在这一点上，威廉姆斯、钱以佳夫妇设计的神经科学学院比诸其他设计更清晰地体现了如何把建筑和地景之间的关系当成是一种依存或是延续关系——建筑有赖于地景或者说建筑是地景的延续。为了开始这样的阐释，他们问了一个简单的问题，就是在地景当中该如何制造出来一个个不同的场景来：要在一 23

处延展且有别的地势中限定一处场所，什么才是基本的呢？

对此，斯韦勒·费恩（Sverre Fehn）指出，阴影的创造乃是建筑的起源，或者更谦虚地说，是一个场所的起源。如此创造出来的幽暗必须服务于清晰性的呈现，不管那是一处场景、还是一个思想，或是某种科学研究的清晰性。无疑，土地为这样的阴影出现提供了一张表面；土地的形态是不是也构建了阴影的投射呢？彼得·卒姆托（Peter Zumthor）曾经问钱以佳，该怎样去界定“美好的场所”。钱以佳想到的是神经科学研究院里的一处场景，“那是一处环状的户外空间，你可以坐在那里，看喷泉，然后就可以看到一处远景。”[4]钱以佳说，这就可以让她彻底高兴起来。在这次对话的早些时候，当卒姆托让她用类似“挖掘”的方式去描述一下“房间”这类“室内地景”时，钱以佳观察到，房间“不仅仅是土地上的一处痕迹，从挖去、在地上留下一个坑的过程中，房间呈现了某种扎根的特性，然后就有某种跟天空有关的延展性，就是那种可以在无限之中得以逃遁的感觉。”[5]正是挖掘和延展，这一对带有空间性的母题，构成了这一项目当中诸多彼此类似的形式。这里，地势成了在（土地的）幽暗和（景色的）清晰之间互补和反差的基地，而每一处形式都来自地势的褶皱。在回答如何创造场所的问题时，夫妇二人的第一反应就是场景的限定源自土地的“挖去”。用更技术点的话说，建造者的行为，就像设计师的视线一样，本质上都是在切开：建筑行当里最为基本的工具真的就跟刀切的行为相类似——设计师用的是笔，建造者用的是铲子。

地形向自身敞开

钱以佳所提到的“环形户外空间”，乃是指那些贯通着整个项目的路径交汇在一起的一个非正圆形状的广场：有一条路径是从研究实验室朝南房间通向餐厅的，另一条路径是通向理论中心和行政办公室的，还有一条路径是（在上面，要穿过一段巷道）向西校园的其他部分的，第四条路径是处在理论中心的坡道和东边礼堂立面之间通向远处地景的。不过，这一不同路径交汇点上所取得的汇聚并不仅仅是把各种建筑通道简单地整合到一起，这里凝聚的，还有这片绵延地景的显著特点。

25

在这个建筑群的边上，地形只是稍有起伏，一道斜坡，伸向了远方。虽然现在这里的树丛围住了大部分场地，但这个建筑刚建完时，钱以佳想要的“远景”是没有被遮挡的。那时，地景的景深并不是来自层次，不是由近景景物框限中景和远景而产生的（像现在这样），因为当时所有的景物都轮廓模糊，种类难辨：大概只是在一片原本荒凉的土地上散落着一堆灌木而已。虽然晚近边上建起了一些新楼，这片树林局部遮挡了远景，不过，大体上还是原貌。这种地表的舒缓或许可以被理解为没

27

图2　神经科学研究院，拉荷亚，加利福尼亚，托德·威廉姆斯与钱以佳，1992—1995年，从北多利松路（the North Torrey Pines Road）看此建筑立面，图片来源：安娜·凯瑟琳·沃特曼（Anna Catherine Vortmann）

图3　神经科学研究院，拉荷亚，加利福尼亚，托德·威廉姆斯与钱以佳，1992—1995年，从环形的院子看出去的景色，图片来源：安娜·凯瑟琳·沃特曼（Anna Catherine Vortmann）

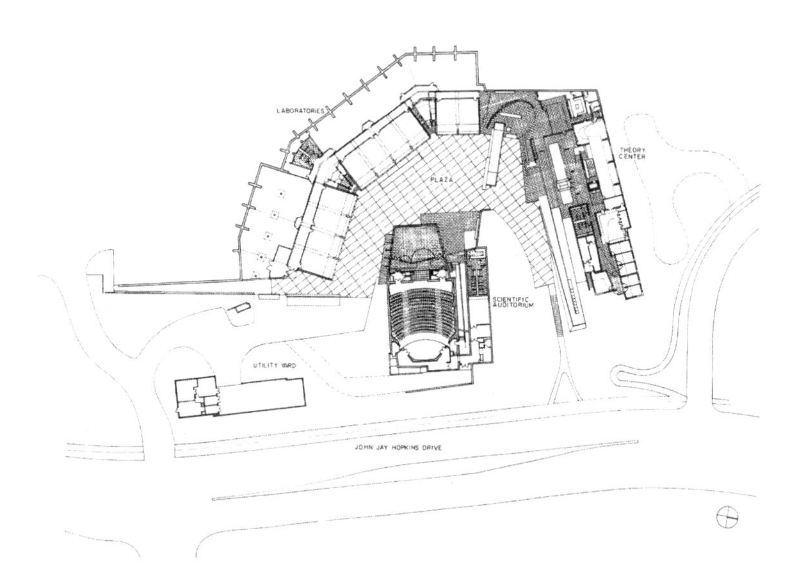

图4　神经科学研究院，拉荷亚，加利福尼亚，托德·威廉姆斯与钱以佳，1992—1995年，平面图

有特点，但实际根本不是这样：当草坡舒缓地滑向多少有些凌乱的灌木，当矮木丛们既没有展现出特别精致的景物也没有展示出自然奇观时，土地的确表现出一种平稳的沉静；地表上微小的起伏和灰绿色彩提供着一种未受扰动的古朴和执拗沉着的底色。所有朝生暮死的感觉都在远山那里消失了——而且是很久以前就消失了。如果说，崇高的风景会给人压迫，美丽的风景令人陶醉，这里的风景则是让人慢慢地陷入一种无对象的沉思。钱以佳的“远景”瞄准的地势提供的不是为了刺激想象力，而是提供能接住她想象力的受体。

这座山的坡度不大，在建筑320英尺的长度上大约有40英尺的下降。远在建筑群之外，在地景之中，山坡汇入一条浅谷。一日之内，一年之中，谷地这片金色地毯释放出来的远不止它所吸收的那点儿干热。在中景上的那些白色建筑条块并不会让这样的环境变得立体些，因为距离已经把建筑体量压扁成了轮廓，而那些灌木丛则将轮廓线打破成为不规则的丝线，融到了树丛和泥土之中去了。这样的表面会让那个能看“远景”的地点上的那点清凉阴影更招人喜欢。这片山坡虽然落差不大，不过这样的落差已经足够埋下该学院楼的下层部分以及某些竖向高度，最为重要地，容纳下有着各种视线和路径的围合墙体。因为正是在这道墙体（切入的切口）的前面，在土地所投下的阴影空间里，建筑从远景中获得了折射回来的愉悦。

切入了土地的场景总是阴凉的，起码在白天的几个小时里是这样。可即便是在阴天，这里也比别处更暗些，因为这里的挡土墙下涌出了一片用比较粗糙的深绿色石头铺成的地面——这种石头的绿色要比山坡上的灰绿绿得多，但一点也不光亮。石头地面的东端与正午时分的影长是平齐的，因此石头地面和影子都会被“广场”上颜色浅些也更为光滑一点的石头所挡住。广场上石头地面要散布得更开，只是被质地光滑的暗色石材所打断，而那里，则是进入礼堂前的一种“敞廊”边界——这里，又是另外一处阴影发挥作用的地方。广场的外边缘在超出了礼堂和理论中心之外的地方没有挡土墙支撑，这处平台不再需要其他形式的限定了，因为它的端头（或者说开头）是由抵达了山坡这里的矮树丛的边际来限定的。环形内院地面与剧院入口处的两种近乎墨绿的绿色表面，内嵌着平行于室内的正交铺砌的石材。这样的铺地也把人导向了（理论中心和礼堂）室内，而广场表面上那些呈直角交接的接缝，则与中心实验室的平面对位。

概括地说，这些露天的围合里和不同平层上的光与暗的游戏是被这样组织起来的：阴影区基本上覆盖了那些通向理论和音乐场所的通道地带上的石头表面，而阳光的明亮则被广场的表面进一步强化。广场上的几何线给这个场景带来了导向性，把人导向那些要动手实验的研究场所，并且（在另一个方向上）

29

图5　神经科学研究院，拉荷亚，加利福尼亚，托德·威廉姆斯与钱以佳，1992—1995年，朝坡下看过去的景色，图片来源：安娜·凯瑟琳·沃特曼（Anna Catherine Vortmann）

把人引向远景。这种明与暗、空旷与层叠的对比都是值得借鉴的利用地构及阴影的典范，在整个建筑中和场地上不断重复。正是因为这些地形性主题的不断出现，体验这栋建筑就像在体验地形的一部分那样，建筑似乎也是地势的微妙起伏，是土地潜质的结晶，仿佛它本身就是一处石中园。

例如，那些实验室们与“环形户外空间”以及礼堂敞廊很是类似。每个实验室本质上都是一个山洞，三面有墙围合，一面透过落地的挡风玻璃向广场这个天井开放。事实上，围着实验室的三面“暗”墙彼此并不相同，因为只有后背上的那堵墙是挡土墙。能够说明背墙有挡土墙作用的东西是那些在平面上可以看到的垂直于这堵墙的那些“鳍”（fins）（扶壁）。这些“鳍”硬化和粗化了挡土墙带有抵抗力的线条。这些“鳍”还表示出两端之间的一个个隔间。隔间的数量是可以继续增加的，因为横向规则的隔间不会受到像背墙那样的土地限制。因此，地上框架所受到的唯一真正固定限制只来自扶壁，它们抵抗着土地沉默而长久的压力。这里，同样，就像同在山腰臂弯里那样，地构构成了框架的第一条件。

33

有一个更小且完全喻象性的例子能说明“下挖”和“延展”的过程，就发生在实验室屋顶平台的背后挡土墙的上边缘处。像下面的土地一样，这道线也有灌木和起伏的草丛来收边，没有特别抢眼之物。在这栋建筑完工之后，人们在挡土墙前种满了桉树和松树。但从北多利松路上看过来，这种密致的前景让人猜不透这样的种植是否有意为之。在当时景观建筑师的平面图上，这些树木仅仅被标注为“当地的/自然化的坡地植被”。倾斜的挡土墙表面跟下方的遮阳板斜面的线条是平行的。一张早期草图上标注着，二者都倾斜了15度角。在后背连续的墙面上，凿出了一个种植物的槽子，里面种的是一株很小的澳大利亚灌木。我们完全可以用“园林式的墙”来形容这堵墙，更好的说法应该是“墙上的花园”。因为这里暗示着花园的性格，却有着墙体的结构。还有，这里切口中的水平表面（就是树槽）是藏在阴影里的，长在里面的（树）的指向则是东北（就是群山的方向）。这个切口里的树槽除了能够揭示挡土墙的厚度，能够让人在墙里探秘原本进入不了的空间之外，它还给逆向过来的人，也就是从广场朝屋顶平台走来时提供了一个焦点，因为那棵树正好对着人们从楼梯上来时的视线。还有，因为这棵小树生长在一个面向东北的倾斜墙面的边缘，这个小尺度景物倒似乎跟下面那些正在敲着键盘的科学家们非常相像。那些科学家们也正躲在一个黑暗的洞里，坐在有点倾斜的墙前，或许充满期待地或许无动于衷地面对着遥远的地平线。

于是，在各种所谓“看得见风景的房间”之间的类比可以被引申出去，引申到那些从事着“理论性”研究的研究者的环境中去。这里，地形性相似点似乎很少，因为他们办公室的标

35

图6　神经科学研究院，拉荷亚，加利福尼亚，托德·威廉姆斯与钱以佳，1992—1995年，朝向环形内院看过去的景色，图片来源：安娜·凯瑟琳·沃特曼（Anna Catherine Vortmann）

图7　神经科学研究院，拉荷亚，加利福尼亚，托德·威廉姆斯与钱以佳，1992—1995年，朝礼堂看过去的景色，图片来源：安娜·凯瑟琳·沃特曼

图8　神经科学研究院，拉荷亚，加利福尼亚，托德·威廉姆斯与钱以佳，1992—1995年，朝上看向理论中心的景色，图片来源：安娜·凯瑟琳·沃特曼

图9　神经科学研究院，拉荷亚，加利福尼亚，托德·威廉姆斯与钱以佳，1992—1995年，朝实验室看过去的景色，图片来源：安娜·凯瑟琳·沃特曼

高要高于这个坡；但是理论中心第三层上的6间专为科学家设置的隔间，也很像三面被围的洞穴，面对着外面那些混杂的草丛和树木。在这一层端头上的会议室也是如此。这些例子再次展现处在阴影中的空间朝向一片明亮但无序的远景敞开，暗示着反照的光明需要以某种退后的幽暗为前提。这6架照相机镜头所延伸出去的几何线都重复着广场铺地上的正交线，因为每个理论家的台子都同时面北和面东，面向一条条向山上爬来的谷地。

如果这样的类比可以成立的话，或许我们就有理由同样把那个礼堂看成是一种望向远景的地洞；或许这也是各种情境中最为矛盾和最为微妙的地方。前面我们已经描述过进入这一建筑的情形：从环形的户外空间看过来，那个敞廊就是一种处在阴影中的“门槛”。穿过洞口竖向“鳍”之间的幽暗——这些竖向“鳍”与环形内院后墙上的“鳍”有着相同的作用——我们就来到了座席坡的高点。虽然这个下坡是否真的平行于土地不能确定，但二者的走向似乎相当一致。显然，这里的景色就是没有景色——这里，出现在这处空间“焦点”上的是音乐会或是公共演讲。在那次我们已经提到的访谈中，托德·威廉姆斯把听音乐的体验描述为一种“释放”，亦如卒姆托在瓦尔斯（Vals）设计的温泉浴场里漂浮花瓣的功效。[6]“释放”是这片地景上所有开洞都喜欢的感觉，也是这片地景无差别远景所共同维系的东西。

礼堂内的墙面和顶棚都是一种引人注目的试验，试图在倾斜表面的折叠中创造出厚度感。让人想起这个项目其他各处那些加厚与倾斜的“挡土墙”，不管是石头还是玻璃做的。这些折叠的墙面容许光从褶边渗透进来，就像渗透到环形墙体背后空间的那些采光缝那样。环形墙的光源就藏着在上部倾斜扶壁那具有了厚度感的表层里。如果我们把这种白上加白的光照游戏改成为暗处的阴影交替变化的话，那就很像礼堂所在的山外、远处群山身上的光影效果。在礼堂内部的这些折面墙和天花还起着另外的作用，就是抵抗两侧土地的挤压——或者看上去如此——因为在礼堂的西侧，在通道和动力设备间的外部，在那唯一一棵的多利松背后，堆起了一个相当大的土堆。或许，这个覆盖着绿草［酥油草（fescue）］的小山就是由挖这个建筑的院子和广场时的土方堆积而成的。如果礼堂场景看上去在立意上有些矛盾的话，那是因为那些日式折纸（origami）般的斜扶壁们（似乎）在抵抗着土堆的压力同时，也变成了框架和顶板，托起上面的土坡。也就是说，它们的形构（configuration）带来的印象似乎是要在一道挡土墙上而不是在挡土墙所塑造出来的地台或是平台上的生活。但是此类情形也出现在了基地其他“花园般的墙”上。

37

38

在这个建筑建成大约一年后，威廉姆斯解释说，在这个项目的设计发展阶段，他开始对“土地”产生了浓厚的兴趣。威

图10　神经科学研究院，拉荷亚，加利福尼亚，托德·威廉姆斯与钱以佳，1992—1995年，挡土墙上探出来的灌木，图片来源：安娜·凯瑟琳·沃特曼

图11　神经科学研究院，拉荷亚，加利福尼亚，托德·威廉姆斯与钱以佳，1992—1995年，看向理论中心办公室，图片来源：安娜·凯瑟琳·沃特曼

图12　神经科学研究院，拉荷亚，加利福尼亚，托德·威廉姆斯与钱以佳，1992—1995年，礼堂室内，图片来源：安娜·凯瑟琳·沃特曼

廉姆斯这里所言的“土地”（land）就是“自然地景”（natural landscape），而不是意大利式、法式或是英式花园。如果说真有什么花园让他感兴趣的话，威廉姆斯说，那是日式和中式的园子。但是，他马上加上一句，“我还对最初级的木工工程学感兴趣。您要是能把日本园林和土木工程学加在一起，您就获得了不可思议的资源组合了。”[7]这个项目的建筑师戴维·凡·汉德尔（David van Handel）说，“土地乃是整个项目的骨架”。

所有这些场景——那个环形的户外场地，那个种树的槽子，那些研究者们的房间，以及礼堂——这些场景都可以被视为等价的，因为每一处场景都刻画着相同的“现实”场景，都有切入土地支上扶壁的情境。钱以佳将这一时刻精彩地描述为“扎根”和“逃遁”的组合。她一开始的说法是，在自己的身后，有一堵堆满书的墙，而面前，是一片海景。这种情境也可被描绘成一种洞中之暗与台地之明的游戏，因为这个项目的那些装置或是几个场景似乎为的就是要将这片地势中不同的明暗效果组织成为一场交响乐。威廉姆斯曾经把这个建筑描述成对天地各种关系的刻画。这里，同样，建筑被展现为塑造出来的地构。

当阴影和它们的反面——穿越了多种景观层次的明亮远景——对比时才会变得明显。正如在这个项目中的土地是以各种方式被挖掘的那样，地表也重复堆出各种标高的平台——仿佛建筑努力地像造园那样要把周围地势中显著的品质都提炼出来似的。

当我们坐在环形户外空间的长椅上时，我们的视线就会受到一条狭长的跌落式水池表面的指引。透过水体表面的反光，可以看到池底颜色要比这片户外空间的阴影或石板地面的颜色还深，部分地是因为水体表面捕捉住了漫射光和反射光，部分地是因为石头的光泽。因为这样的暗色，被池底跌落的深度放大，使水面和广场上阳光下的明亮形成了特别强烈的反差。水池的深色几何线跟周围的几何线并没有对位关系，只跟在广场对面漫向礼堂屋顶的土丘前沿对齐。从环形户外空间远眺时，就被右侧这个低矮的水池与左侧顺着广场长过去的无修剪的草所框限。左侧的景框是一堆复合元素组成的：首先是那堵遮挡着通向上层平台的楼梯的墙，其次是向下的坡道，这道坡加速了地景原本缓慢消失的透视感。这种透视“速度”的改变，也出现在了广场的边缘。

39

这个远眺处的两侧物体（就是水池和坡道）构成了前景上的景框边线。底部则是由一条小型花坛——那种不加修饰的小花坛（里面放着河边的鹅卵石，种着马尾草）——构成的。这些马尾草根根挺拔，就像梳子上的齿那样，这种薄薄竖线的韵律跟土丘上覆盖的致密的酥油草形成了鲜明的对照。在这个景框和远山之间，是我们前面已经提到的沉到视线下的中景谷地。在这里，我们看不到斜坡下面基本平行于山脊走向的高速公路。

由于在中景的乡野地毯上缺少可记忆的景物，这就让远处的群山和近处的隆起重叠起来，因为二者在突起的方式上很是相似，并且有着相近的克制的色彩变化。通过混淆了远与近的区别，这二者的相似性把空间给压扁了。还有，谷地里升起的热气和雾气也迷惑了观者“真实”的距离感。

那间专为格拉尔德·埃德尔曼博士（Dr. Gerald Edelman）设计的办公室也有着非常类似的观景效果。从那个房间看出去的景框也是一个冒出来的东西和一张升起的台子。不过，此处，前面的“小山”是个处在下面宽阔门厅通道和聚会空间上方的一个“照明控制器”（light monitor），那张升起的台子是一条长条板凳——不过，从没有人在这里坐过。[8]那么，管它叫“板凳”可能是用错了词汇，称之为“跳板”可能更贴切，叫 40 作“发射台”则更好。当然，这就有赖于我们的视点和想象力了；当我们从博士办公室里望出去的时候，这张跳板也像一张户外的桌子或是台面。如果说下面的水池里盛着一池幽暗的水的话，这条板子则在环境光的映照中显得熠熠生辉（下面水池边上的那块板子呼应着此处这张明亮的台板）。然而说到这里的景色，中间层次的地景同样陷到视线之下，使得景色只剩下前景和背景。这种中间景物的缺失（中心点的缺失）并不仅仅给 41 人带来空旷感，还带来了可能性，一种充满了各种潜质的缺失感。这里，跟日本园林的可比性变得很直接，因为办公室外的这处“花园”也在借景中丰富起来。诺贝尔生物学奖的获得者埃德尔曼博士显然也渐渐地喜欢上了这种场景，因为这样的风景可以任由他的想象力翱翔。

地形永不停息的修整

一上一下的这两块板似乎都从固定着它们的表面上滑了出去。每块板的几何属性都是那种漂浮般的板面形式（free planarity），一再拒绝着人们对于它们天然重量的任何推测：水池边的这张桌板似乎在漂浮，那条石头板凳也在漂浮。而且，这种对于重力的违抗还不只出现在水平层上；在建筑的竖向表面上，存在着同样明显的对于重力的克服，例如建筑立面上那些不断出现的相互叠加、错位以及转角上故意的切削。

在整个20世纪的多数时间里，建筑师们都在试验着如何实现对“自由立面”这个主题进行变奏。而自由立面的出现是因为有了承重的框架结构才成为了可能。在这个建筑身上，立面基本上可以不承担结构要求，不承担喻象要求，也不用对里面的空间、图像志或建造负责。无疑，我们可以、甚至也有理由把这个建筑也看成是对“自由立面”这个主题的另一次变奏。但是如果我们换一种解读方式的话，我们也可以说，这个建筑的前脸乃是一种“自由表面”（free surface）。

图13 神经科学研究院，拉荷亚，加利福尼亚，托德·威廉姆斯与钱以佳，1992—1995年，从埃德尔曼博士的办公室里望出去，图片来源：安娜·凯瑟琳·沃特曼

自由表面的“墙体”有着如下的具体特点：（1）拒绝直接的图像志表现；（2）表面所指代的空间深度不只在表面的背后，还出现在表面之前或前方；（3）材料表面处理牺牲了重量的展示，换来的是对饰面身上其他难以被看见的“本性”的暴露。这样的表面倒不再像立面的传统含义中的一幅“静止画面”（tableau），而更像是另一场地势的塑形过程，这里，意味着不断地对建筑进行着物质性的补充。这样对建筑表面的处理或许是让土地得以辨识的最为清楚的例子，地势自己成了景观，或者说大地自己超越了自己原本所处的卑微地位，上升成为“作品”。过去曾经只是作为某种增补物[9]、“副产品”、“陪衬”的地形性环境，在这个项目中成了作品本身。

44

下面，让我把顺序倒着详细解释一下所谓自由表面的三个特性。首先，关于材料使用、材料选择和更为重要的材料饰面的问题，威廉姆斯提出的指导原则就是“换位法”：“我们想要达到的效果，就是在室内和室外建立一种关系，室内的材料会在外部出现，而室外的材料也会在室内出现。”[10]这一原则除了默认了地形性连续性之外，它还倡导针对常规作法的重复与置换。就像在一个代数等式中的各变量可以进行换算一样，这个项目中的材料也可以从一侧转移到另一侧，在不同的情境之间进行交易或是互换。这个公式很像柯布西耶式的提法：“外部总还是一种内部（le dehors est toujours un dedans）。”[11]

在神经科学学院楼的材料使用中，这种同样材料出现在内部和外部的第一个也是最为明显的例子就是对红木的使用。更有趣的例子则是对混凝土表面的处理。据说，当年勒·柯布西耶曾抱怨他在柏林设计的集合住宅公寓楼（Berlin Unité）的混凝土表面做得太过光滑，不自然，对此，他嘲笑说，一定是施工的人用舌头把墙面舔光滑的。这样的光滑表面之所以不对，有两个原因：首先是缺乏了一定的糙度，勒·柯布西耶像约翰·拉斯金（John Ruskin）那样，觉得一定的糙度是不做作的手工工艺的体现；其次，光滑的混凝土表面是在模仿原本属于其他手段（尤其是工业化手段）生产出来的材料效果，阿道夫·路斯（Adolf Loos）在他的《覆层法则》（law of dressing）一文中也曾因为这个原因将之称为欺骗。虽然神经科学院大楼的建设者们非常骄傲地说，他们曾经为这栋大楼的混凝土效果事先试验过70遍，建筑师们却高兴不起来，“因为一切看上去都是那么完美，混凝土反而变得没有什么痕迹了。”[12]他们接下来的做法，就是向墙体喷砂，有效地对外表做了二次修整。但是，他们不是简单地或统一地对墙体喷砂，而是区分出三种形式的表面质感，有些适合内部，有些适合外部。观察再仔细些，我们甚至可以区别出来五种表面质感，从平台上混凝土的那种粗糙，到倾斜墙体的质感，到坡道下那些圆柱身上闪光的质感，各有不同。被喷砂后，混凝土暴露出下层混凝土的集料质感，

图14　桂离宫，松琴亭（Shokin-Tei），京都，飞石与借景，1620—1647年

图15　神经科学研究院，拉荷亚，加利福尼亚，托德·威廉姆斯与钱以佳，1992—1995年，理论中心大楼的立面，图片来源：安娜·凯瑟琳·沃特曼

蓝中带绿，这样就赋予了墙体以一种色调渐变和光泽感，与建筑中各处可见的绿色蛇纹石保持和谐。事实上，那些石材表面的光滑程度也不尽相同；绿蛇纹石被粗磨、细磨出四种不同程度的光滑饰面，海逸石分出了两种饰面（奶色和贝壳色）。经过打磨之后，海逸石的深度中就显露出海的颜色与痕迹来。这些建筑的质感与色彩的微变效果并没有强过周围地景的色彩微变程度。

46

表层处理，特别是喷砂，都是显露之前我们在材料身上很难看到的或是未知的品质的方法。当设计和施工能够以这类方式尝试材料使用时，表面就不再仅仅是肯定有关“材料属性”的传统智慧的地方，而是成了需要人们去发现材料的新内涵与新关系的地方。在这栋大楼的混凝土表面没有被打磨之前，它的色彩跟旁边欧文·吉尔（Irving Gill）设计的几个建筑的颜色很接近，也和校园里另外一些爱德华·杜雷尔·斯通（Edward Durell Stone）设计的建筑的颜色很接近。如果当初威廉姆斯和钱以佳二人坚持让他们的建筑模仿周围建筑的色彩和质感，以便“适应”建筑背景的话，浇筑混凝土时用的模板被卸下来时，这个建筑的建设工程就应该已经完成了。但是，二人不想要这样的“模仿”。经过他们二次处理的建筑表面跟校园里过去建筑所使用的材料区别了开来——虽然还不是那么彻底——这也显露了混凝土跟其他类型的石材以及跟其他材料诸如玻璃之间意想不到的亲密关系。这样方式下的饰面处理和再处理，乃是在建筑的局部和一处地景之间建立起关联的过程，不然的话，人们就不太会想到这些关联。

如前所述，实验室里倾斜的玻璃幕墙和屋顶平台背后带着扶壁的斜墙，二者之间有着完全的平行。因为有了这种平行性，这片挡风窗般的长玻璃幕墙也像是一堵挡土墙。显然，这道玻璃幕墙不可能真有那么大的力量，它不可能抵抗任何侧向的挤压。然而，玻璃表面的处理方式还是提出了玻璃跟挡土墙之间的相似性；这片玻璃的表面也被喷过砂。在竖向上，玻璃被分了三条：底下这一段正好就是研究人员坐在电脑前视线的高度，中间这一段的高度是能让阳光照射到房间最里面的高度，上面这一段成了屋顶平台的侧护板。最下面的这一段，是彻底透明的，以吻合研究者对观察的期望，顶上两段的玻璃，喷砂程度不同。中间这段程度较轻，只是去除了反光，上面那段程度很重，显得厚实。虽然从上到下看上去像个完整的三明治，但是玻璃表面不是连续的。女儿墙或者说护板玻璃与下面其他2/3玻璃墙是用连接到屋面板的固定件和泛水条区分开来的。喷砂之后玻璃表面的不均匀性，并不是玻璃墙身上唯一让它的饰面跟混凝土表面产生了相似效果的品质，还有，玻璃本身也是蓝绿色的。当把玻璃和混凝土放到一起看时，尽管习惯上存在着的对这些材料的本性和用法的不同认识，这里，通过重复，二者

47

图16 神经科学研究院，拉荷亚，加利福尼亚，托德·威廉姆斯与钱以佳，1992—1995年，立面材料，图片来源：安娜·凯瑟琳·沃特曼

在质感和色彩上的相似性显现出了地形性的连续性。这里，玻璃被当成了石头。在这样的地景中，材料的选择和处理并不只是要适应背景，而是要创造出此前人们没有看到的相关性来。

这些处理建筑表面的地形性考虑，也体现在了建筑表面的空间性上。区分自由表面和自由立面的一个方法就是看前者在处理表面时是怎么同等对待表面两侧条件的，这就废止了传统意义上正面与反面的区分。我们可以再看看礼堂的墙体。威廉姆斯和钱以佳用了“光管”（light pipes）一词去描述在室内墙上斜面板缝隙间浮现出来的照明效果。这种转移到暗处出现的不可思议的光照，与户外环形场地背后的墙上采光效果是相似的。再没什么会比从一堵厚墙里面或是从土地切口里面露出光的情形更令人不可思议的了——特别是从看上去像是，的确也就是挡土墙这样一种边界里面露出光的时候（挡土墙常被认为就该又厚又重）。然而，当一堵墙变成了一种表面时，就使得我们原本以为的只会出现在“外部”的状态也出现在了“内部”，这里，我们说的就是“光照”。当内与外的重要度变得对称之后，就意味着墙体既可以从外看，也可以从里看。在这样的地景中，景色总会有些令人意外，因为没有哪个视点就是最佳视点，在黑暗的角落里会发光，后背可以变成前脸，内部可以变成外部。

钱以佳注意到，这个建筑很难拍摄，因为它总是在侧向角度上更为完满地向人展开。换言之，这里，传统画面展示中的正面性，在这里被当成了建筑感里的一种有缺陷模式。这个建筑也不是柯布式“建筑漫步”（promenade architectural）中的画面序列。当我们从地形学的角度去理解它的时候，这个建筑根本就不像画面，或是画面的序列，更不像广告牌；相反，这个建筑给人一堆只能用视觉余光去打量的场景，而视觉余光凝聚出来的则是周边意识。这些偶然性景象的综合或者说整合，必然是“延迟”了的[13]——各种景象会汇聚和协作，但并不共时。

48

那么，这样一种地形是否可以是“再现性的”？或者说，自由表面是否就没有了图像志意义？那是不会的，因为这些实效性设计显然还是有着某些图画品质的，即使只是偶然的。整个话题变成了到底该怎样理解“再现”一词了，或者说我们该如何理解建筑和地景再现中的“指涉物”（the object）。在20世纪70年代和20世纪80年代的建筑学里，重点就是建筑本身：跟某个场所的融合只意味着把周围建筑身上的母题拿来，重新阐释一遍。在这一时期诸多的建筑师［比如罗伯特·文丘里（Robert Venturi）、丹尼丝·斯科特·布朗（Denise Scott Brown）、阿尔多·罗西（Aldo Rossi）、迈克尔·格雷夫斯（Michael Graves），等等］的话语和设计中，我们都可以看到类似的做法。此类模仿往往只是试图要吻合已经存在的东西，虽然有时这样的作品也还容忍某些调试，有时会称之为“修正”。若建筑不再按照周围建筑来塑造自己时，建筑就试图复制它的“自然”背景（地景）中的某些特征。这种技巧也不是这一时期才出现的。从20世纪初期开始，就有一些著名的建筑师声称，可以通过“结合”地方性材料，达到建筑跟一处场所的融合：比如，将从附近河床上挖来的砂子用作泥浆，用从当地采石场的石头砌墙，用在附近森林伐下的树木作嵌板，等等。在《活着的城市》（The Living City）第一章中，赖特给出的题目就是“建筑和田地一起成为地景”。根据这样的工作方式，“和谐”来自相同性，来自重复过去的方式，不管复制的是艺术还是自然。

神经科学院楼给出了另外一种和谐，以变化和差异而非重复和相同，通过变化和差异，以不一致而非一致获得和谐——或者，更好的说法是，通过“谐调过的不一致”产生了和谐。此类和谐把地势当成起点，用以显露经过了改动的地形可识别性。在地景身上，特别奇妙的事情就是地景一直在变化，总在展示着新鲜且通常意想不到的面貌。我会使用“过量”（excess）这个词表示地景中的这种面貌丰富性。那些试图参与到大地变化系统之中的景观建筑和建筑只要相对于它们过去的状态而言发生了改变，就不再是表现自己。设计和建造正是这样一种参与到基地自我更新的模式，而不仅仅是对基地的再度附和。使用那些与基地“不一致的”材料维系了这一点：“我们其实非常提倡讨论如何使用多样化材料，将之视为是将这个场所‘去客体化’（de-objectify），并发掘与不同人、不同情感和别样建筑感形成其他联系的方式……这也是让一栋建筑能够更扎根地景的部分尝试。”[14]唯一的一处例外，在我看来，就是那棵被孤立地围在礼堂土丘下方的多利松。

50

因此，再现的目的就是去发现之前人们没有注意到的那些联系和关联。要做到这一点，可以有诸多方法：比如，引入一些在这个地区从来都没有使用过的材料，比如，“错用”（misuse）那些当地的典型材料，挪移原本处于经典位置的元素，或扰动既有地形学套路（例如，将远、中、近三层次的距离压缩成为远景和近景）。然而，除了任何可能的综合之外，使用这些技巧所带来的最为明显的后果一定是某种“延迟”，某种程度的陌生化，或者说在建筑和地景之间生成了某种程度的遥远感，一种故意要延长地景中实际距离的距离感。虽然在建构出来的景色中，中景被省略了，或者说在由此产生的中景缺失的同时，这一手法的后果就是给这个项目带来了某种核心感的缺失。以谷地为模本，这里广场成了某种受体。而“内化的距离感”（internal distance）乃是把地构当成框架时要考虑的最后一个特点，因为这一特点让我们回到了这个项目的起点：就是在学院楼的中央留出一片空地可以用于社会性体验。针对这个话题，我们可以总结一下两个如何留空地的先例。

图17　神经科学研究院，拉荷亚，加利福尼亚，托德·威廉姆斯与钱以佳，1992—1995年，看向远山，图片来源：安娜·凯瑟琳·沃特曼

地形的社会性内涵

在解释这个项目的初衷时，威廉姆斯和钱以佳常会提及从这栋建筑下去有半英里路的路易斯·康所设计的萨尔克研究所（the Salk Institute）。这里，我们不想概述二人所言的在萨尔克研究所和他们的建筑之间的所有相同点和不同点，而只想指出萨尔克研究所有一点值得思考：就是那个中心内院处的空旷感。众所周知，这个院子的设计曾困惑了康很长时间。同样众所周知的是，他为此曾经寻求过路易·巴拉干（Luis Barragan）的意见。而这位墨西哥建筑师给出的答案是极端的节制：“没有一片树叶，没有一棵树，没有……花，没有土。什么都没有。”[15]在对这种“彻底的巴西利卡式”空间（insistently basilican space）的诸多解读中，最为可信的一种解读是把这个内院描述成为“太阳的舞台”。[16]如果我们把这个内院看成是光的受体的话那就错了，因为广场上的光芒似乎来自上面所铺砌的钙华石本身。然而，这里的喻象已经是一个混合体：那个内院同时既是一处巴西利卡（就是两侧带着小礼拜堂的长殿式教堂），也是一片天空，或是某种形式的舞台。第一和第三种喻象通常指的是室内，第二种显然不是；第一和第二种说的都是一个面上的东西，而第三种则不是，舞台像一个坡的终端；而这三者的“围合”又各不相同。考虑到这些主题的混合，康所希望达到的“绝对的无”（absolutely nothing）似乎更好理解，因为这一思想跟巴拉干的关系似乎更为精确，特别是那些通常被说成是极少主义或者基本上啥都没有的巴拉干设计的景观建筑。

或许，巴拉干在墨西哥城（1945—1950年）设计的佩德雷加尔园（El Pedregal）（亦称“岩园”）中最有力量感的景观就是其“示范园系列”中的一个。在那里，前景上是凝固熔岩的粗表面，几阶踏步切进一处岩缝，开口内是一处明亮的空地，背后有一堵实墙，远景是云彩缭绕的群山。或许这样的景色，或者说这一景色里的花园，才有力量感，因为它包含着一种强烈的期待感，一种对于身边事物和潜在事物的感受。穿越花园的路径被分切成几段，每一段都有惊喜。换言之，如果说那片空地激发的是期待感的话，实墙则上演着不可预知的东西。虽然这些园子很少显露设计和人工的痕迹，土地上的这些空地还是被平整过的，不过，不是通过“垫起”的方式，而是通过一系列的减法动作（就是切下和拿走）完成的。巴拉干解释说，那些从基地上拿走的石头，日后还会用回到岩园里去，用于砌那些实墙或是建房子用。他可能真就是这么清理场地，建造花园，然后（通常在很久之后）在空地和花园里和周围建起房子。不过，通过把场地上的石头拿走所获得的“空旷”空间并不是不加处理的；巴拉干为场地铺上了40厘米厚的表土，然后，种上了“现代花园中必须出现的东西”，就是草坪。[17]

图18　萨尔克研究所，拉荷亚，加利福尼亚，路易斯·康，1959—1965年，从崖下看过去

图19　萨尔克研究所，拉荷亚，加利福尼亚，路易斯·康，1959—1965年，内院

图20　佩德雷加尔，墨西哥城，示范园，路易·巴拉干，1945—1950年［摄影：阿曼多·萨拉斯·波尔加图（Armando Salas Portugal）。图片版权归属于巴拉干基金会（Barragan Foundation），比尔斯费尔登（Birsfelden），瑞士，2003年；艺术家版权协会，纽约；复制版权组织（ProLitteris），苏黎世］

场地的平整并不意味着连续的地平或是完全的平坦，因为巴拉干相信，“带有奇怪形状的不平的土地”是成功园林的保证。然而，奇怪形状里最为明显也最为一贯者就是熔岩的裸露部分。后来被搬回到空地上的石头更加赋予了这个园子以一种奇特性。不仅石头的轮廓是奇特的，还因为它们的物质组成，或是它们的表面，因为在它们身上我们可以发现这个地方的历史，由此也就发现了这个地方的可识别性。人们总是倾向于把这样的显露当成是地质学意义上的显露，好像石头的外层表皮是通往底层生成过程的窗口，然而，巴拉干强调的是石头表皮的两面性。“我们在这些岩层中会看到的一个优点就是它们的繁殖能力，而石头的繁殖来自两个重要的要素：第一就是岩石身上的孔洞和缝隙，里面填着的百万年雨水带进去的微尘；第二就是保存了这些岩石的适宜温度的稳定气候。”[18]这里，再次出现了（竖向上）参照系上的对称：向下，是熔岩层的深度，向上，是空气和雨水。地表正是这双重浓缩的基地，显示出地火与天水的印记。第一点是不言而喻的；我们所看到的土地的表面覆盖着古老的地层，在巴拉干的园子里，地表下面就是火山熔岩层。但是，这第二种土地表皮的意义，就是大气沉积物，令我们多少有些陌生。最近出版的《尘泥》（Dirt）一书的第一章就叫作“星尘”（Stardust）。里面提到覆盖着我们地球的这层干燥皮肤来自很是遥远的天外。威廉·洛根·布赖恩特（William Logan Bryant）写道，“事实上，我们根本就不了解尘泥的身世。我们甚至不知道它们从哪里来。我们唯一能确定的，就是它们不是出自这里。”[19]当巴拉干把园林地平的表层描述为两种“出处”遥远的不同东西相遇的地方时，巴拉干的意思是，天外和地核都不是我们可以企及的地方。另外一种多少有些自相矛盾的说法是，大地表面本身就是“没有土地的”（groundless）。无论如何，地面上出现的这双向的遥远，都该是一个建筑最初形构的基础。

被神经科学研究院楼所环绕的广场，也不是空无的。就像巴拉干示范园中的草坪那样，它的地面也是经历过一系列切除、清理、平整的结果。还有，这个广场的肌理也不光滑，它的周围还有很多奇特的形状：比如，幽暗的界、转角上的切削、草丘、谜一般的挡墙，等等。虽然在这个广场的地面和巴拉干示范园的地面之间有着诸多的相似性，我们还是不能说这个广场就是空无的，起码不是巴拉干意义上的空无，更不是康所言的空无。这个广场更接近一处日本园林（一种巧于借景、有围墙的空地）。在这个广场的周边，有好几处通向山坡的缺口，每一处都构就了一种“被框着的远景”。

57

这类场景的分化和变化赋予了这个研究院楼以可识别性和广度。每一处场景既整合着不同形式的围合与景观，也都是为了某种具体活动而设计的：比如，整个学院交叉点上的“相

图21　神经科学研究院，拉荷拉，加利福尼亚，托德·威廉姆斯与钱以佳，1992—1995年，广场，图片来源：安娜·凯瑟琳·沃特曼

遇”，面对电脑桌和键盘的独处，园子里植物的栽培，或是一次表演或讲座之前或之后的聚会。在这个建筑中，没有一处场所会与另外一处场所相同，但是诸多场所会让科学家们采用相同的姿态：就是对自己身边世界的沉思。这里，科学探索又回到了它最初的意义上去了，就是一种“theoria”①。这些嵌入了山腰的场景以各种方式鼓励着研究者们去“形成自己的观点”。这也正是钱以佳的远眺所倡导的东西。对于这样的研究院来说，“求同”远没有“远见”来得重要。通过从个性化的创造发展出各种探索的路线，通过把这些探索路线上的偶然节点编织起来，才能形成这样一个已经存在的科学家共同体。这个广场上的空旷是献给独立研究者的，是一种各种不同观点之间保持着有益距离的意象。在这块空地上偶然的相遇所产生的社会性情境，就是聚会。自由的交往，而不是被规定的合作，才是这个研究院的本质。

阴影遮蔽着那些用于钻研的一个个场景，阴影是钻研的源泉。因为这些场景是布置在广场边缘的，这些场景也就限定着广场的性格。还有，每一处场景有着不同程度的幽暗，每一处都面向远方。视线会从广场的表面滑过，就像风雨也会从广场的表面滑过那样。似乎，设计者有意要收集和集中存在于遥远地景中的某些东西——要把山坡、自然的地势、群山，还有“氛围”——收集到一起，但不是去驯化、内化或是统一它们。在这样的互动中，多样的元素会保持它们自己的不同，因为广场会让它们保有相对的距离，那种“近的远”（approximately distant）。这就是空间和研究院，或者说，维系着二者的地形持续超越自己或持续面对自我超越的那种方式。这种程度的丰富性或是潜质只能受惠于地形，因为与任何嵌入土地中的场景不同，地形总在遮蔽着进一步的可能性，因为土地所具有的无限连续性和遥远的深度。这里，地景上那种杂乱和不显著的特点也是重要的，因为缺少了突出的景物才允许普通的性格以及地表的阴影被发现。因为这一建筑的“框架”依附于它的“地构”，地构依附于地形的潜质，这个研究所也就打开了新发现的可能性。而不同的地景可能维系着不同的建筑以及不同的学院。

58

在卒姆托与二人的访谈中，威廉姆斯和钱以佳在访谈快要结束的时候忽然离开了话题。从讲述建筑中“使用”的重要性，他们转向了“超越”的问题；他们说，一个建筑作品也“需要超越自身。建筑是关乎‘使用’的，但是也超越了使用。建筑必须直截了当地解决好建筑必须解决的那些问题，但是建筑也要超越仅满足于解决问题的那个层次，以便指向更远的东西。”[20]卒姆托询问二人怎样解释“超越”，二人回答说，这个词可能和美的问题有关，威廉姆斯解释道，“一栋别墅必须超越

---

① 古希腊的“理论”本就指一次对世界的深思与探究。——译者注

自己以便回归土地，一座教堂必须超越自己以便回归大地表面上生活着的各种人群。”能在为日常行动精心建造的环境里植入“距离感”，似乎恰恰就是实现这样一类超越或是让综合永远延迟的方式。

第2章　培育、建造与创造力：或地形是如何（在时间中）变化的

“历史的花园将被时间的基地所取代。”

——罗伯特·史密森（Robert Smithson），1968年

59

历史地看，“培育”（cultivation）和“建造”（construction）代表了处理地势的不同方式，前者是典型的景观设计手段，后者则是建筑学的手段，虽然有时界线还没有那么清楚。然而，在当代理论和实践中，这种区别常常被大家所忽视，好像景观艺术和建筑艺术之间根本就没有差别似的。虽说好的项目有时来自景观和建筑的融合，能够认识到地景和建筑之间的区别不仅可以揭示建筑和景观各自的适用良机，还能让建筑或景观的实践者们知晓他们权威和责任的边界，因而清楚二者之间合作的潜能。

当代设计师和批评家们并不是最先要面对景观和建筑关系问题的人；这个问题已经有了一段历史。在本章中，我们会拿20世纪的两个案例、一个是加勒特·埃克伯（Garrett Eckbo）设计的景观建筑，另一个是理查德·努伊特拉（Richard Neutra）设计的建筑——去说明在地形性培育和建造之间的相同与差异。这二人高质量的设计和著作都值得我们研究，而同样值得我们研究的是这一事实：二人专业上的联系不只是基于方法上的相似，更基于不同。

在景观建筑学和建筑学被赋予沉重的美学责任之前，二者都是“技艺”——就是“艺术”一词最古老的意义。这一点是明摆着的，因为无论是培育还是建造，都能带来那些放大了我们所继承世界的作品。更进一步，二者都依赖于专门化知识或教育方法，这跟诸如农业不同，像农业，既不一定需要教育也不一定需要学徒，只要足够认真观察自然的生长就是了。艺术，作为西方传统中最为古老的概念之一，就是积极地干预自然，修改自然，有时甚至代替自然完成它的过程和可能性。[1]再往上溯的话，我们就该彻底弄明白附着在其中两个词——生产和自然——身上的意义。这里，一个比较好把握的目标就是澄清一下人类对自然的干预到底都涉及了什么。

61

“艺术”最早的定义——技艺——告诉我们，景观实践和建筑实践所要得到的形象是不会像花从花蕾中绽放或是雨从云上降落那样，遵从于某些内在潜质的先天决定性条件而自动出现或是掉落的，而是需要某些“外来”作用力的介入，通过外力

图22　莱萨·达·帕尔梅拉浴场，葡萄牙，阿尔瓦罗·西扎，1961—1966年

赋予了景观与建筑原本不曾具有或是不曾完全具有的形式。例如，由于一系列未确定的事件，在某张木头桌子表面留下了一汪水，而这汪水让原本隐秘地藏在这里的某些东西开始生长，实现了它的潜质，没人会期待着在这张桌子上出现的情形会同样出现在另一张桌子上。艺术活动给予这个世界的形象，就是那些原本仅靠自己的力量无法出现的东西。

设计因此也常被描述为“创造性活动”。然而，当我们思考景观和建筑实践的材料时，创造性问题又意味着另外一次区分。景观建筑学作品似乎没有建筑学作品那么人工化。这是因为建筑常常要跟自然世界的结果与趋势对抗而不是合作：房子的屋顶抵抗着雨，人工湖则喜欢雨；前者在雨季饱受煎熬，后者则投入到了降雨过程之中去。虽然二者都可以以创造性方式去完成，建造和培育还是有着差别，一个在生产，一个在参与。然而，事情还没有这么简单，因为这些词汇是可以互换的；建造也可以被视为一种参与性的实践，培育也可以被视为一种生产性的实践。这样的置换当然让事情变得复杂起来，也跟我们习惯上的认识不同：建筑和景观的区别，以及二者之间这种位置的互换实际上反映出这两门地形性艺术的关系。不过，这也带来了另外一种争议：我们所以为的只有艺术作品才有的创造力，也同样会出现在我们周围世界里，不过，是那种匿名的创造力。二者都是创造，在众所周知的自然与文化对立的背后，藏着它们根本的亲近。然而，这一论点挑战了我们赋予创作者的不容置疑的创作权。当艺术作品重新融入自然世界时，个人化创造力的局限性就表现了出来，实践伦理问题也浮现了出来。

62

作为培育过程的创造力

加勒特·埃克伯无疑是20世纪美国最具影响力的景观建筑师之一。在他的诸多著作与文章中，都曾关注过景观和建筑的关系问题。其中最为有名的，就是他去世后发表的文章《地景是建筑吗？（Is Landscape Architecture）》。[2]另外一篇更有帮助的文章是那篇不那么有名的他对努伊特拉首部英文著作《论建造：基地的神秘性与真实性》（On Building: Mystery and Realities of the Site）的评述[3]，因为这篇文章不像前者那样那么和气且踌躇。在这篇评述中，埃克伯开篇就描述了建筑物和它的基地的关系是任何一个建筑师或景观建筑师都无法回避的问题。埃克伯认为努伊特拉的作品正是澄清了这种关系，并且代表了“一种巨大的进步，因为很多建筑师（甚至最为‘现代的建筑师们’）倾向于认为，建筑物就是一件‘艺术品’，而基地仅是建筑物的一种配景。”[4]这里，建筑和景观之间的排位和合作再次成了问题，但是埃克伯所用的法语“艺术品”并不是称赞，而是意味着还存在着一种与之相反的艺术。这一另类视角的存在，就出现在埃克伯所引用的努伊特拉书里的第一段话中：“我的体验，我内心的一切，都在反对抽象地对待土地和自然的态度，都在探求埋藏和扎根在每一块基地上的珍宝一般的深厚资产。”在这样一段话中，蕴含着许多常识。比如，每一块基地都是独特的说法，设计应该深入场所的特殊性而不要仅仅满足于抽象的创新或是求变，以及每一块基地都会把自己隐藏起来的说法。在其后来一本更具有影响力的著作《面向生活的地景》（Landscape for Living）一书中，埃克伯再次肯定了场所的独特性：“每一块基地都是不同的，每一片区域都是不同的，每一种气候都是不同的：因此，有关土地上的空间组织的每一个问题，都必须有针对性地解决。”[5]

65 这种马赛克般的背景存在假定了设计师必须要在适度扩展的地势范围内工作，正如任何一位设计过城市花园的人都知道，仅在一小块土地上看地势，是读不出什么显著差异的。在埃克伯和努伊特拉都描述过的那类工作方式里，暗含着两个步骤的过程：首先是侦察或是发掘场地隐藏的线索，然后就是把“宝贝”暴露出来。我们当下用以描述这样工作方式的词汇就是“地图术”（mapping）和“刻画”（articulation）。如果我们用更大的视野去看待这一问题的话，景观建筑实践中的这些部分可以被叫作阐释性（hermeneutic）和语义性（semantic）时刻。埃克伯把这一顺序倒过来了，他宣称：“我们首要要做的事情总是如何将基地和周边环境中某种潜藏的具体品质最大限度地开发和提取出来。”这里，开发和提取（development and extraction）都需要创造力，因为我们对一处场所的潜质所给予的仔细观察，能把我们的想象力从预先设定的套路中解放出来——例如，从规则化、不规则化、花园式或是现代的定式中解放出来。当我们把基地视为一种独特存在之后，设计也变得独特了，如果设计利用了基地独特性的话。

66 如果这么看的话，那么，源自一处基地特殊性的那些约束条件就不再令人烦恼，而是会激发项目的发展。对于基地特殊性的关注能够带来对想象力的解放，这一点，当我们不是在泛泛思考景观建筑定义而是针对某些技术操作问题时，会变得更加清晰。同样，这里我们最好去听听景观建筑师们提出的建议。

67 竖向设计（grading）或是台地处理（terracing）可以突出一块基地的重点，也可以打乱基地。为了理解这一点，我们必须考虑一下土地而不是风景：任何一块基地都会有某种类型的土壤——尘泥——风化了的石头、腐殖质、星尘的混合物。如果说地势就是一种形状、轮廓、几何线或是纯“形式”的话——比如，仅仅是在一个方向或是多个方向上的平坦或是斜

图23　埃克伯自宅"预示园"（ALCOA Forecast Garden），月桂谷（Laurel Canyon），洛杉矶（Los Angeles），加勒特·埃克伯，1959年，摄影：朱丽叶斯·舒尔曼（Julius Shulman）

图24　穆尔住宅（Moore House），奥哈伊市（Ojai），加利福尼亚，理查德·努伊特拉，1950—1954年，水池

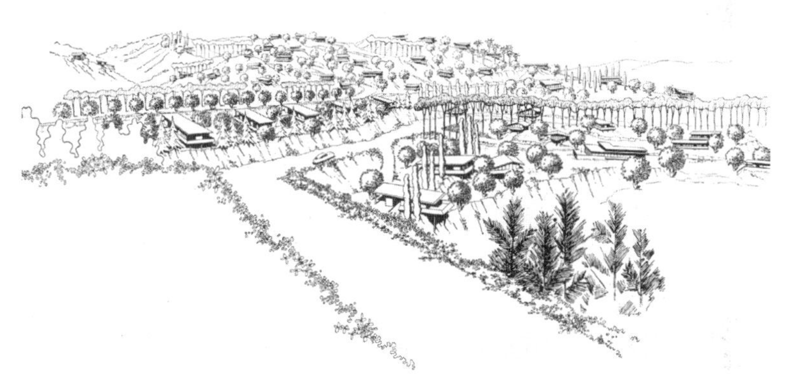

图25 加勒特·埃克伯，树与地形，选自《面对生活的地景》，1950年

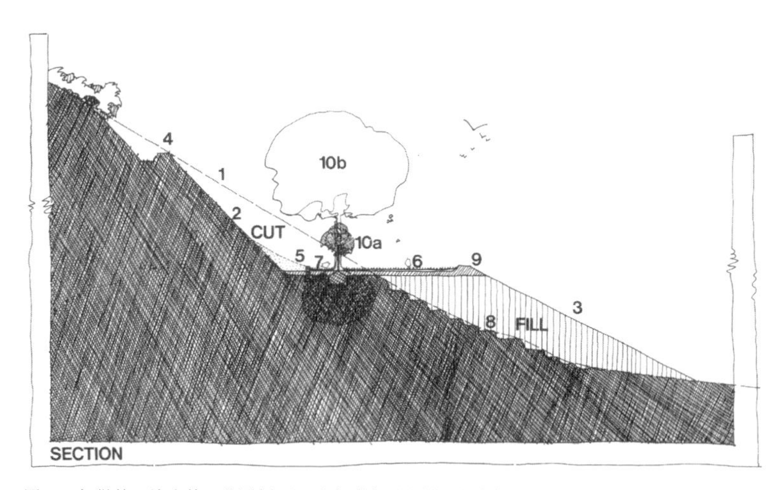

图26　加勒特·埃克伯，花园剖面，选自《家居造景的艺术》，1956年

坡的轮廓的话——所谓竖向设计只需考虑表面的刻画问题。但正因为每一处基地同时又是一种摸得着的实体，每一个基地都向自己的孔洞和隐蔽处折叠起自己更为晦暗的方面。这些东西不是形体，而且潜藏在下面并且和很难被看到的“力”们——就是埃克伯所说的“潜力”——正是这些潜力使表面的确定性不可避免地完整。

如果我们不是“地理地”而是“历史地”去看一处基地，记得每一处基地既是过去发生过程所留下的痕迹，也是对将要在这里发生事件的暗示的话，那基地的深度或“竖向性”是很明显的。埃克伯注意到，土地的表面是经历着不断的变化和发展的，无论这种变化如何缓慢和难以被人察觉。而其中最迟缓、最难察觉的变化常常最具决定性。每一块基地都述说着一个自己的故事，也都是例如风或地下水作用下某种持续改变的直观证据。而这些作用力与它们发生前后的其他作用一样，都捉摸不定。人们在绘制景观建筑图时，最大的挑战之一就是如何标明这些颇具影响力又不易见的作用力。这些东西不像表面特征那样，那么容易被看到，因为这些作用力既不是静态的，也不是物体性的，也就是说，大气和地质条件乃是一个基地断面上关键性的要素，而这些东西很难用图去描述，还不如现场的粗查来得直接，而且往往比我们能够讲述的要稠密、有内容。因此，埃克伯坚持认为，通过台地化与平整化对地面做出的改变必须照顾到这个稠密而又不很稳定的地层断面，因为它是某种相对持久的解决方案的完全依赖。

埃克伯还观察到，如果抽象地看，改变坡度就会改变表层土、下层土壤和基石之间的关系，结果是会加快或是妨碍地表渗雨的能力，导致一处花园中的失败，或是一处地景中的灾难。而竖向设计所涉及的要素还不只是风、水、沙子，它还带出了关于基地上现有与要被保留的树木和植被之间的关系问题，以及这些东西和太阳轨迹之间的关系问题。相关的话题还有诸如覆土的深度、广度、丰饶程度（或是贫瘠程度）、地下水位的高度、植物的年龄，等等；这里面的每一个话题为基地理解提供了素材，设计创新可以且必须结合这些素材。还有一个可以填到这个明细上去的颇为当代的话题，就是一个基地的相对污染程度。正是在污染的反衬下，场地修复及再生的证据可以被美好地突出出来。当我们想到这些话题时，显然，园艺以及地景设计就需要更加广阔的视野，一种生态学的视野。基地研究的阐释学因此具有了两个方面：一个是“除去面具”，另一个是“显示内在”。我们必须看到关于地势的一般假设只来自对其表面几何的粗浅调查，有许多都是错的（起码是有缺陷的），这样，我们才能把之前我们无法看到的基地潜质发掘出来。

68

其他视设计为培育过程的提法还有诸如突出、提炼、细化。

每种都暗示了一种愿意与项目的既有条件“合作”的意愿。通过加速基地自身已有的某些过程或是放大基地上已经展现出来但外形尚不太生动的倾向去做出调整。这也不排除对比的例子，因为可识别性往往要通过差异的体现才能显露出来。反差很大的条件通常也会因为彼此的差异相互对话。就像一位好朋友也是可以指出你错误的人那样，与基地合作也就意味着在基地之内与之对抗。此类对于基地的“干预”可以被称为是一种“参与”，不同于服从和忽略。这里，游戏现象是个很能说明问题的类比，因为它道出了我们在跟土地合作时翻来覆去的反复过程：与土地游戏，又被土地所戏弄。游戏规则或许是清楚的，然而一旦游戏开始，结果却未必清楚，因为对弈者的下一步棋永远存在着或然性。这里，我们最好不要用“超越”一词去形容在一个项目中我们把局部思考放到更大视野背景中以便获得定位的那种需要，因为每一块基地内部总有我方和对手这两者。

或许，这样的“参与”看上去像是一种屈从的行为，因为和解的姿态常常意味着软弱下来，近乎放弃个人的立场。对于某些设计师来说，生态要求带来的是被动。但是当代阐释学的第一要义就是，每一种阐释都是立足于某个个人的立场的，只有这样，才能描述和理解现象。即便是科学家也不可能逃脱他或她的主观性。我们的发现通常会有赖于我们想要发现什么。有人批评这样的观点看上去在支持相对主义，哲学家们诸如汉斯-格尔奥格·迦达默尔（Hans-Georg Gadamer）则看到了这样一个事实，不是所有的阐释都同样优秀；其中，有些阐释就是比别的要好。最佳阐释就是在现有的所有阐释中不输给他者，除了未来那些可能更优秀者。作为一种衡量标准,“可能的更好”就意味着不存在确定性和彻底的透明性，而只存在“各种解读”的叠合。这里所要强调的重点是，基地解读总会激发沿着主观路线开始的局部兴趣，此乃想象力和创造力的源泉和动力。“除去面具”和“显露内在”的阐释学所倡导的跟基地进行参与性“合作”的方式，维系了创造力，因为它在某种阐释的特殊性基础上建立了一个设计的独特性。如果我们用政治学的词汇大致形容一下这样的项目的话，我们可以说，基地特殊性的培育就不是从对想象力的约束中挣脱出来，而是要在约束的条件下实现某种自由——这是一种较好的自由，因为在一个深入了解的环境里的决策将会产生意义。

70

作为建造的创造力

这些关于培育的论点对景观建筑学来说非常自然，对建筑师，甚至一些著名建筑师来说也是如此。有位建筑师说过，“我们应该让好的场地处理充分地决定着新城里房子、道路或是公共建筑的基本形状，甚至风格以及使用。”在更为具体地谈及

图27　阿特金森住宅（Atkinson House），贝弗利山庄（Beverly Hills），加利福尼亚，加勒特·埃克伯，花园与游泳池

威斯康星（Wisconsin）的一栋建筑时，此位建筑师写道：

"（本地产的）石头垒砌的基础层不断地四下延伸，伸到四个院子里，围起这四个院子……（同样），石头也（从地下往上）构成了房子的基墙，砌出来这个房子的烟囱……山岚的线条就是房子屋脊的线条……房子泥灰的表面……就像下方河床上条条的平沙，二者有着相同的色彩，因为泥灰的沙就来自河床。"[6]

71 虽然弗兰克·劳埃德·赖特的这些话听上去跟埃克伯的观点很相似，其实并不相同。的确，赖特的话中也包含着相似的意思，基地是独特的，基地的独特性会刺激创造力。但是赖特从两方面拓展了这些概念。首先，赖特特别强调了基地的所有权——地产——赖特将场所的独特性和个体的个性联系了起来，因此也连向民主的自由，仿佛资本才是民主自由的基础。其次，72 赖特重点强调的是那些物体般的现象，他把那些不易见的（或是潜藏的）变化作用力放到了次要的位置上，来暗示着在基地和建筑之间存在着一种因果关系，由此获得更加肯定的语言和信心。这就跟我们前文中所描述的培育观点很是不同了。

努伊特拉同样提倡在场所和建造之间进行协作。然而，在他的方法中，我们却看不到这种地块（plot）可以决定平面，建造的用材一定取自当地的说法。事实上，努伊特拉倡导的东西恰恰相反：建造的创造力需要使用一些无具体场所性的元素（nonterritorial elements）。

在1949年，努伊特拉就写道："一个沙漠里的房子是不可以在土壤里'扎根'并且'从沙子里生长出来的'——在沙漠里，啥也不会扎根，包括树木，没有帮助也无法生长。一栋建筑物说白了就是一个人造物，是将在车间预制的诸多部件经过长途运输送到崎岖的沙地上组装起来的构筑物。这个建筑身上没有什么是当地的，就连所需要的水都要通过管道从遥远的地方输送过来。"[7]

在另外一篇文章中，努伊特拉显得更加肯定："房子是不会像种子那样吸收了土壤里的养分就自己长出来的。那只是一种抒情的夸张，一种说给小孩子听的神话。"[8]初看上去，赖特所言的"土生"（topogensis）的建筑，在努伊特拉这里成了被批判的靶子。为了进一步解释清楚，努伊特拉把话题转向了当代建造的条件，特别是建造材料和方法的改变。他指出，仅仅因为当地出产某些砖和木板就得在工地上用上它们，乃是过于天真和怀旧的做法。生产的经济性和物流的模式已经同样可以提供其他类型的建筑材料，其中有些甚至会更为合适。如果人们以为建造实践就得像古代那样指的是发现、砍伐、加工、组装当地材料的话，那我们就可以说，我们这个时代的建筑，还有努伊特拉那个时代的建筑，就根本建不起来了。更为准确的说法是，建筑在很大程度上是由一

图28　东塔里埃森（Taliesin East），威斯康星，弗兰克·劳埃德·赖特，始于1911年，远景

些根本就不出自基地附近而是在某些远方的车间和工厂里的预制部件组装起来的。努伊特拉强调说，一栋建筑就是一个人造物，一种建造物，是被运到基地，安装起来的东西——甚至可以从一地再搬到另一地的。

75

因为我们常会混淆“设计”（design）和“计划”（planning）的区别，我们会以为现代建造实践的阶段顺序会跟传统程序相似。然而，在建造中使用预制构件和在图上中预先想好形式，这之间还是存在着差别的。安装在现代建筑物身上的那些构件——窗户、灯具、家具——都是在进入基地之前就已经成形的了。相比之下，在传统的建造中，预先构想的要素——在图上是完成了——还得靠施工过程去实现。装配预制部件和按图纸塑造形式的成与败，有赖于材料的可能性和施工人员的技能。二者之间的差别并不只是时间性的，因为二者都存在着“预先性”（anteriority）。二者的差别在于对过程的控制度上，或者说在于场所或是实践的特殊性对已经想好的设计的可修改程度上。修改总会发生，但在现代建造中，调整是在部件选择之后的——比如，石材的调整有时会在采石场进行，但更多时候是在厂家目录册里挑选的。这就出现了材料在本质上的无具体场所性。因此，要让材料亲和基地，那些预制部件就必须经过二次制造。[9]在某些场合下，还需要针对特殊要求制作专门的部件。早期支持使用预制构件的人们以为，预制构件的使用会变得越来越普及，事实却并非如此。弗兰克·盖里（Frank Gehry）晚近的建筑都不在这样的规则之内。当下，那种倡导在建筑中实现“批量化订制”的设想也遇到了相同的问题。当场所确定之后，把部件调整得适应基地，就成了第二道工序，以便弥补建造中无具体场所性的缺陷。

努伊特拉的“胶合板住宅样板房”（Plywood House Model）是作为洛杉矶新型住宅展的展品于1936年建造的。[10]当我们今天再看这栋建筑时，建筑和基地的亲和度仍然是令人惊叹的。但是就像一个城市最终会改造一个原本忽视了它的设计那样——比如巴黎接纳埃菲尔铁塔那样——土地和气候会把一个原本脱离环境而构思和开发的项目兼并到它们的海量收藏之中去。这栋建筑物的名称就标明了它的建材都是来自工厂。它的几何与饰面效果都是由4英尺×8英尺的胶合板决定的，而不是由基地所决定。并且，这个建筑与基地的关系是暂时性的。展览结束后，房子就被拆卸，装到卡车上，从威尔希尔林荫道（Wilshire Boulevard）拉到了韦斯特伍德（Westwood），在那里，又被组装起来，保存到现在。随后，人们又在建筑周围培上了土，进行了绿化，通过这样的补偿，这个建筑才有了它今天看上去的娴静。原本胶合板出厂时的“天然”表情，如今，也被刷上了白色的灰浆。窗框上的黑漆更补足了这种人工性，使整个建筑成了点、线、面的构成。在室内，楼梯处的木贴面仍然

76

图29　考夫曼住宅（Kaufmann House），棕榈泉（Palm Springs），加利福尼亚，理查德·努伊特拉，1946年

图30　考夫曼住宅，棕榈泉，加利福尼亚，理查德·努伊特拉，1946年，施工过程（图片来源：建筑档案，宾夕法尼亚大学）

看得见，这种感觉上的提温——温暖感——是一种信号，暗示着更为私密的楼上。然而，这些贴面彼此端头的交接，不只强调了它们的木质性，也在强调着它们薄薄的平面性。这样，从里到外，几何和材料之间就保持了那种张力——也是建筑物和基地之间的张力。 77

如果以场所的潜质来构思，不太可能设计出这样的建筑。在努伊特拉的其他作品中，这种不可能性更是被夸大了。在考夫曼住宅的那个沙漠基地中，就像努伊特拉承认的那样，“如果没有外来的扶植，啥也长不出来。”[11]而著名的“健康住宅”（Health House）身上的钢与混凝土与建筑所在的坡地以及土地特质形成了戏剧性的反差。按常理，这里的剖面应该处理成一层层的台地，就像他在第一个项目的花园中那么做的①。在其同样著名的“试验住宅”②中的反光水池也没有在剖面上与旁边的银湖（Silver Lake）对位，而是漂浮在屋顶上。这里，房子的屋顶并不是与雨水对抗，而是收集雨水，逆转了人们习以为常的分层方式（空气在上，水在地下）。而这栋建筑的基础部分，几乎就是透明的，成了挑战现状地形性条件的另一个例子，那简直就是一个玻璃洞。再看一下这些建造行为，这些例子中所表现出来的建筑与场所的亲和性，反而是逆着自然倾向来的，是对既有关系的逆转。我们甚至可以进一步地说：在这样的建筑生产过程中，建筑是靠人们把一堆预制部件在某个基地上组装起来的，而这种组装的方式拒绝藏匿那些培育出来的和建造出来的东西之间的差别。就像地景不是建筑那样，建造也不是栽培。

培育性的建造与建造性的培育

有了上面这个结论以及努伊特拉的这些建筑，那又该怎样理解努伊特拉对“抽象看待土地与自然的方法”的抱怨呢？难道他的这些建筑和那些所谓“国际式”（International Style）建筑不正体现着这种抽象的态度吗？难道不正是这样的建筑才使得诸多批判家们在20世纪60年代和20世纪70年代开始要求建筑重新思考“语境”吗？在一篇题为“自然环境的重要性”（The Significance of Natural Setting）的文章中，努伊特拉重申了他的观点，即，建筑和环境是两码事：“一栋建筑或许可以形式张扬，有着自由的曲线，或是粗劈红木和粗切石头的乡村质感，但无论如何，说到底，建筑就是一种简单几何的人造物，被塞到了一处自然风景之中……不管人们把建筑弄得是否 80

① 努伊特拉作为景观建筑师，为鲁道夫·辛德勒（Rudolf Schindler）设计的菲利普·洛弗尔海边住宅（Lovell Beach House）设计的花园。——译者注

② 努伊特拉的自宅。——译者注

图31　胶合板住宅样板房，韦斯特伍德，加利福尼亚，理查德·努伊特拉，1936年（摄影：朱丽叶斯·舒尔曼）

像一块冒出地面的岩石或是像一棵长出来的植物，它仍然是人工的介入。”[12]努伊特拉用来说明这一观察的建筑就是考夫曼住宅：那是沙漠中的一堆玻璃、铝、白墙和水。但是有了这些材料并把它们安装到位之后事情并没有完事，它们只是开始了“介入”基地的这个问题。努伊特拉接着解释说，“虽然明摆着就是地景中的外来体，一栋建筑最终还是实际上与环境相融的。”这里，有关建筑如何“干预”基地的全部问题就在于我们怎么理解了这个“实际融入”（virtually fused）的说法。努伊特拉坚持认为，这个“融入”（fusion）并不在于外形；建筑物是不可能从自然里长出来的。复印机般的模仿不是出路。努伊特拉所给出的建筑与基地的符合、亲和、同化，涉及的是“实效”。建造是通过操作来“适应基地”的，就是要通过相互配合来实现同化基地。所有可以调整的策略方法暗示了建筑有能力根据自身条件改变自身。这里，场景既不是一幅图画，也不是一个物体，而是一种过程或一系列过程，借此，可变的条件逐渐地渗透到了建筑创造出来居住的条件之中。[13]

为了把这个问题说透，让我们想一个如何在建筑身上开个洞的小问题。每个开口肯定都是一种可见的外形，也是建筑形象的一部分，因此也可以被当作模仿或是再现计划的一部分。然而，建筑身上的每一个开口也都是一系列操作活动的地点，例如，我们可以通过建筑身上的开口去捕捉、阻挡或是加速光线和气流的穿过，完成对光线和空气的调控，以及从内向外和从外向内视线的控制。显然，这样的说法不是什么新说法。同样，努伊特拉在这一点上也没有说出什么新东西，尽管他那些关于遮阳板的文章的确提出了一些另类的做法。马塞尔·布劳耶尔（Marcel Breuer）和埃罗·沙里宁（Eero Saarinen）在他们的建筑和写作中也曾关注过类似的事情。何塞·路易·塞特（José Luis Sert），奥斯卡·尼迈耶（Oscar Niemeyer），卡洛斯·劳尔·比拉努埃瓦（Carlos Raul Vilanueva）也都做得不错。后来，这些话题在我们这个时代又被伦佐·皮亚诺（Renzo Piano）、弗洛里安·里格勒尔（Florian Riegler）、罗杰·里夫（Roger Riewe）等人拣了起来。或许，最激烈可能也最不实际的，就是勒·柯布西耶许多年前曾经提出的说法，建筑的历史追随着开窗的历史。在这些建筑师的设计中，开口不是制造形象的地方（或者说，不首先是形象制造的地方），而是建筑和基地上演互补操作的地方，是彼此促进对方发挥实效的地方。

82

以这样看窗户的思路来看，意味着我们还可以用同样的思路去看建筑的其他要素——楼板、隔墙、光线，仿佛建筑的整体集合就是各种效果组织起来的交响曲，每个构件都有自身的时间表、角色和声音。这样看来，建筑的几何线和形构不可能是抽象化的，而是各种操作的轮廓线，它们合起来决定着建筑的外轮廓。用一种线性和行为学的术语来说，廓形显示着行为

图32　VDL试验住宅，银湖，加利福尼亚，理查德·努伊特拉，1966年重建，屋顶的反光水池（摄影：朱丽叶斯·舒尔曼）

图33　VDL试验住宅，银湖，加利福尼亚，理查德·努伊特拉，1966年重建，后院（摄影：朱丽叶斯·舒尔曼）

图34　儿童辅导诊所，南加州大学，洛杉矶，加利福尼亚，理查德·努伊特拉与罗伯特·亚历山大（Robert Alexander），1963年，立面

的过程。这正是建筑的前美学实质（pre-aesthetic substance）：建筑的定义就是它的作为。建筑在具体环境中的选择和决定，展示出它的性格——于是，环境也在建筑的定义中扮演着一定的角色。

实效这个主题开启了如何在时间的视野中界定建筑的任务，让建造成为一种阶段性的操作，并让我们认识到这样的事实，就是建筑的完成是个过程，永远不会真正完成。想一下木材和大理石的抛光和再抛光的过程。通过这些技术加工，材料的品质就会被带到表面。这里同样，是否意识到潜在或是潜在特性是个关键。风化的现象事实和象征意义从另外一个方面证明了建筑永不停止，“修复和维护”的活动也是如此。[14]但是暂时性也是一种培育的视野。这么做，通过容许建筑进入地景，是否就抹平了建筑和地景之间的差别呢？要想让这种差别的消除成为可能，那就需要一种双向的流动，培育就得和建造具有某种相似性。

在埃克伯看来，培育的过程明显具有建造性。在《为了生活的地景》一书中，埃克伯高度强调了设计师应该创造性地面对每一个问题。设计的第一步是发现基地的特殊性，跟着，就是发展一种设计，能够有别于套路化和常规设计。埃克伯把这看成是一种涉及创造力和责任感的事务（要对自己的时代和项目的特殊性负责）。在埃克伯设计的那些都市小花园里，对原创性的追求常常导致了那种高度风格化或是极端化的表达方式。在其他的设计中，似乎是康定斯基的画作比当地的地质学更能解释他的意图。这就部分地解释了为什么某些历史学家和批评家们会推崇而另外一些人则会批评埃克伯作品中的“人工性”（artificiality）。不过，讨论埃克伯在相近条件下对于相似母题的使用应该更具意义。承认基地的独特性并非一定要排斥对基地相似性的发现。

83

84

当我们重新审视埃克伯的作品时，我们会看到，埃克伯发现了某些重复的现象并且发展出来某些典型形式。我们不该把埃克伯在设计上对于自身的重复看成是一种失败，也不应该视为是他对基地解读的一种随意；仔细的研究不仅能够揭示差异，也同样能够揭示相似。当条件相似时，使用相似的对策也很合理。也就是说，对于某些建筑元素身上表现出来的重复，也可以在地景作品中找到理由。但这样的重复不是汽车制造业中的那种完美“重复”。在彻底的相同和彻底的不同之间存在着第三种可能性，就是当培育变得具有了建造性，以及反过来，当建造材料经过表面处理技术的“培育”之后，就出现了第三种可能性。当基地的具体性超越了自身，成为一种典型性时，就接近了理念性。相应地，当变化速度减缓到足够慢时，那就接近了“无时间性”（atemporality），接近了永久性。这种永久性在地景艺术中是可能的，因为一块基地可以在保持相同的同时还保持着不同，这并不难理解，就好像一个人经历了

图35　埃克伯自宅“预示园”，月桂谷，洛杉矶，加勒特·埃克伯，1959年（摄影：朱丽叶斯·舒尔曼）

婴儿期、儿童期、青春期、成熟期，却仍然是这个人那样。

创造力：个性化的创造力和匿名化的创造力

培育和建造都可以是创造性的。而创造，一般而言，都是跟作者连在一起的。在传统学说中，在从远古到1920年代初期的艺术批评中，创造通常被视为是一种赋予物质以形式的过程，仿佛不然的话物质就是无形的或是形式不那么完美的。[15] 依照这样的看法，自然世界是一种资源，一个存放在那里的仓库，耐心地等着探索解决实际问题和艺术表现问题的人们去借用。在这样的立场看，创作权是具有权威性的。因此创造既是“构成性的”（formative），也是“原创化的”（originating）。在18世纪，这样的工作被视为来自天才，这样的作品被容许当作之前圣物的替代物。然而，把设计视为是对当地条件的培育的看法，则意味着“形式的赋予”还来自自然，并已经出现在自然之中了，因为，所谓“参与”到某个过程之中去就意味着首先已经存在了某种过程。景观实践所使用的材料事先都有了自己的形式；建造是二度改造材料的形式。这一点差别看上去好像不大起眼，实则意义重大：这就意味着，设计不是在给材料以形式，而是在修改材料已经有了的形式。在建筑的建造中，饰面加工的工作也有相似的程序。说自然世界在不断地再造自己肯定不会引起争议，也不会让我们觉得吃惊。可是，当我们说，我们所渴望的艺术创作的自由和自发性注定是非个人化世界的匿名化创造力的一部分时，就会引起争议。

这一观点的一个基本前提是，一个存在于项目“历险”之前的“世界”会继续在项目中开始自我重新创造。如果广义地看，这就是一个生长与解体的循环。因为世界本身可以自己策动自己的变化；我们可以把这叫作匿名化的创造力：世界可以自己做着自己的事儿，仿佛你我和它都没有关系，仿佛一个人的设计根本就不会起什么作用似的。的确，这样的“世界”好像跟我们每个人所陷的局部事务相距遥远；有时，似乎毫不在意我们的那些事儿。这样的观察多少会削弱和降低设计的作用，同时也会让我们的创造力变得不那么重要。可是，如果我们想要认清基地上“前在”或是“已经显形”的特征时，我们所谈到的创造力就不得不包括世界的这种匿名创造力。这也就为地形性艺术引入了一个伦理的维度。培育回应了合作的需要。相比之下，建造需要某种坚定的，某种认为事物“能是”和就“该是”另一种样子的态度。培育提出的是一种负责的伦理。建造提出的则是一种坚信的伦理。二者乃是决策过程中两个互补的侧面。如果暂时忘记源自跟自然合作或跟自然对抗这两种态度的专业分工，我们就会看到，我们在世界的创造力之中所进行的设计决策，其首要任务是调和参与和生产的双重约束。

第 3 章　设计自由与自然法则：或地形是如何因地而异的

那么，当我们认识到了自然法则之后，就能保留设计中的自由吗？在构思过程中合理性胜利的代价是什么？一个合理的解决方案的代价必定是失去原创的自由吗？换言之，那种没有任何（自然的）约束的自由是不是就是虚幻？从实用性和价值来看，实验难道不是依赖于人们预期和现实复杂情况，依赖于时间和场所偶然性的吗？具体地说，没有好的顾主，没有能工巧匠，没有至少是适合的材料，还会有一个好的设计吗？上述这些条件的每一个不是在设计师想要提出的方案上套上了种种限制吗？让我们姑且说，在设计工作中，某种程度的约束或是规定是必要的，因为它们会给自由以框架，那这些规则又该是怎样的？这些规则是一个学科内在的东西吗，比方说，是设计或生产方法的规定，还是外在于项目的，比方说来自建材属性的规定或是基地的规定？本章的目的就是要展示给大家，首先，那种要在有约束和无约束的创造力之间二里择一的假定是错误的，其次，地形性艺术的创造工作所特有的自由，是需要在一种既内在于又外在于地景和建筑物的框架之内来实现的。 86

为了证明这种论点，有三个步骤是必要的。首先，我会回到“自然法则”这个概念的早期历史中去，因为那将澄清至今仍在发挥作用的维特鲁威式（Vitruvian）的建筑知识前提。其次，我要详述和批评有关创造力的内在约束论和外在约束论，因为这样的观点忽略了地景艺术中创造工作的特殊性。能代表设计有赖于内在“游戏规则”的典型实例就是建筑师彼得·埃森曼的作品（特别是当人们将他的作品和他的经常性合作者、著名的景观建筑师劳里·奥林的作品进行比对时）。这种与埃森曼相反的立场——就是认为设计行当之外有东西约束着创造力的观点——则可以在当代的生态学思想中找到实例。这两种态度跟那种认为设计师必须在二者或在二者视为关键的规则之间做唯一选择的假定，都同样有问题。第三，我想提出一种绕开这种非黑即白逻辑的另一条路。在讲述这些观点之前，我还是再回到努伊特拉的建筑和写作上去，因为它们展示了设计师的方法以及自然材料是如何给创造力的发挥留有一席之地的。其他设计师的作品当然也可以用来说明这一问题。但是努伊特拉的工作具有特别的说服力，因为它坚持了设计的双重约束之间的双向性。 87

用于设计决策的自然法则和“理性”

通常，人们会把自然法则当成像任何法则一样的东西，包治百病，一旦理解，就会永远成为决策的正确指南。这里，人们假定了法则的普遍适用性。不管法则的缘由或是基础是什么。人们不会去问，法则所依赖的基础是什么，在怎样的推定下，它们才可以成立？事实上，历史中浮现出来的法则来源很宽泛。其中包括神旨（比如宗教文本中所记录的法则）、有关公平的学说（哲学著作提出来的）、传统（比如在习惯法中）、执行性指令（比如民法通则）、宪法（立法授权）或是普遍性意愿（各种被表述和被制度化的东西）。除了在法理和伦理学中，人们很少会想一想上述的这些概念之间到底有着怎样的不同。然而，在当代常规用语中，自然的与合法的常常被当成了差不多的同义词，仿佛合法的东西，在自然中同样正确似的。然而，就像所有的常识那样，这个关于法则的常识也有着自身的历史，而且这段历史与建筑知识中某些最为古老的前提发生过交叉。

89

把法等同于自然秩序的看法来自斯多噶学派（Stoic Philosophy）。在《查士丁尼法典》（The Code of Justinian）中——这是每位法官基本上都知道的法典——有着这样的陈述，自然法则就是自然教给一切生命的东西。这种理解并不仅仅适用于希腊城邦成员（也就是柏拉图学派和亚里士多德学派的公平讨论所要针对的人），而是适用于各地的公民或是非公民，也就是全人类。用“人类”取代“公民”，就在城邦秩序和法律秩序之间建立了一种联系。自然法——就是自然成立的法则——被认为是任何一位具有理性能力的人都可以明白的法，因为自然法里面散发出来的是“理性”（拉丁语ratio）。西塞罗（Cicero）有段话说得很清楚：“*法是最高级的理性，植根在自然之中，指挥着一切发生。*”因此，理性乃是人类分享普适规条的基础；理性为我们所有人划分出可做事情的界线。

这个理性的普遍性提法，完全吻合着斯多噶学派的梦想。西塞罗、克律西波斯（Chrysippus）、卢克莱修（Lucretius）都倡导过理性的广泛应用，那些解释自己思想的非哲学人士也曾倡导过理性的广泛使用。维特鲁威在谈到卢克莱修的《物性论》（On the Nature of Things）时直接就说，“*哲学解释了‘事物的本性’。*”在这句话中，“事物”这个词指的是所有人类和神祇、人造物和自然物。维特鲁威还说，建筑师有必要了解这样的知识。而对我们来说，几千年后，这一课仍然是被视为理所当然的。建筑师是通过对于自然科学的研究了解自然的法则的：特别是通过物理学，因为物理学会特别关注静力学、动力学以及材料属性。然而，我们的科学跟上古的科学并不是一回事，不只因为二者的概念不同，测量技术不同，还因为它们跟技术思

图36　韦克斯纳视觉艺术中心，俄亥俄州立大学，哥伦布，俄亥俄，劳里·奥里与彼得·埃森曼，1983—1989年（图片版权属于劳里·奥里）

想的亲和程度而有所不同。但景观建筑师一直以来关注的是另外一套主题——流体力学、地质学、植物学，等等——这些知识也被认为是有效实践中必要的知识，也是能够把客观知识与技术联系起来的知识。如果人们在设计过程中忽视了这些知识，这些科学的真理就会奋起报复，给技术专家们带来麻烦。人们有时会把这些技术专家们不那么恰当地称为“顾问”，因为他们不是景观建筑师或是建筑师，却又在影响着一个项目的发展的决定中有着终极的裁决权。专家意见阐述的是“统治”着自然世界以及处在自然世界内的设计的原理、公理、约束。

90

然而，此类理性的绝对权威性带出了一个问题，有人因此担心设计会失去自由，因为通常人们会认为设计过程是开放、探索、拓展的过程。那么，科学理性是否限制了设计？设计实验的大本营就是设计室（无论是学院里的还是事务所里的），这里，倒不是要真做实验或是学习的地方，而更像是一个发现或是显露的场所，因为被解放的创造力并不是谁需要从别处拿来的，而是每个人本来就有，只需要培育的东西——这是一种原始的、秘密的或是个人的倾向，需要的是找到一种创作的出口。

那么，人们是否在设计中能够一方面体验到这样的创造自由，同时又能认识到事物本来或者说“天生”应该的方式呢？这句话中的“应该”意味着某种选择。

形式制造的规则或者生态系统的法则

观察到在自然法则和设计自由之间存在着冲突，并不意味着设计的创造性就一定是或者根本是自发性和直觉性的，没有原则、没有程序或是无法可依的。事实上，情形往往相反。每一次设计活动虽然在生成中总有个人的痕迹，却还是有着自己的规律可循的；但是这些规律不是自然法则，而是一些“游戏规则”，不是物理学中的定律，而是“形式制造”中的规则。对于某些设计师来说，这些规则就是构图规则。例如，某位设计师可以决定不采用网格或是花格模式，而是使用一种不对称的形构，用来控制某个设计；或者，设计师还可以事先只规定采用某些比例或者数比而不是全部；或者，设计师只是决定将所有挡土墙或是承重墙都垂直于河岸布置，这样，设计中的那些线与周围城市街区的线相交后，就产生出来一种非正交的平面。在上述这些情况中，构图都是按照一定的形构导则进行的。在当代的实践中，计算机设计软件包在这些方面很有发挥的空间。

可是，游戏规则并不都是构图规则，对于某些设计师来说，设计的规则类似语言规则，他们假设创造性工作就是一种表达性交流的事情。此类实践的法则就是语法性或是句法性的。因此，三维符号的交流被视为是一种受到组织策略控制的活动。

91

这些结构可以来自古典的或现代的传统。或许也还可以来自指示功能性类型。不然，还可以展示个人的风格化特点。彼得·埃森曼就曾经花了大量的时间解释那些他为自己规定的规则。更令人惊讶的是，彼得·埃森曼承认，这些规则都是他自己给自己设定的规则。他多年来一直说他的这些规则都是虚构的；它们对于他的设计过程来说是必要的，但对他人的设计来说却未必成立或是有用。这个结论支持着技术战胜了真实，方法战胜了意义，或者说秩序的组织战胜了秩序。埃森曼说，我们每个人都应该有自己的规则，没人可以假定他或她的体系就一定普遍成立或是终极真实的。否则，就只能保持着对“真理的怀念”。就像每个设计师都该有着自己的规则那样，每个项目也该有一套自己的规则。例如，在埃森曼设计的韦克斯纳中心这个项目里，平面上画着之前曾经存在的塔楼、奇怪地相互叠加的网格所构成的几何线，为这个项目设立了游戏规则。而设计了这个建筑前院的劳里·奥林则有不同的说法。奥林认为，尽管构图规则和交流规则会因项目、设计师而产生变化，这些规则却完全有必要存在，因为它们不是束缚了而是维系了设计的自由。

然而，这还不是一个完全个人选择的问题；当代职业中的若干结构性特点将这种自由与必要性的分化制度化了。埃森曼既不是一个不同寻常的例子，也不是一个特别极端的例子。今天，很多建设项目已经把设计型事务所和生产型事务所的分工当成是理所当然的事情了。对于那些出了名的“设计型事务所”所承接的项目来说，尤其如此。虽然这类事务所彼此之间存在着风格上或是创作理念上的差异，设计型事务所还是共享一些基本特征的。那些生产型事务所虽然不像前者那么出名，但他们的工作重要性却一点也不少。因为他们的工作就是真正地“实现任务”。就像在主流的设计事务所之间存在着这样的差异一样，在具体的某个事务所内部也存在着这种情形，其中有些人是专门从事设计的，另一些是画施工图的。在大多数的专业事务所里，这两组人有着不同的头衔、薪金和责任。最后，这种分化还可以在美国的大多数设计学院中表现出来，里面有些教授是专教设计课的，另一些人则专教技术课。这两种教授在不同的时间段上以不同的方式授课，并且还有不同的评判标准；优秀在设计老师那里意味着创造性的自由，而在技术老师那里则是以合理性衡量解决问题的办法。因此，对于景观建筑师和建筑师们来说，在他们职业生涯的各个阶段上，一直都经历着这种自由探索设计理念和面对现实问题给出严谨对策之间的矛盾，因为这种矛盾已经被设计行业彻底而深入地制度化了。

92

然而，大家都熟悉并不意味着这就不是个问题。任何一位设计师，如果曾经被工程师的一句“你不可以这么做”或者“那么做太贵”弄得哑口无言的话，那他就一定知道这种矛盾是可以带来一场关于谁说的算的危机的：是艺术判断说的算，还是专家证词管用？我们这里不用去猜到底该谁说的算，或者就以为我们会有什么答案。我们的社会几十年前就已经为我们做了决断：在19世纪的末期，在芝加哥，路易斯·沙利文（Louis Sullivan）的顾主们就对沙利文说过，“在他们做生意的时间里，没留时间去谈文化。”

今天，似乎对设计的自由产生约束的不再仅仅是自然科学中所解释的那种“自然”；相比之下，生态运动中所描述的“自然”似乎更具约束力，特别是其中旨在构成极端挑战的部分，比如“深生态学”（deep ecology）中的“自然”极具约束力。这里，生态学规则构成了对于埃森曼那种内部（并且武断的）游戏规则的相互补偿关系。对于诸如阿尔内·内斯（Arne Naess），沃伦·福克斯（Warren Fox），乔治·塞申斯（George Sessions）这些作者们来说，“西方文化中人类中心论的、两元论的、实用主义的对待自然的态度（Western culture's anthropocentric，dualistic，and utilitarian attitude toward nature）正在毁灭野生的自然，或许也将毁灭生态系统能维系复杂形式生命的能力。”[1]这种毁灭的作用力就是不惜以统治自然为代价去追求进步的现代技术。这样的进步曾经被宣传为改善人类生活的一种方式，并被说成是现代科学发现的一个成果。深生态主义者，像诸多19世纪的浪漫主义诗人那样，认为是技术对自然的统治导致了自然物种和人类物种的压制。最终，技术将导致我们所熟悉或是所继承下来的世界的毁灭。只要读读这些文本，人们就不会体会不到其中的末世论调。为了抗拒这种破坏并将自己的生态论区别出来，这些人把他们的生态学称为“深生态学”。这些作者们还有其他人一起号召我们在思维中进行一种激进的改变，并重新认识我们在世界中的位置：他们要求我们去把我们自己也视为是自然的一个部分，而不是要和自然有所分别；这个世界不单是我们的容器，我们也不是其中的特殊者。人类的地位并不高于其他生命，而是和其他生命平等；地球上的生命不可以被分为两个圈子（人类和非人类）而是一种关系的网络，即一种生态系统。例如，澳大利亚的一位深层生态主义者沃伦·福克斯（Warren Fox）就曾指出，“这个世界是不该被分为独立存在的主体和客体的，同样，也不存在人类和非人类的领地二分法。相反，所有存在都是由它们的关系构成的。”[2]从一种伦理和实践的观点看，这样的认识会鼓励我们像关怀我们自己那样去关怀所有事物，保持和保护世界而不是去统治世界。这样一种本体论意义上的转移将带来巨大的文化转变，简·贝内特（Jane Bennett）风趣地——多少还有点脸谱化地——将之称为“从看电视吃晚餐，到吃有机早午餐的转变”。在我们与事物诸多形式的交易中，深生态主义者督促我们去让事物自然发生。

那么，在这样一种“不干预”（noninterference）的伦理下，会出现什么样的设计呢？什么样的项目制作可以做到不需人去干涉呢？是否存在着这么一种非受迫性的制作，既能够保持设计的自由，又能够让不经加工的事物一直保持它们本来的面目呢？我们是否能够在设计创作的预期和创作明显处在被动地位的建造过程之间达成和解呢？虽然在其名著《设计结合自然》（Design with Nature）的标题中，伊恩·麦克哈格（Ian McHarg）已经提出了二者之间的合作，对于麦克哈格而言，设计仅仅意味着对地质、气候、水流条件的发现以及其他类型的分析。那么，这是否意味着生态意识较之自然科学而言，会更加约束设计的自由，只不过是在用“对一切生命形式的尊重”替代了我们过去的批判标准？是否我们可以在对一个新的设计理念说“是”的同时，不对某些现有的条件说“不”呢？我们能否在赢得自然的灵魂的同时，仍然保留住人造物的躯体呢？

在我们这个时代出现的这些焦灼且无法回避的问题并不是些新问题。建筑中的现代运动通常被丑化成了以虚假的技术进步之名造成破坏的作用力。事实上，在那些现代运动的支持者当中，有很多建筑师的文章和建筑作品已经展示出对当代生态思想所表达的那些忧虑的惊人敏感性。我们之所以惊讶，是因为我们身处当下这么一种带有后现代偏见的时刻。当然，我们对于这些人的关注也不仅是出于历史好奇，因为这些建筑师已经展示了一些方法，如何回避我们觉得左右不是的两极对立——在设计自由和自然法则之间的对立。

94

地形与设计

在美国，理查德·努伊特拉通常被当成是现代运动的一位领军人物。在其影响力和重要度上，努伊特拉可能仅次于赖特。我们如今已经逐渐形成了一种看法，笼统而不加甄别地认为20世纪50年代的现代主义者都是国际式建筑的倡导者，而国际式建筑就是适合所有地区和所有气候的建筑。为了支持这样的假定，我们会引用一些较早也更有影响力的论点，比如勒·柯布西耶所倡导过的“精确呼吸”（exact respiration），因为这样的室内状态需要不同地方的建筑物全年都能把室温控制在摄氏18度。这种论点与当代生态意识伦理中的“场所具体性”以及“气候敏感性”相距甚远。在努伊特拉的建筑身上可以找到现代盛期建筑那些出了名的特征——比如空调机、白墙、工业化建筑部件——解释了为什么努伊特拉在我们这个时代几乎被遗忘或是拒绝。

然而，我们很容易就会感到这种立场的不妥之处。我们要做的，只需去重看一下努伊特拉那些书籍的标题：《通过设计而生存》（Survival Through Design）、《生命与形状》（Life and

图37　达林住宅（Darling Residence），旧金山，理查德·努伊特拉，1937年

Shape)、《自然就在身旁》(Nature Near)、《基地的神秘性与真实性》(Mystery and Realities of the Site)。这些书名所显示的伦理观，在这些书里的论证过程中都得到了充分的阐释。虽然我们还不能把努伊特拉称为“原生态主义者”(proto-ecologist)，但下面这段出自《自然就在身旁》的话即刻就显示出来努伊特拉在对待生态问题上的早慧：

“人类总是居于某些东西之中——这种无法避开的存在，包裹着渗透着我们生命的东西，就是所谓的环境。环境把人和人绑在了一起。它决定了我们是谁，我们是如何感觉的，以及我们的观点是怎样的。从这样一个原初的视角看……环境既可以削弱也可以强化我们的清醒和谦恭(sanity and civility)，关键在于我们自己是怎样敏感地管理自然恩赐给我们的资源。清醒和谦恭在保持人性的意义和持久方面都是根本性的，就像干净的空气和水那样重要。”[3]

96

这段话显示了努伊特拉对于自然世界的敏感度，显示了他是怎样把自己的生命放到一种维系着文明性的关系网络中去的。

努伊特拉同时也意识到了国际式建筑和致力于基地具体性的建筑之间的明显冲突。1950年，在一篇题为“自然场景的重要性”的文章中，努伊特拉写道，“当代建筑……常被特别批评为标准化的重复性建筑，对具体的和地域性的条件毫不关心的建筑。不管这种宽泛的指责在多大程度上成立，我个人一直以来都被项目的独特性和特殊性所吸引，所启发。”类似的话在他的著作中比比皆是。[4]

更令人玩味的是那些显示着努伊特拉思考方式的话语和论点，它们可以澄清建筑如何介入基地、如何设计细部、如何布置室内外场景这些更为具体的地形性问题。同样令人着迷的是在某些文本中，努伊特拉试图要在他对自然世界的关注和他对工业化建造技术和新材料的追求之间实现调和。而努伊特拉这种对于新材料新技术的着迷，在当代的生态思想框架中，无论是深生态还是浅生态的思想框架中，都是难以想象的。他的这一和解的尝试看上去也不同于我们常常假定的人造物必须跟背景相同，必须服从于背景的想法。但是，努伊特拉的“环境意识”在他的建筑中比在他的写作中更为明显。还有，他的建成作品的特色同样体现着他对设计中的自由和必然性之间关系的理解。

努伊特拉一直渴望克服在人造作品——比如建筑作品——和自然环境之间的分离，最为明显的证据就是他把外墙改造成为隔断墙(partitions)的做法，这样的话，室内空间就流动到了室外。众所周知，这是现代建筑中的一个常识，在努伊特拉的作品出现之前就已经在20世纪初期被诸如特奥・凡・杜斯伯格(Theo van Doesburg)和赖特推广开来。稍晚，西格弗里德・吉迪恩(Sigfried Giedion)的写作把这一常识打造成为现代建筑的公理。

97

在1924年，杜斯堡就声称，新建筑已经打开了建筑的墙体，因此消除了内部和外部、房间和花园的任何隔离，使得人们可以从一处自由地进入另一处，一种新的开放性出现了。赖特把这个动作描写成为是对盒子的打破："只是思想上的这么一转，（转角窗处）就有了建筑在本质上从盒子走向自由平面和新现实性的变化，这个新的现实是空间的，而不是物质的。"[5]赖特是个从来都不会放过夸耀自己重要性的人，所以他声称，"思想上的这么一转"乃是他自己的发现。他用从自己20世纪初期的作品中找出的巴赫住宅（Bach House）或是统一派教堂（Unity Temple）来说明这一点。从这样的视角出发，无论是谁首先创造了这些理念，当代人不断地借用流体喻象来描述建筑空间"运动"——空间流动、空间漂移、空间漏透、空间浪潮，等等。这样的比喻在很大程度上都是重复的，也没太大的意思。不过，努伊特拉也提出了在建筑物和地景之间的空间流动。

为了达到室内外的空间流动，建筑的外墙是需要转化成为隔段墙的，如果可以被移动的话，则更好。这一点在赖特的建筑身上并不怎么突出，在杜斯堡所建起来的少数几个房子身上也不是特别突出，虽然他的非建成作品的确显示着这样的品质。甚至，这一点都没有怎么出现在努伊特拉在维也纳的导师阿道夫·路斯（Adolf Loos）的作品身上——从路斯那里，努伊特拉更多地学习到了该如何限定内部的场景。人们也可以去看看密斯、格罗庇乌斯、布劳耶尔或是柯布的作品，去看看他们是怎么定义隔断式立面的。在他最早期的作品当中，比如1927年的洛弗尔住宅（Lovell House），又叫"健康住宅"（Health House），1932年的"VDL试验住宅"①或是1935年的比尔德住宅当中，努伊特拉都用了那些贯穿他整个职业生涯的所有手法，以便能够让建筑外墙位置上的要素们彼此穿插、滑行，好让内部的空间能够穿过建筑物的边界进入地景的空间。这些说法或者说要素包括：（1）一系列取代了单一固定窗或是上下拉窗的手段：比如，开转角窗、连续水平窗或是落地玻璃窗、横拉窗；（2）延伸水平楼板：在上部，是以悬挑屋檐的形式或是把屋外的楼板底部吊顶板与室内的吊顶齐平，在下部，放弃门槛或是室内与室外之间的踏步，并在内外地面上使用同一材料；（3）把墙体分解或是剥离成为一个个组合元素——比如，柱、梁、枋、玻璃、储藏单元、灯具、采暖设备、屏蔽性构件——让每一个元素都能够在从室内向室外延展的过程中各自（或部分）独立。对于这些被解体元素的目的和意义，我就不想再多说什么了，我就总结一点，努伊特拉的每个建筑立面的厚度，几乎都有15到20英尺那么厚，而且总有某些部分是可以移动的。

① 努伊特拉的这栋自宅是受到慈善家凡·德·莱乌（Van der Leeuw）赞助的，故此有了"VDL试验住宅"之名。——译者注

图38　特拉梅因住宅（Tremaine House），蒙特西托（Montecito），加利福尼亚，理查德·努伊特拉，1947—1948年

或许在这点上，我们可以直接就说努伊特拉的建筑是没有立面的。他的建筑似乎就是20世纪建筑当中对于立面概念进行了最为持久且有效抨击的实例之一——立面常被当成是建筑显露出来的正面性和正规化的图画平面。当我们翻完努伊特拉三卷作品全集后，还真就找不到真正的正立面照片，仿佛他（起码他的摄影师们）没有从正立面的角度看过他的建筑，仿佛建筑就该斜着呈现出来，通过强调元素的散落、漂移、融入基地，建筑就把材料、视线、场所还有向地平线延展的地景品质结合了起来。而立面无论就其古典意义还是就其早期现代意义都是一种边界。这样意义的边界，并不是一条能够允许一处空间或是场景进入另外一处空间或是场景的线—— 一种连接的基地——而是一种分隔意义上的边界，是一条因其牢固性从而位置固定且难以被撼动的线。

而在努伊特拉的建筑中，很少会出现这样的情形，很少会用这种不容置疑的界线来进行限定。在他的作品中，边界总在相互抗争。在平面上，空间的属性呈现出持续的内外跨越、没有限制的内外交换以及没有约束的内外转移。可所有这一切并没有变得无序，因为他的策略是要鼓励新的居住模式的出现；因此，在他发表的建筑作品照片上，我们才会看到场景之间的内外漂移。当我们研究那些平面时，我们会看到一种由拉门或是滑门组成了门轴线（enfilade），并且总有在对角线方向上的通道，从一个场景通向另外一个场景，没有一道最后的障碍；相反，努伊特拉的建筑空间会在侧向或是对角线上无限地延伸——基地和建筑是如此的相互渗透，彻底地把对方包裹进来，使得建造物和环境不可分隔。

在分隔的立面内外之间实现相互的渗透，明确显示出努伊特拉将建筑物和地景结合起来的愿望。比较不那么明显的，或是较少被人们注意到的，是努伊特拉在非构造性或是非物体性的建筑元素——比如和建筑物所处的环境或是气候——所建立起来的联系。亚瑟·德雷克斯勒（Arthur Drexler）与托马斯·海因斯（Thomas Hines）在评价努伊特拉的比尔德住宅（Beard House）时曾经提到，“（那个同时作为结构的）钢壳绕着室内空间的表层形成了一个通风层，流经这里的热空气为室内提供了辐射采暖。在夏季，外墙上较低的开口吸进的是旁边树丛中经过冷水喷洒后形成的凉爽空气。”[6]我们也可以想象一下，那些树丛中的花香也会通过这种方式进入室内。努伊特拉1947年设计的特拉梅因住宅（Tremaine House）则在黑色的水磨石地面下面铺设了地热，并一直从室内延伸到了室外的平台。赖特曾经倡导过这项技术，据赖特说，这样采暖的方式来自朝鲜人的乡土建造，目的是要克服热桥的技术问题以及由于取消冷热表层之间的间层可能产生的冷凝效应的问题——这里没有热桥，因为没有两个不同标高的平台需要相连。在1936年努伊特

图39　特拉梅因住宅，蒙特西托，加利福尼亚，理查德·努伊特拉，1947—1948年（摄影：朱丽叶斯·舒尔曼）

图40 幼儿园与小学（Nursery Kindergarten and Elementary School），加州大学洛杉矶分校（UCLA），洛杉矶，加利福尼亚，理查德·努伊特拉与罗伯特·亚历山大，1957年，从教室看向花园（摄影：朱丽叶斯·舒尔曼）

图41　特拉梅因住宅，蒙特西托，加利福尼亚，理查德·努伊特拉，1947—1948年

拉设计的冯·史坦伯格（Von Sternberg）或安·兰德住宅（Ayn Rand House）中，努伊特拉用了人工降雨的方式来冷却第二层上房间的空气，然后让水落进水池。在考夫曼别墅（Kaufmann House）或者叫“沙漠住宅”中，地面在很大程度上都是一张热辐射板，就像在特拉梅因住宅里那样，但会比后者做得更为细致。在凉爽的夜里，因为有了地上的热辐射，人们还是可以使用户外空间的。而在白天，阳光照到的地方就会特别热。这时，地板下面水管里流的就不是热水而是凉水，并且为室内室外的空间同时降温。在特拉梅因住宅当中，位于天花下部、结构框架上部的可开启窗子同样可以实现冷热交换。它们让室内有了穿堂风。隐蔽的采光方式，无论是白天还是夜晚，都可以让室内室外交界的地带柔和起来。

在上述的以及在其他例子中，空间性通道被一种可以称之为“热能的通道”所补充，指的是从内向外或从外向里的温度与湿度的流动。但是此类交换不是对称的——从外向内的流动乃是从宏观气候进入微观气候的过程。如果说宏观气候是整体性的和无分隔的，微观气候则是要详细划分过的（比如，成为一个个房间）。这样，热流动并不意味着热平均，也就是说，不会像勒·柯布西耶所倡导的“精确呼吸”所要求的那样，在一个建筑的各处都维持着可接受变化幅度内的恒温。

106

这里，差别就在于，我们所说的温度通道是从一处场景到另一处场景之间的热能流动，而不是在作为整体的基地内或是建筑内的热能流动，因为场景之间的热能流动首先就设定了某些房间是和其他房间不一样的，无论是更冷还是更热。整体地看，地景是异质性的，具有一种马赛克般且各处有着温度差的品质——从暗到明（有阴凉或没有阴凉），也就有了冷热差别，等等。在地形上，不同地块的情境会很不同或是形成互补：像沙漠中的考夫曼别墅中间就有个水池，在特拉梅因住宅里有一片架在一堆岩石、砾石和地面的平台。事实上，热桥和冷凝问题的确曾经出现在这些房子的表面上和房子里，恰恰就是因为这里的小环境中温度的差异，因为它的马赛克般的异质性。或许，这里有必要加上一点，在室内场景和室外场景之间的差别既是真实的，也是虚拟的；比如有时，如果我们用温度计去测量的话，室内外的温度几乎差不多，但是人们的感觉却以为二者的温差很大，原因就在于不同的材料有着不同的吸热能力。还有，在材料的可测温度和表现温度之间也是存在着差别的，最有说服力的例子——虽然有些喻象化——就是人们对于一个白色的房间或是一个金属表面的房间（比如厨房）的感觉是冷的，而对暗色或是木质材料装修（比如书房）的房间感觉是暖的。在前科学时代的语言里，我们常会用“温度”来区别色彩的性格。我们还会用同样的方式描述人格类型和情绪类型。在他的室内外空间设计中，努伊特拉是非常关注材料的真实温度

图42 特拉梅因住宅，蒙特西托，加利福尼亚，理查德·努伊特拉，1947—1948年

图43　考夫曼住宅，棕榈泉，加利福尼亚，理查德·努伊特拉，1946年，摄影：朱利叶斯·舒尔曼

和象征性温度的，因为它们会适应和代表着一系列的居住情境。这一点，努伊特拉可能是从路斯那里学来的。路斯在他那篇关于覆层原理的本章中也曾提出过材料温度感的话题。这样看来，物质条件也具有转喻人性的喻象性，地景和建筑的材料也会拓印下人的行为模式，表达和代表某种“文明性”。

107

在这个视角下所理解的热能流动在建筑内和建筑外构成一种各处带有差别的地景。地形维系着这种马赛克式的延展，这种在局部条件之间的对比和互补，因为变化是它的法则，更新是它的约定。当我们试着观察努伊特拉设计的任何一处房子以及景观里的日常使用模式时，都会感到，室内各种各样的小气候维系着一种贯串平面，持续不断又恰到好处的从地景延伸而来的迁移。这种迁移的方向和作息表是顺应太阳运动轨迹的——太阳显然是任何一处基地上的一个既定条件——同时，也顺应着周围地势中延伸出去的路径。而这些周围的地势，在努伊特拉的任何一个设计中，都要相应地根据他的设计被整体地调整过一遍。

在我先前关于早期现代建筑中“流动空间”的评述中，我提出，从室内向室外的流动是不可能跟从室外向室内的流动那样形成对称性的，因为从一个房间向花园的“漏”，也就是空间从室内冲破界面然后流到外面的流动，总会有某种限度。在努伊特拉的作品中，这类界面的穿越却是出现在相反方向上的：地景的进入——地景之中的光照、温暖、质感、时间（更不用说，努伊特拉同样关注的对象，地景的场景和联想）——总像是一种侵入式的进入。就像在一个原本安稳或熟悉却又缺了点什么的环境中，来了一位带着新鲜感和陌生感的客人那样。这种进入方式不仅带来了馈赠，也带来了惩罚。而且不是一点惩罚，是诸多的惩罚。这种气候上的穿越是巨大的、海浪般的、全面的：在各个时段上，努伊特拉建筑身上所有的点都在享受和忍耐着各种各样的好处和各种各样的环境侵袭。

如果我们记得建筑需要维护或者建筑总在风化的事实的话，我们就明白了为何我们会一直把这种环境的侵蚀视为麻烦，因为我们期待着建筑能够永保其没有住人之前的那种状态。现代建筑中的诸多白色建筑都可以被视为是一种面对环境侵蚀时的错误抵抗；所谓抵抗，就是抗拒自然把人类从自然那里夺来的东西（比如建材或是本来没有修整过的基地）再夺回去的过程。然而，对环境侵蚀的接纳则挑战了这种认为一栋建筑会因风化最终被基地吸纳是件坏事的假设——因为这个假设认定了所有的变形都是破坏，所有的痕迹都是污迹。但是这种挑战并不意味着我们可以消除（人造物和环境）这二者之间的冲突或纷争，也不是主张把白墙都换成砖石或是粗野一点、肮脏一点的表面。事实上，我们既不可能也不应该消除人造物和自然之间的冲突。正是这种冲突的痕迹才让建筑或是一个花园的表面具有了一种

110

可读的编年史，一种有关建筑或花园使用过程和这些过程所维系的生命的叙事。

那么，在建筑项目和场所之间到底该是怎样的同化、磨合或是亲和关系呢？我们又该怎样理解在诸如考夫曼别墅这样的人造物和沙漠场所之间、在工厂生产的铝窗和流沙之间，或者，在18度的室温和沙漠气候的温度之间的和解呢？[7]一个建筑物身上的那些精确的、严格限定的、重复性的元素，有着跟周围环境正好相反的品质，它们和环境之间又该怎样统一呢？如果建筑就是一种刻画性事务，而地景就是不断地无限地自我延伸和后撤的存在的话，二者能够达成和解吗？不管这样的陈述听上去多么的不可能，多么的难以实现，景观和建筑的设计还恰恰不是别的工作，就是刻画这种和解的方式。

每一处地形同时既是一种盈余又是一种隐秘。盈余是我们设计学科特别喜欢关注的东西——大量的形状、物体和模式——但是，总有更多我们还没有关注到的东西，或者更准确地说，看得更多并不意味着足够看懂，因为一旦地景上的景物浮现在我们面前之后，它们注定就要后退或者说逃遁到形状难辨的晦暗世界中去。而我们很难看到晦暗中的形式，因为这个意义上的地形还没有构成，严格地说它正在构成之中。在地景中，景物出现然后又消失，因而完成了用无限盈余跟无法靠近的隐秘之间的一次交换。这种交换是典型的自由贸易，一种比任何有历史记录的贸易更为古老的交换，同时，也是我们共同的未来。

为了佐证这样的陈述，我们可以找来西方哲学中的第一名句：“*世界万物自诞生之初就注定必然要消失，因为万物都必须在时间的指挥下彼此依靠彼此偿还。*”[8]如果这么看，在一栋总想延迟生命的建筑和一处无法保持不变的地形之间的关系除了冲突和纷争之外，是不可能有别的关系的。换种说法，积极一点说，那个作为争端发起者的人造物，还有着一种象征性的功能；随着时光的流逝，在一栋建筑或是一处地景的生命中，它所刻画出来的景物不只显露出设计有意突显的状态，也还会显露地形中那些不甚有意或者不甚清晰的（也就是说，彻底黏结的）秩序。因此，地形和建筑之间的冲突并不意味着只有靠二者的完美混合才能被解决，相反，这种冲突标志着景观建筑和建筑在用各自不同的方式显示着既存地形上面另有缄默的或是隐秘的一致性。这种过程不是被动的而是创造性的过程，不是靠附和现有条件而是靠放大现有条件来完成的。

这一观察就把我们带回到关于设计工作中必然性和自主性的讨论当中去了。如果我们把设计中的刻画只当成自由事务，把自然或是地形本身的不断更新看成是一种必然事物的话，这样的极端对立就永远都会让人寸步难行。要回避这种二元对立，这里我们有两个建议：（1）我们可以把刻画和更新所产生的矛

图44　黄耀夫妇的耀宅（Yew House），银湖，加利福尼亚，理查德·努伊特拉，1957年

图45　奈斯比特住宅（Nesbitt House），洛杉矶，加利福尼亚，理查德·努伊特拉，1941—1942年（摄影：朱丽叶斯·舒尔曼）

盾理解成为自然本身就存在的东西，（2）而在任何一个建成作品中都有这样的冲突，无论是关于土地的建造或是在土地上的建造物。

为了在自然当中同时看到刻画和更新，我们必须记得并且接受这样的事实，就是在自然世界中，事物既是“图形”，也是“图底”：其中，图形（figures），就是向外突显的物体一般的外形，图底（ground），就是潜伏和模糊的背景。我们不需要一定要走到户外或是原始森林里去发现这一点——这种成形过程和潜伏性之间的矛盾同样生动地体现在我们自己的自我或是身体上，这也正是为什么我们会说，我们存在，我们具有身体。整个20世纪的思想中有大部分思想都说明了这样的状态，例如加布里埃尔·马塞尔（Gabriel Marcel）和梅洛-庞蒂（Merleau-Ponty）的论证就是要证实这一点。在人类身体上成立的东西同样也在自然物体身上成立：在每一个身体和本质上每一个整体中，在那些可以被把握和那些拒绝被客观描述的部分之间，总是存在着一种张力。通常，人们把这种抵抗性的地盘描述成诸如具有某种潜能、某种生成过程、某种力或是某种源的地方。通过使用这类词汇，我们让自己以为理解了这种源，哪怕它从来都没有出现在我们的眼前。人类发明的符号的作用，就是使我们能够去思考那些必然却从不直接明了的事物。这类话语本质上是喻象性的，而且无论从艺术角度看还是从科学角度看，这么说，也绝对没错。

112

那么，我们是否可能也在地景和建筑之间发现类似的张力，在地景和建筑身上那些显而易见和隐而难见、在突显和模糊、在明确限定和不明确限定的要素之间发现类似的张力呢？如果这样去处理意识中的空间类型问题，努伊特拉的项目是很有用的实例，因为在努伊特拉的建筑中，我们总可以找到各种类型的房间，从那些极具清晰和严格边界的房间，到只有暧昧和边界不那么严格的房间。同样的话还可以用来形容地景中不同类型的场景，室内空间的定位和品质正是由此而来。在努伊特拉建筑的物质实体身上，也同样存在着清晰限定和不那么清晰限定的要素之间的张力。我们前面谈到的诸如热能流动、虚拟温度、幽光的话题，概括出一种既难硬性定义也难精确量度的质性存在（a qualitative presence）。而此类物质属性却有益于一处场景的感觉，有益于场景的性格或是情绪。它们就像那些可以用常规意义词汇进行明确限定或刻画的存在要素那样，同样有力或是同样流畅。

那么，意识到了一栋建筑之中的潜藏品质，是否就削弱了设计的作用？换言之，把自然理解成为一种过程的认识是否就束缚住了自由的创造力呢？为了打开这个死结，我们必须重新思考一下所谓自由会促进设计的那种想法。我们要做的第一件事，可能就是要把“选择”改为“机会”。那种把自由当成是

“选择”的看法想当然地认为，世界上存在着一堆无休止的可选择要素，或是存在着“等在仓库”里的一堆“图形”，等待着某个像是宇宙外的主体来挑选——这个主体跟任何背景、传统、劳动活动或是习惯都无关——正站在一张绝对的白纸前，要开始建筑设计。在这个意义上的设计，本质上就是没有限制的构图。然而，伴随着这种不受限制的无限威力而来的，也是无法逃避的无向感。就像人们面对当下一页又一页、一本又一本的产品介绍时会有的那种感觉。这种在彻底自由中设计师所感到的丢失感解释了为什么设计师会需要虚构的“游戏规则”，因为没有了任何规则，他们也就不可能做出任何选择。但是跟在这些规则后面的并不是真正的决策判断，因为这些规则能够带来的不是别的，而是一种机械过程，这也是为什么设计师会渴望另外一种自由感，就是能考虑到当下机会的作用并且能关注具体场景的那种自由感。当设计师开始关注或是敏感于项目的条件之后，能够想着诸如场所、任务书和顾主的各种事务时，可能真的就没有多少选择可言，有的只是真实的机会——不是有着诸多的现实可能，而是只有很少的现实可能。在任何一个具体的项目中，总会有冲突着的利益和不同的派别，在这些冲突面前，任何决策都意味着某种风险，或者说可能“动摇自己的地位。”然而，真的，这才是一种更有意义的设计自由，恰恰是因为这样的自由才维系了一种责任感。

113

在某种程度上讲，自然世界中隐秘或是缄默的东西会提醒我们，设计决策本就有着风险性或不确定性的基础。从建筑向地形的转向，将通过对建筑一直所依赖的未知源泉的重新发现，去丰富我们的项目设计。

第 4 章　平整场地：或地形是如何成为各种小地平汇聚起来的地平面的

"大地，你难道不想这样：在我们的内部以我们不易见的方式崛起？

你所梦想的，难道不是在某天变得不再易见？

大地：不再易见？

如果这样的转变本不是你迫切的任务，又该如何？"

——赖内·马利亚·里尔克（Rainer Maria Rilke），

《杜伊诺哀歌》（Duinesian Elegies），第9哀歌

114 在我们这么一个重思景观建筑学和建筑学基本前提的时代，有关平整场地（leveled land）的话题特别值得注意，因为平整场地可以说是地形工程（topographical construction）中最初也是为基本的一种行为。不管是在开阔平原上堆出土堆还是在山坡上切挖，每一处被改造成为平台的地势都成了一次物质上和概念上的奠基过程。它们包容和满足着范围甚广的地形性目的，从最世俗的到最神圣的。没有这样的基础，多数文化活动几乎都不可能发生。没错，缺少平地的地景在美学意义上很是令人愉悦的；然而，它们可能仅仅是令人愉悦，也就是说，对于人类而言，它们仅仅处在无用和不易居的状态。这就让地台（platform）建造成为为了人类居住而设想的那类基地建造（台地化）活动中的首要问题。然而，尽管这么重要，我们却很少在当下的建筑学里关注这个话题，因为我们已经把平整场地当成了理所当然的事情。

本章所要提出的问题就是有关改变地形标高和它们意义的技术问题。有关几何和形状的思考固然重要，但是此类"形式"思考一旦和形式所维系的文化意义联系起来看，则更有意义。115 例如，平整场地在过去常有某种指向性别的象征性态度。类似地，地台建造在某些社会里则遵循着政治性意指，亦即，基地的建造预示着城市的建造，或者在为公共生活设置着"舞台"。接下来，我们将介绍一下上古、文艺复兴时期和现代的思想者们对于这一话题所给出的意义（希波克拉底（Hippocrates）/荷马，阿尔伯蒂/米开朗琪罗，勒·柯布西耶）。提及这些人物并不是要说在他们之间有着相互影响，而是为了区分在基地建造中这个最基本设计问题上的不同阐释方式。这样的观察也不是要建议在我们这个时代去复兴或是重塑这些意义（这也暗示

着，现在我们不再拥有这些意义），也不是说这些意义应该被抵抗（以此表现当代的启蒙）；而是说，我们应该也可以在当代文化和当下设计实践中寻找和发现相类似的潜质，我们也同样可以在地形性建造中找到存在的象征。本章的目的就是展示在平整场地的技术和伦理方面的互动，因为正是在这种互动性之中，才会上演场所建造的真实戏剧。也同样在这种互动性之中，我们才会发现景观建筑学和建筑学刻画地形的各种方式。

“地势”（terrain）一词与“平台”（terrace）一词同源，二者都源自拉丁文的terra。Terra不仅指大地，它还缔造了一系列近义词：如“花坛”（parterre）、“地面”（terrestrial）、“领土”（territory）、“陆地”（terra firma），以及诸多含有泥土成分的器物名称，例如“海碗”（tureen）、“看家狗”（terrier）。当然，terra的衍生词汇不只存在于地上，也存在于地下。任何在地平之下的事物都是“地下的”（subterranean），并由此诞生了“下葬”（interment）。除了对具体地层的指代，地势（terrain）的词根中还有着某种特殊的物质品质。“Terra”跟“tersa”有关。在拉丁文里，“tersa”意味着“干地”（dry ground），翻译成希腊语是“terresthai”，意味着“晒干”或“晾晒”，就是泥土在太阳底下被烤干。从最后这组词汇里，才有了英语的“terse”，就是“整齐”、“简洁”、“概括”、“洗练”或是“除去”的意思。这样，才有了“去污”（detergent）一词。经过“去污”的行为之后，才会让事物闪光，就像石头因抛光而露出光泽那样。而且，不只是石头会泛光，平整出来的地势地面也可以具有类似的性格。要想理解这一点，我们必须试着想象一下土表之下的情形。

116

如果平台本质上是一处平整的、有限的、干燥的台面的话，相比之下，平台下部的土壤就是无限湿润的，起码是潮的。由此分别出建造过的地形所形成的上干下湿的竖向二元性。这样的二元对立在有关建造基地的思想史里有着巨大的影响力和影响范围。出于我们当下的目的，我们对于这一话题的历史解读可以始于古希腊人，因为在古希腊人看来，跟在湿性事物和干性事物身后的，是一系列的极化对立：比如，有界的和无界的，污染的和纯洁的，阴性的和阳性的，更为广义地说，内容的与形式的。[1]在毕达哥拉斯的数论派（Pythagorean symbolism）解释中，这些对立都被一一层析出来，并在亚里士多德那里得到了重述。但是这些二元性的东西甚至更早就已经出现在了古风时期父系社会制度下的宇宙论中了。宇宙创造的物质或是质料被象征化地说成是“无定形的”、湿的、很有可能会渗漏的、缺少持久界面的，这就解释了为何亚里士多德口中的物质总在“渴望”形式。那是一种靠实在性物质和形状联姻才能满足的渴望。而在此之前，当世界质料还无定形的时候或是时刻，物质不仅仅是无法限定的和无形的，还是无法知晓的，因为只有通过边缘才能界定所有事物。[2]不过，无边缘的物质却是充满活力和生殖力的——从这样的丰饶流体状态，才衍生出一切可见的事物。

水会放大无边缘物质的这些品质。20世纪的超现实主义诗人弗朗西斯·蓬热（Francis Ponge）说过，“我的身下到处是水。”[3]我们必须降低我们的视线，才能看到水的无定形性和新鲜的闪亮。水有着特别无私奉献的品质，愿意牺牲自己当下的形式变成下一个容器的形状，并且持续地一直在这么做着，仿佛这种谦卑的行为就是它一生的任务和最高目的——仿佛它的注入就是要填满它所进入的每一处空间，就像在一个房间里那样，要把一切不是它自己的东西都从新容器里挤出去似的。如果被压迫，水也是很有力量的，因此也会带来重要的后果。水被施加的压力会将形状“实体化”，服务于形状下面的能量和源。相比之下，“形式化”一词指的是那些缺少了这层表现深度的某些干涸和空洞的图形。而不幸的是，恰恰是后者才是多数美学欣赏所关注的主题。

对于古希腊人来说，他们一般会把这种实在化的力量视为阴性的。当代古典学者、诗人、女性主义批评家安妮·卡森（Anne Carson）在注意到古代希波克拉底派专著里把妇女而不是男人说成是本质上更为亲水的人类之后说：“不管是食物、饮料或是活动，来自冷的湿的软的阴性（希波克拉底派作者写到）更易在水体环境里繁衍。”[4]进而，地下土壤和妇女共享一种维持生命必需的流质，被认为彼此相像，因为二者都被以为拥有输导永不枯竭的生殖力的能力，而生殖力通常被认为是一种幽暗的液体，但有时——令人惊奇地——被说成是透明性的东西。特别是在某些诗人和哲学家将内脏的生产能力转移到了心智那里之后，生殖力就是思维能力的源泉。然而，心智这种力量所处的位置并不一定是头颅那里；当一位古希腊人说，“我从内脏里（直觉）就看明白了它，”或是“我有一种内脏里（直觉）的感觉”时，我们还真的要把这样的说法当真。[5]

117

118

身体生产力（body’s productivity）的模本（model）是大地本身。于是，那种把大地当成巨大受体的复杂精巧的象征说法不应该允许抹除它的撤退和涌现之间的一致性，因为这两种运动总是可以被视为是互惠的：如果大地接纳了什么，那也会让它自身显现，它会撤离也会突显。这样的升与降的平衡，在我们刚才所引用的阿那克西曼德（Anaximander）的宇宙论里已经简洁地表达出来了：“世界万物自诞生之初就注定要消失，因为万物都必须在时间的指挥下彼此依靠彼此偿还。”[6]卡森注意到，在古希腊人的心里和体验中，男人是跟这种撤退和升起的循环分离的，因此也是跟无定形性分离的，因为男人被视为具有自我界定和界定其他的能力的、竖直的和干的。[7]这样，婚姻就被当成了在无形和有形、湿和干之间效仿着大地的模样形成了统

图46 “养育塞墨勒”（Bringing up of Semele），双耳喷口杯（krater），柏林

一，或者说形成了参与大地更新的一种方式。

要想更为精确地了解古希腊人是如何看待这种统一的不同基地的，或许我们最好概括一下传说中毕达哥拉斯的老师、希洛斯岛的费雷西底（Pherecydes）讲过的一个故事。他解释说，当宙斯往地下世界的女神头上扔下一张婚姻的纱时，这个世界就有了形状。这一婚礼织品确立了婚姻。这个故事接着说，“当一切妥当，他们就举办了婚礼。到了第三天，宙斯制作了一块巨大而美丽的布，在上面，他编织了大地、海洋和海洋之家的线或分区……据说，这就是最初的新娘面纱（abacalyteria），从这里，才有了新娘在神和男人面前戴面纱的习俗。”[8]在这一记述中，新娘面纱就是用它的纤维标志出世界轴线和坐标的一张地图。它还真不是一种掩盖，而是显露着一种尚不可居住的地景的细丝框架。这片尚不可居住的地景一直就在那里，但是尚不可知。这就意味着披上面纱的行为带来的是除去面纱。对于逻辑思维来说，这种说法当然很令人愤怒，因为没有什么东西可以在遮蔽的同时又揭示。但是如果我们把这种陈述一定要无矛盾的原则暂缓片刻的话，我们就在这种遮蔽和揭示的行为中看到一种提示，所有的阐释或是揭示都要通过自身的透镜或是框架去展示自己，所谓“事物本身”永远都不可靠近。

119

通过歌唱，面纱保持或保护了大地的超越。“Abacalyteria”一词源自“anakalypto”，就是“揭开”的意思，并且跟“ana logos”——公开的演讲——有关。这一词汇的词源显示了如下的意义：来自天空的线和光刻画了土地；宙斯的工作通过赋予土地以声音，服务了土壤。在这般遮盖或是打扮之下，把幽暗中单性生殖（parthenogenetic）（并不是通过两性结合孕育出来）的克托尼娅（Chthonia）地下女神变成了带着面纱仍然丰满的盖亚（Gaia）。但是这样的盖亚不再只是自我浮现性的（parthenos），而是被浮现性的，也由此变得可见。这样，面纱、地图或是编织的布成了土壤在界线内部变得可见的行动过程的痕迹。在那之前，当世界尚未带上面纱时，当世界还没有被编织或没有线条时，幽暗的大地一直都是（也一直将是）无章法且难以通行的，就像海洋，辽阔而深远。通过这一套水平面的图形，大地就被显示成为可居住的水平面，物质也就被简化成了一张席。这一行为的历史后果就是将古老的潜质转化成为当下的条件，起码部分是这样；而被土地在竖向深度上所掩埋的物形则成了同时保持或保护着剩余潜能的某种人类事务的基准面（水平面）。[9]然而，被浮现出来的东西，并不像“地景”一词中“景”（scape）字可能意味的那样，它们既不像图画，也不是风景；如果容许我们去新造一些词的话，此类被浮现出来的面貌最好被叫作“地稿”（landscript）、“地文”（landgraph）或“地志”（topography）。

这样一类“志”（graphy）、“图”（map）或是“席”（mat）

都是被建构出的事物；通过艺术性的工作，宙斯缔造了这个构筑全世界的织物。因为编织在古代希腊社会通常是妇女的工作，我们可以在这则神话中尝到某种程度的嫉妒；如果不是嫉妒，那也是某种程度的仿效。不过，既然这件织物是由神祇之手完成的，这件织物也就成了任何源自纺织艺术的肌肤一般表面所要效仿的范型。“纺织”（textile）这个词，是英语里对应拉丁语“texere”的翻译。而拉丁语里的“texere”则源自一组“techne”的希腊语同源词。这组词汇里特别重要的一个词是“tiktein”，意思是生产或是诞生，这个意思跟“技艺”（techne）中具有显露能力的一面直接有关，代表着知识、能量或是某种事物因此诞生的工作。在前哲学时代的认识里，这样的潜能就是我们之前所言的向上或是向外的压力，能够产生一种外化的光泽，或者显示出自身与光的协调。[10]宙斯所制的婚纱是一种能够让大地变得可以被清晰描述的神造物，因为婚纱——这件织物——把地下的土壤和天空统一为一体。

120

在这则神话中，天空的形象，那种线与光的组合，只是平整场地的一半现实，也是我们倾向于当成是全部的那一半。恰恰是因为自然的这一半倾向于收回人工的另一半，使得自然的这一半常常受到忽视，通常仅被当作一种资源，从而获得了无定形性物质的隐秘感。要想对地景的底下也是相当巨大的部分构建起更为饱满的理解，我们或许应该提及另一张地图，一张由荷马讲述出来的更为著名的地图。荷马讲述的这个故事以及其中的地图绘制，详细构建了一套希腊式象征，来表现政治秩序，尤其是作为市民主体间性（civil intersubjectivity）基础的人与人之间和谐合理的一致性。[11]

在《伊利亚特》（The Iliad）“第18书”里，荷马描述了阿基里斯之盾的制作：“当赫菲斯托斯（Hephaestus）制作阿基里斯之盾时，他在上面锻饰了大地、天堂、海洋。”[12]这张盾/地图上包括了一个舞蹈场，叫作choros：“在盾上，著名的跛足神又塑造了一个跳舞场（chora），就像戴德拉斯（Daedalus）在宽阔的克诺索斯（Knossos）城，昔日为美发的阿里阿德涅（Ariadne）建造的那样。”荷马没有描述这张耀眼表面的标高、线或材料，相反却描述了舞蹈场上的舞蹈编排；在剖面上中央隆起的舞蹈场上，荷马编织起一群年轻舞者的脚步：“许多青年和他们爱慕的姑娘在场上……挽着胳膊牵着手……时而熟练地围成圆圈，时而排成行，时而行行交叉——忘情地舞着。”制作这样一处舞蹈场意味着制作一种人的织品、一个社会、一座城市。在荷马的神话里，一旦场所的竖向部分被缝在一起之后，亦即，一旦人造的地台缝合了地下土壤和上部天空之后，人就被编织在一起了。我们可以想象一下在太阳和舞者脚面的作用后，舞场上留下的金色抛光。在古代的斯巴达（Sparta），广场（agora）或者叫市镇中心就叫作choros，或者就叫作舞场。[13]在这样的平

121

图47　迈纳德们的舞蹈（Dancing of Maenads），白底罗盘（white-ground pyxis），索斯比画家（the Sotheby Painter），沃尔特斯艺术博物馆（Walters Art Museum），巴尔的摩（Baltimore）

面上，人们完成了城邦的决策。[14]

这样的舞蹈是不可能在湿的表面上进行的，同理，市民社会的事务也不可能在湿的表面上进行。潮的表面会很滑。不过，平台建造的目的并不是要消灭水，也不是要回避水，因为耐用的地台只有面向太阳的表面才是干的。文艺复兴时期的意大利建筑师阿尔伯蒂说，铺路材料会“高兴地”被铺砌在潮湿的环境里，因为潮湿会把它们的局部黏结成为一个完整的实体。[15]这种“黏结”重演了古代宇宙论者的“编织”，而这使城邦长久的统一体更加“坚固”。 122

在描述如何为建立一座城镇挑选地台基地时，阿尔伯蒂提到了所有的地台都该是建造过的，并且要在标高上有优势。这既出于尊严，也出于便捷。阿尔伯蒂说，在一块不高的基地上，尘泥和垃圾将逐渐累积，而敌方如果可以从更高的高地攻击下来，御敌就会是经常性的麻烦。最好大家是在平层上战斗。就像实力不均的对抗会让战斗和胜利都不公平那样，同标高的站立保障了平等或是平衡的搏斗。所以，在城市建造中，也是如此：拉平立足点让人们的相遇更加“合理”。如此状态的笔直饱含社会、法律和结构性意义。[16]站立在这样的平台上，城市居民排成了排，“彼此交叉”地舞着。与词汇“stand”（站立）有关的词汇都是一些很有意味的词汇：“state”（国家）、“statute”（法令）、“statue”（雕像）、“stance”（立场）、“standard”（标准）、“establish”（建立）、“stable”（稳定）、“station”（站点）、“static”（静力）、“status”（地位）。每一个词汇都指向了一种物理和文化意义上的直立与正直。法语里的“droiture”和德语里的“aufrebtung”传递着相似的意义。同样，在平整场地上的正直体验也被视为是维系城市和谐的条件。

然而，平整出来的土地并不全平，露天建造的地台应该每10英尺距离设置2英尺放坡去排雨水。这既符合维特鲁威（作为一位排水专家）曾经给出的建议，也符合古罗马人的实际作法。而阿尔伯蒂也是自己从对古代纪念性建筑物的测绘中明白这一点的。从剖面上看，罗马万神庙的地面中央略微凸起。这样的剖面放坡会把从天眼落到室内的雨水排掉。这种微曲线也出现在弗朗切斯科·皮拉内西（Francesco Piranesi）为万神庙精确绘制的剖面图上。于是，如众所周知的那样，世人都能看懂万神庙的底部地台是怎样保持不湿的。

具有同样奇思妙想的户外实例当数意大利威尼斯地区人工造地活动以及波河河谷（Po valley）博洛尼亚（Bologna）地区农业活动所生成的那些隆起的地景了。[17]这些土方工程的表面模式就是耕地和排水沟渠所编织的网。同样重要的是这类基地的轮廓，或者说它们的剖面，其中包含着一系列凸起的弧线，每一条都像石棺的盖子或是大树干剖面上的弧线，虽说这些人造土地的尺度要明显大上许多。我们在英语中用于表达这 123

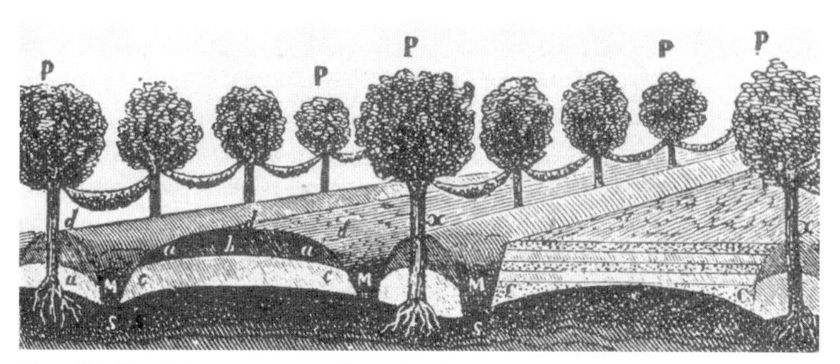

图48　隆起的田地（Baulatura），此示意图出自卡洛·贝尔蒂-皮沙（Carlo Berti-Pichat），《农业制度》（Istituzioni di agriculture）

种压紧的表面上部的词汇是“堆”（bale），不管那是一个棉花堆还是草垛——堆与“球”（ball）一词同源，都是一种在平、立、剖面图上没有差别的弯曲轮廓。意大利语的“baule”（树干、箱子）一词和它所描绘的轮廓乃是用于描绘那些可以防湿的场地的词汇词根：比如“baulatura”（隆起的田地）。而英语里可以用于“储藏”的词汇则显示着它所对应的人类身体部位：“chest”（胸膛）。当我们把贮藏柜（或宝库）胸膛一样的形状去和一张保护胸部的隆起的胸铠相比较时，它们跟阿基里斯之盾的联系就凸现了出来。[18]干的土地、石棺、盾、胸铠、胸膛；在每一种情形中，我们看到一种显示着略微向上或是向外的隆起，一种在坐标系似的表面几何和鲜活但是不可见的压力之间的和解（压力源自相对于台地而言的幽暗大地或是人的胸腔）。在意大利人和希腊人的象征体系中，平整场地既不是没有印记的土地，也不是全平的土地，而是在尚未打上印记和平坦之间的微妙过渡或是联姻状态。

124

在文艺复兴时期的建筑里，最为精彩地体现了这类象征性的设计当属米开朗琪罗在罗马设计的坎皮多利奥（Campidoglio）广场了。詹姆斯·阿克曼（James Ackerman）就曾指出过我们刚说过的胸铠或盾牌与平整场地上略微隆起的曲面的联系：“米开朗琪罗的椭圆广场像土堆一般地隆起……可以说与刻着黄道图的古代那类盾牌有关。传说中的阿基里斯之盾上就饰有星座标记，亚历山大大帝也采用了阿基里斯类型的盾，上面还饰有宇宙生成者或宇宙统治者的标记。”[19]阿克曼接着说道，古罗马皇帝们沿袭了这一名号，并且这一名号特别适合马可·奥勒留（Marcus Aurelius），而他的骑马雕像就矗立在这个隆起的椭圆广场的中心。在阿克曼提及的这类盾牌中心通常也会出现巨蟒形象。[20]这一古老的形象引出了一种有关地下世界生成过程的丰富而精巧的象征。与之有关的是同样具有丰富意义的脐（omphalos）或脐心（umbilicus）的意象。这两个东西都可以被视为是世界或宇宙的中心，都是由通常覆着一层编织或是网格的土地向上隆起的形式所代表，经常表示着多产性和涌现性——那些明显的阴性品质。[21]瓦罗（Varro）给出的定义是这样的：“希腊人所言的‘脐’是指处在德尔斐神庙（the temple of Delphi）边上的石堆。它有着类似thesaurus（宝库）（穹顶或是土堆状的窖藏）的形状。人们说，那是巨蟒的塚。”[22]这里，我们或许可以回想一下万神庙的地面，来假设设计师那么处理地面的用意并不仅仅是为了排水。阿克曼就注意到军用盾牌中心的浮雕（boss）被称为脐心或脐眼。巨蟒的诸多象征意义之一就是战胜死亡的胜利或是重生。这样的意义很适合“宇宙生成者”被埋藏的地方，通过这样的方式，王朝的延续性得到了保障。基地的孕育状轮廓体现了这种可以（再次）涌现的地下潜能。平整场地上隆起的曲线就像地平面线一样，在视

图49 “所有维度的点”（The Point of All Dimensions），勒·柯布西耶，出自《详细报告：有关建筑与城市规划当下状态》，1930年（版权归属艺术家版权协会，纽约/平面与摄影艺术著作权人国际理事会，巴黎/勒·柯布西耶基金会）

觉上是明明白白的。

而20世纪对于这类土地构成最雄辩的证词来自勒·柯布西耶在《详细报告：有关建筑与城市规划当下状态》（Precisions）中的记述："我在布列塔尼（Brittany），这里的地平线就是海天的交接线；宽阔的水平面向我伸来。我喜欢这极具控制力的平稳的丰满……那些沙滩的蜿蜒就像在这张水平面上出现的温柔起伏，愉悦着我。"[23]在勒·柯布西耶诸多手绘中的近景或是中景处，都有着略微隆起的水平景物，例如，在他绘制的北非项目线图里就是如此。或许一个更好的例子是他画的萨伏伊别墅（Villa Savoy）户外的透视图。那张图上显示了在土地上隆起的形式和一处刻画清晰的新月状高点。在布列塔尼的偶遇中，勒·柯布西耶面对的则是土地上对立原则呈现的基本形态： 125

"我正在行走，突然停了下来。在我的眼睛和地平线之间，一件奇特的事情发生了：一处竖向的花岗岩石头，笔直地站在那里，就像一尊石碑（menhir）；它的垂直性与地平线构成了直角关系。它就是基地的结晶与固化。它构成了一处可以停下的场所，因为这里存在着一种完美的和谐、了不起的关系、高贵性。竖向性赋予水平性以意义。二者因为对方才变得鲜活。"[24]

对于勒·柯布西耶来说，直角就是对于他的艺术和创造力的最基本真理的象征。直角也是他个人生命的形象，或者说起码是他婚后生活的形象。[25]后面这一点在他献给夫人伊冯娜（Yvonne）——昵称为"冯"（Von）——的《直角之诗》（Poem to the Right Angle）中的"圣障"（iconostasis）E3中表现得很是明显。在伊冯娜去世的那一天，勒·柯布西耶将之描绘成为"家，我的家的守护天使。""Foyer"（灶间、家、前厅）一词在这里意味着"火塘"，也代表着"家"的概念。在《直角之诗》上出现的那个形象边上配着这样的诗文：

"内心精神品格的绝对直角。
我去照那品格的镜子，照见自己。
照见自己，
照着镜子。
目光平视，箭一般。
她是正的，她主宰着，她知道高度。
她不知道自己知道。
谁让她如此，她来自哪里？她是正直，是清澈之心的孩子。
展现在大地上，
靠近我。
每天谦卑的行动才能保障她的伟大。"[26]

这张图上在其中心的位置上出现的是连接海天的黑色水平线（还有一条螺旋线和一座山）。那个相交的黑/白竖向的东西可以是一把火炬，代表着家。[27]与之平行的是握在一起的双手（另一个象征结合的符号）以及一个像是蜡烛的图案，但是上面 127

还有围裙的褶皱或是犁过的田野——或许也可以就是一张床或是桌子——这里的每一个景物都构成了相似的具有几何性和生成性象征的基础。[28]在这些水平层之上，有一个扭曲的白色东西升了起来，探向前景，然后又经过一个开口，向后伸向窗子里出现的水上太阳。

勒·柯布西耶当年绘制的第一幅油画叫作《壁炉》（Chimney）。画面当中一个长方体块从叠加的台地——或是叠加的书本——所构成的层层“田野”上冒了出来。“壁炉”也直接指向了“火塘”，指向了“灶间”。[29]我以为，更为重要的是，壁炉还是一种“耸立”。与这幅画作可做有益比较的一幅晚些画作，是出现在《走向新建筑》（Towards a New Architecture）里的雅典卫城速写。在山顶上，光照之下的帕提农神庙藏匿和包容着隐退的贞女女神（parthenos）。同样重要且颇具暗示性的是那张带有水面近景的艾哈迈达巴德（Ahmadabad）纺织厂厂主协会大楼（the Mill Owners’ Building）的照片。在这类景致中（在勒·柯布西耶的作品中有着许多类似的景致），我们可以看到类似在威尼斯周围地景中，在荷马史诗的舞场上，在古老的创世神话中那种隆起和拱起的地面。在这些情形中，平整场地与向上运动和挺拔姿态——即，走向创造性和率直——发生了关联。

勒·柯布西耶用对立统一原理最为生动地总结了这种关系。而对立统一原理贯穿着勒·柯布西耶的工作：精神/物质、太阳/月亮、白天/黑夜（就像在他著名的24小时速写中那样）、男人/女人、理性/直觉、行动/安息。融合源自平衡、平等、和谐。这在《直角之诗》的底部形象（G3）中呈现了出来。在勒·柯布西耶的直角象征表达中，竖向是创造性的轴线，水平是物质性的轴线。如果竖向指的是创造性轴线的话，那水平指代的是潜在和尚未创造的秩序——原初的水体——是创造过程（姿态化）的反射舞台，从这舞台上，崛起了率直。有关这一点，《直角之诗》A3部分的文字和图像都很说明问题：

“我们眼见的宇宙落在一处靠着天际线限定的平面上。

129

面向天空

让我们思考一下迄今为止不可琢磨的、不可思的空间。安静地仰着睡去——死去。

用我们的后背贴着大地……但是我要站直了！

因为你也是立着，

你也适于行动。

垂直于可知事物的陆地平面，你跟自然签订了一份团结的合约：这就是直角。

立着面海。

那里，你用你的双脚立着。”

这一跟自然的合约将竖向潜能和水平向刻画联合了起来。

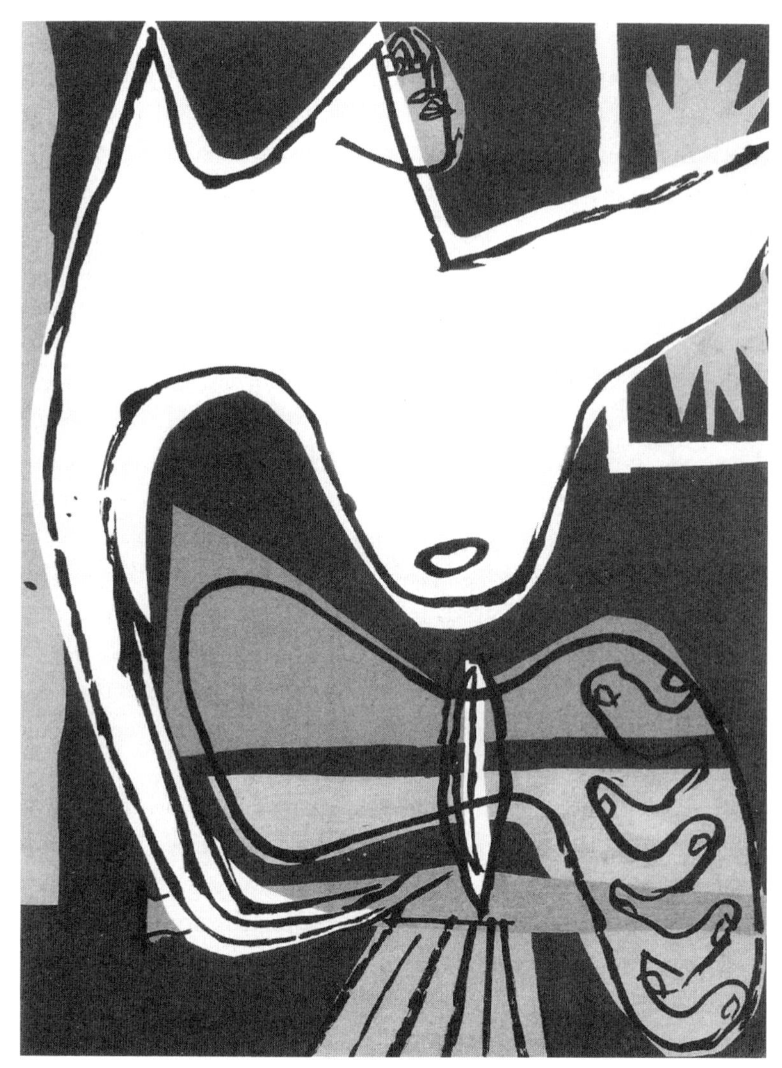

图50　E3，“人物”（Characters），出自勒·柯布西耶，《直角之诗》，1955年（2003年版权归属艺术家版权协会，纽约/平面与摄影艺术著作权人国际理事会，巴黎/勒·柯布西耶基金会）

同样，直角也以这种方式将对立者联合了起来。然而，把平整场地当成是绝对的平地，就是错误地把竖向投射到了水平向，误以为水平就是竖向的镜像形象，从而忘记了勒·柯布西耶——以及这里所提及的其他人——曾经看到的差异：地形性深度是幽暗而不是光明的，是潮湿而不是干燥的，是生成性而不是被生成者，是形成之中而不是已经形成者。将这些对立中的一方误解为另一方就会导致材料和建造思考屈从于形状和形式思考的设计感——也就是屈从于我之前扼要地提到过的唯美主义。

在当代话语和实践中，人们已经开始重新重视起材料和建造。我们已经开始意识到，它们不只是已形成者，而是正在形成中。同样，把土地视为一种物化资源的观念正在遭到日益广泛和强烈的批评。往小里说（to understate myself）：物质不再"只是"资源。如今，人们开始和鼓励对"事物本身"的重新关注，因为这样会挑战那种忽视藏匿潜能的工作方式。对现状条件的关心乃是创造性工作的第一前提。但是当创造宜居环境的艺术被当成是让事物"自己为自己讲话"的行为时，我们就在用一种新的对于地形的曲解去取代另一种曲解：那就等于让一个可以自造的世界去取代我们为自己创造的世界。很有可能，这种方向上的变化在将来仍然会领向一个死胡同——就像我们在当下某些因对材料极度关注所产生的物质论中已经看到的那样，有人认为，材料的光感或是锈色就是建筑性显露的全部话题。诚然，这是一种在几何和材料之间重要的互动、融合或是联姻，因为二者都关乎到了如何"住下"的活动（practices of residing），这才是关键。而当下思想和创作的任务在于，通过显示只有二者相互决定的状态才更具生产力、启发性，或许也更为根本，从而发展出能够将我们从这一古老的两极对立中解放出来的形象和象征。 130

第5章　性格、几何与透视：或地形是如何藏匿自身的

131

“如果我们认识不到比例化和规则化状态乃是各种题材里最为普遍也最为自然的现象的话，我们就不可能在欣赏或是体会外在对称和秩序的道路上前进一步。”

——沙夫茨伯里，《随想录》，Ⅲ，2

景观建筑学和园艺学给人的感知体验提供了各种奇异的景物：比如正在形成中的形式，接近未来状态的容貌，不断再造自己的事物。是的，花园就是要给观者展示可以去看看的东西——树丛、水池、绿篱、喷泉——但是这些景物的奇特之处在于，它们暴露给人的视线的东西，很大程度上藏匿着它们能够变成很是不同的东西的能力。景观艺术能为人的感觉制造的，不过就是对即将被感觉到、即将变成的，或者即将被展示的状态的某种接近，因为随着每日每季的流逝，简言之，随着时光的流逝，地景会展示出它们过去从未抵达的状态。

出于这个原因，或许对于景观建筑师们来说，最大的错误莫过于把花园和地景当作建筑物或是绘画去设计——建筑这类东西的容貌变化得很慢，甚至相当缓慢。虽然一直以来都有人或许是基于它们共同的起源在景观建筑和绘画之间做类比，但是，在图画性图形（pictorial figures）和地形性景物（topographical figures）之间的差别实在巨大。不管在绘画作品或是建成作品身上所发生的变化是什么，造成这些变化的作用力都外在于物体——比如，对于一幅画作来说，造成其变化的作用力可能是光照，对于建筑物来说，造成其变化的是风蚀。相比之下，造成地景作品发生变化的东西并不来自外部，而是源自内部，源自地景潜在的生长或是衰败。就是因为构成花园的那些材料的本性，花园受制于时间。但也基于此，花园也有着永不枯竭的生成力量。

132

对于地形学理论来说，最为根本的任务是在面对持续更新自己和那些藏匿自身变化能力的地景景物时，在概念上清晰地认识到它们具有基本的相同价值。一个有用的起点是关于“规则”几何景观和“不规则”形式景观之间的著名争论。这也就是在那些看上去总差不多（类似建筑物）和看上去总在变化（类似自然）的地景之间的争论。在18世纪初期，这种两分的选择在不同程度地被视为法式花园和英式花园之间的区别，或者说出现在那些被叫作几何化花园（formal）和非几何化花园

（informal）的区别。或许在二者之间的区别并非像我们所想象的那样那么非黑即白：或许，我们需要重新思考的是自然秩序在园艺里是以怎样的方式被显露或是藏匿的，这样，我们才能怀疑整个事件是否就是有关“形式”的争论。

下面这段话出自沙夫茨伯里伯爵三世的哲学对话录《道德家》（The Moralists）。景观园林史学家们经常会把这段话当成是针对花园设计“非几何化”的一种先声：[1]

“我将不再抵抗在我心中一直生长着的对于自然事物的倾心。我不希望看见艺术或是人的幻想或是异想通过打破事物的自然状态弄坏了事物本来的秩序。即使是粗陋的岩石、满是青苔的洞穴、未经雕琢的不规则洞窟，以及错落的落水，因为它们有着野生世界的可怕魅力，更能代表自然，远比气派花园里那些形式化的模仿，显得更吸引人，更为精彩。”[2]

人们通常会把这段话当成是18世纪转向“未经驯化的自然”的代表性言论：比如，开始喜欢曲径而不再是透视化的轴线，开始喜欢未经修剪的树木而不再是修剪整齐的植物。散落的花卉、蜿蜒的河道、浓郁的树林取代了过去的花坛、运河、修剪整齐的紫杉。沙夫茨伯里对于“野生世界本身的可怕魅力”的欣赏标志着18世纪“重返自然”的开始。[3]

而沙夫茨伯里文中所言的“气派花园”通常被认为是指法式和荷兰式的花园。此类法式花园的一个典型例子就是位于威尔特郡（Wiltshire）的朗利特园（Longleat）。在基普（Kip）于1708年制作的一幅雕版画中，我们会看到法国园艺家常用的所有构图方法和要素。园子里有一条中心轴线，中线轴线再放射出次要轴线和正交的平面几何线。图上还有喷泉、运河、修剪整齐的树和绿篱，以及石子路和剪过的草坪。同样，图上还展示了那些首选的取景点和控制状态下的景致。花园里的空间是高度结构化的，即使用18世纪中叶的标准衡量，花园里的“自然”也是高度人工化的。在沃尔克郡（Warwickshire）康普顿·温耶慈宅（Compton Wynyates）里我们看到了相似手法的泛滥。那里的灌木和树木以平行线的方式被种下，然后被修出了几何形状；花卉、绿篱、路径、池塘同样都是秩序化的。在这类花园里，自然是“受限制的”，人工性替代了偶然性。

然而，就在园林史学家们很容易能找出沙夫茨伯里可能谴责的那类花园实例的同时，他们却很难找到一个能让沙夫茨伯里赞美的同代花园实例。沙夫茨伯里是于1705年写完并在1709年发表《道德家》一书的。而不再修剪树木不再拉直路径的花园要等到1730年代和1740年代才会出现。这就意味着在设定的对策和实际的操作之间存在着20到30年的距离。注意到了这一相当困难的事实，亨特和威利斯（Hunt and Willis）写道，“（针对几何化花园的）抗议很大程度上还是理论上的；园艺实践落在了理论的后面。”[4]这样说来，早期的风景园（landscape garden）可以被算作对已经相当成形的思想的迟到体现。

沙夫茨伯里的写作并不是唯一被认为预言了新兴非几何化花园到来的言论。人们也是这么理解约瑟夫·艾迪生（Joseph Addison）的文字的。迈尔斯·哈德菲尔德（Miles Hadfield）在《英国风景园》一书里就介绍说，"在发行量大的期刊上，最早对英国花园里常见的法国化（Frenchified）几何风格的抨击来自约瑟夫·艾迪生。他在写给《旁观者》杂志（Spectator）编辑的一封信里，倡导了'某种程度的不规则化的杂合'（a comparatively irregular confusion）。"[5]哈德菲尔德也以同样的方式解读了亚历山大·蒲柏（Alexander Pope）的文字。像亨特和威利斯那样，哈德菲尔德认为这些"预言了非几何化花园到来"的思想并没有马上被付诸实践。但是他不打算解释为何园林的发展会滞后，也不想质疑人们对艾迪生思想的习惯性解读。

136

鉴于在18世纪的前20年里（也就是艾迪生、蒲柏、沙夫茨伯里进行写作的那个年代）很难找到体现"园艺新格调"的实例，那我们对艾迪生在比尔顿的自家花园的忽视就不无遗憾了。如果说世上还真有个地方可以找到艾迪生思想应用实例的话，那肯定就是他自家的花园了。艾迪生是于1712年2月27日在靠近拉格比的地方买下了比尔顿堂和周围上千英亩的土地的。这个时间正好是他在《旁观者》上撰文把自己的花园描述成为"不规则和野性"所在的6个月前。到了1713年9月，艾迪生在这里种下了上千棵树。同年，他在写给蒲柏的信上说，"我现在完全沉浸在乡村活计中了，并开始从中体会到快乐。"[6]然而，艾迪生不得不把自己大部分的时间都花在伦敦［他在肯辛顿（Kensington）还有另外一个宅子，叫作霍兰住宅（Holland House）］，所以，他雇了自己的弟弟爱德华在他不在的时候去照看比尔顿的种植园。比尔顿种植园里的栽种活动持续了整个1714年。这时，种植园里的主体景物已经有了眉目。艾迪生的弟弟在信上写到，"您的新路……现在已经很有模样，很愉悦……路边上都种了草……您似乎不喜欢桑树（Sicamore），那您一棵都看不到。"[7]

很不幸，这个庄园初始状态的表现图没有一张流传下来。但是多萝西·金斯伯利（Dorothy Kingsbury）发表过这个园子的一张景观图，上面显示了由作家弟弟铺设的"艾迪生之路"。[8]这位作者还援引了威廉·达格代尔爵士（Sir William Dugdale）对于"艾迪生小径"形态的描述：

"比尔顿堂边上的园子们都相当大，一排排紫杉密篱以直线形式绵延着，就像它们很久之前被规划时那样。在庄园的北侧有一条长长的路，如今仍然被称作'艾迪生之路'。那本是优雅作家散步用的林荫路。如今，一排树加深了这条路的僻静。其中的某些西班牙橡树，就是战争大臣（Secretary of War）克拉格斯（Craggs）送的种子，由艾迪生本人亲手栽种的。"[9]

138

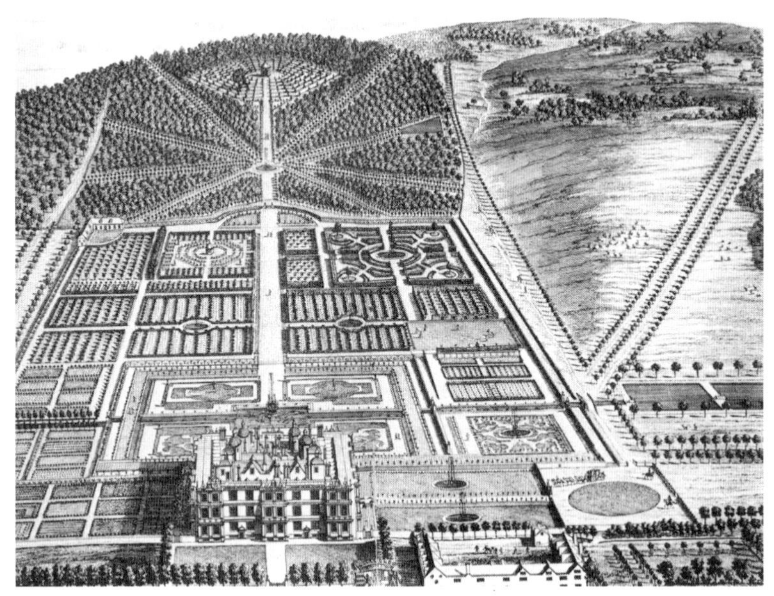

图51　基普（J. Kip）按克尼夫（L.Knyff）原画制作的朗利特园雕版画，威尔特郡，出自《大不列颠的新剧场》（Nouveau Théâtre de la Grande Bretagne），伦敦，1724—1928年

图52　温耶慈的康普顿宅，沃尔克郡，1480—1520年

图53　比尔顿堂（Bilton Hall），靠近拉格比（Rugby），艾迪生小径（Addison's Walk），出自金斯伯利（D. G. Kingsbury），《比尔顿堂》（Bilton Hall），1957年

对于这段描述，金斯伯利补充说：“这种直线形式似乎是他早年喜欢的东西，牛津马格达伦学院（Magdalen Collage）路径中的局部也遵循着这个模式，那条路也被叫作‘艾迪生之路’。”[10]就是这么一位在写作中如人所期常会提及非几何化花园的作家，却把自家种植园布置成了所谓几何化的风格。艾迪生的花园是围绕着一条始于宅子主画室中心窗的中心透视轴线展开的。这条轴线所限定的树，行与行之间是彼此平行的，树与树之间是等距的。艾迪生之路的组织方式，本质上跟任何一个有着主轴结构的法式花园或是有着法式风格的英国花园如朗利特园的组织方式一样。还有，这个园子有着修剪整齐的紫杉篱。这些树跟在斯托园（Stowe）或是斯托海德园（Stourhead）的树不同，但是跟那些萨弗伦·沃尔登园（Saffron Walden）或是利文斯庄园（Levens Hall）的树相似。要么是艾迪生该被指责为两面派，因为他似乎写的时候是一回事，种树的时候又是另一回事，要么，我们就得重新思考一下衡量艾迪生思想的标准。

同样的说法也在沙夫茨伯里身上成立。不过，幸运的是，我们会有更多的证据指引着我们对他的思想给出新的阐释。就在艾迪生购买比尔顿堂的十多年前，沙夫茨伯里用如下的话陈述了他打算离开伦敦的决心：

“让别人去赞美美德吧，不是你。如果你悄悄地、默默地做了你该做的事情，如果你自己坚持了规则和原则的话，那就足够了；不要希望别人一定得理解这一切。即使是苏格拉底或是埃皮克提图（Epictetus）活在今天，又能怎样？你会效仿他们吗——你跟这个世界格格不入？在面对这样的世界时，你还相信，他们会因为时代的不同采取不同的行动吗？……我发现我在这个世界里所生活的状态，现在，更像是处于某种归隐的状态。”[11]

沙夫茨伯里要么是在鹿特丹要么是在多塞特（Dorset）圣吉尔斯教区的温伯恩村（Wimborne St. Giles）的家里于1698年到1703或1704年之间写下这段话的。这两个时段也是沙夫茨伯里隐居荷兰的时间。我们很难准确判断这个“某种归隐状态”的阶段到底是指他在荷兰跟约翰·勒·克莱尔（John Le Clerc）住在本杰明·弗利（Ben. Furly）家里，还是指他住在多塞特自宅的时期。在这期间，沙夫茨伯里有过三个主要居所：一处在切尔西（Chelsea），一处在萨里（Surrey）的赖盖特（Reigate），以及他自己在多塞特圣吉尔斯的自宅。在1693年到1711年间，在沙夫茨伯里动身前往那不勒斯之前，他绝大多数的信件都是从圣吉尔斯寄出的（荷兰寄出的那些除外）。[12]因为他把多塞特的住宅说成是他希望度过“余生”的地方，我们也可以这么认为，沙夫茨伯里所言的他过着“归隐”生活的地点就是他在多塞特的庄园。

139

不幸的是，我们很难了解圣吉尔斯的这个宅子在这一时期的状态。这片房产在17世纪初期就落到了沙夫茨伯里家族的手里，但是沙夫茨伯里伯爵一世极大地改造了那个老府邸。他在17世纪中叶添加了一个新翼，使得房子规模扩大了一倍。沙夫茨伯里伯爵一世在其自传片段中记录道，“1650年3月19日，我为我在圣吉尔斯的房子铺下了第一块石头。”[13]有关这栋房子最早的图是1659年画在庄园地图上，从东北侧看过来的一幅非常小的鸟瞰图。很不幸，这张图对地面状况描绘得有限，上面画了那条从阿伦河（River Allen）分叉出来的穿越整个基地的小溪、一个院子，以及一处标着“花园”的空间。第一代伯爵的新房子就处在溪流的东岸，与处在对岸的老府邸靠一串新建筑连在一起。

沙夫茨伯里伯爵一世的房子上层部分今天多还保持着当时建成时的状态。有关这栋房子的另外一幅画则出现在另一张庄园地图上。这张地图是1672年的地图，是从东侧望向房子的。在房子边上，绘图人在最左侧画了一个堆木院、一处花园，以及房子左侧近旁的一片玩保龄球用的绿地。而在相反方向上，绘图人画了一个院子和野外林地，在溪流的另一侧画了一个果园，以及延伸到房子东立面前方的一排树。这就是伯爵三世搬进来时能看到的东西了。

这栋宅子在接下来的一个世纪里经历了若干局部的改动，很大程度上是被第四代伯爵在18世纪中叶改造的。等宅子传到19世纪时，又被第七代伯爵改动和扩建过。

141

沙夫茨伯里伯爵三世对之只做了很小的改动，多数他从荷兰写给管家约翰·惠洛克（John Wheelock）的信里都提到过正在施工的建造工程。当伯爵三世去世之后，他的儿子雇了亨利·弗利特克罗夫特（Henry Flitcroft）拆了房子的局部，重建了几套大些的房间。[14]这时，伯爵四世在房子的北侧、东侧、南侧建了抬高的平台。他还把庄园地图上所显示的那条溪流改了蛇形线的河道，建了一座小神庙、一座城堡般的拱门，并用昂贵的造价建造（或是改造）了一处美丽的贝壳洞窟。伯爵四世的造园成就可以在一幅该庄园的现代测绘图上体现出来。弗利特克罗夫特——或者就像人们通常称呼他那样，伯灵顿（Burlington）的哈里（Harry）——在这一时期，正在建造位于斯托海德的那个花园。所以，尽管我并没有找到任何他在圣吉尔斯工作获得报酬的记录，假定他在圣吉尔斯花园的工程中曾被咨询过或是雇用过，也并非不合情理。

1754年10月6日，爱尔兰神职人员兼著名的旅行家理查德·波科克（Richard Pococke）参观了圣吉尔斯，写下了对于该花园的如下描述：

“我走了两英里路，去往圣吉尔斯教区下的温伯恩，就是通常被叫作圣吉尔斯的地方。在那里，沙夫茨伯里伯爵（四世）有片宅业……那个园子的布局非常美，有蛇形的河，各种

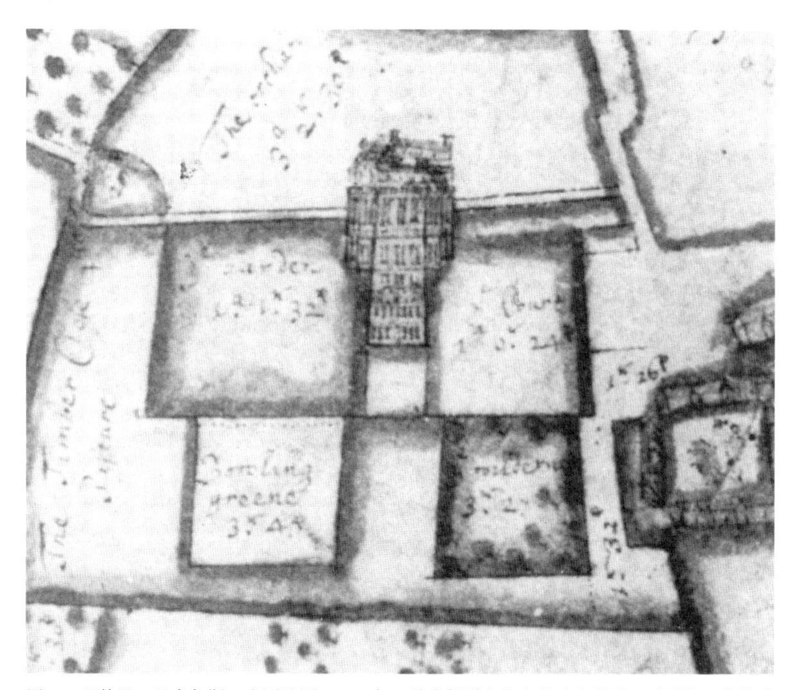

图54 温伯恩，圣吉尔斯，庄园地图，1672年，从东侧看向住宅的这个景观显示了第一代伯爵对于房子的扩建部分、堆木院、花园、保龄球绿地、院子、野外以及中间走道的起点（照片出自圣吉尔斯的温伯恩档案馆）

水体，草坪，等等，树林优雅地点缀其间。人们首先来到一个岛上，上面有个城堡，然后在靠近水的地方是一座两侧各有一个塔楼的入口城堡，从左右都是水的中间道路走过，就看到一处错落有致的落水，一个草顶的房子，一个处在土丘上的圆形阁，是莎士比亚馆，室内有一尊莎士比亚的雕像，并在一个玻璃盒子里陈列着莎士比亚的著作；在所有房子和馆阁里，在挂式玻璃盒子里都是书籍。在两水之间有一个阁。跨过水面的桥，一座是中式的，一座是石头的……还有一个由'玛利勒伯恩的卡斯泰尔先生'（Mr. Castles of Marylebone）建成的最美丽的洞窟——窟前有个前室（antiroom），进来的路是一条蜿蜒的小径……这个园子也非常令人愉悦，里面还有一个小建筑。"[15]

我们没法确定在伯爵三世活着的时候圣吉尔斯庄园的地面状况就是如此。我很怀疑。但是能够证实我怀疑的证据很少：我所能够找到的就是一些没发表的信，若干段出自伯爵三世手笔的话，一幅雕版图，两稿迄今为止尚未受到大家注意也未曾发表过的、带着伯爵三世本人亲自修改痕迹的对于该园子的描述词。

144

我们最好从有关伯爵三世的一幅肖像画的研究开始对他花园的复原。那幅画也被他在其著作《人、风俗、意见与时代之特征》（Characteristics）（1714年）的第二版时用作了封面。沙夫茨伯里是在1700年到1701年间让约翰·克洛斯特曼（John Closterman）为他画这幅肖像画的。克洛斯特曼是位在巴黎学习然后于1681年在伦敦定居的德国艺术家。[16]最初是约翰·赖利（John Riley）[就是后来的萨默塞特大公（the Duke of Somerset）]雇他画过像，然后是沙夫茨伯里和其他贵族们找他画像。1699年，沙夫茨伯里把克洛斯特曼派到了罗马，去为他这个赞助人收购雕像和画品，包括萨尔瓦托·罗萨（Salvator Rosa）的风景画。[17]当克洛斯特曼在罗马时，他给沙夫茨伯里写信时说道，"我非常高兴地获悉您想要一幅'全家福'，我回去之后会马上开始工作，我如您那样兴奋，您尽管吩咐就是。"克洛斯特曼一定是在不久之后就返回伦敦的，因为1700年7月他出现在了圣吉尔斯，并于1702年完成了那幅"全家福"。但是这幅把伯爵三世和他的弟弟莫里斯（Maurice）置放到一座古代神庙前的林地风景中的"全家福"跟他单人的肖像画有些不同。在这幅如今仍然挂在圣吉尔斯房子里的"单人像"上，沙夫茨伯里身穿长袍，左手近胸，握了本小开本的书[也许是奥勒留（Aurelius）的书？]；他的右手落在一张高台子上，台子上放了四本大开本的书。在哲学家身后是一道部分遮挡住柱子的布帘。而那根柱子则遮挡着后面的一个开口。开口处有一位沙夫茨伯里的家仆，或许是他的管家约翰·惠洛克。[18]

当时的沙夫茨伯里阁下已经将他的这幅肖像阐释成为对沉

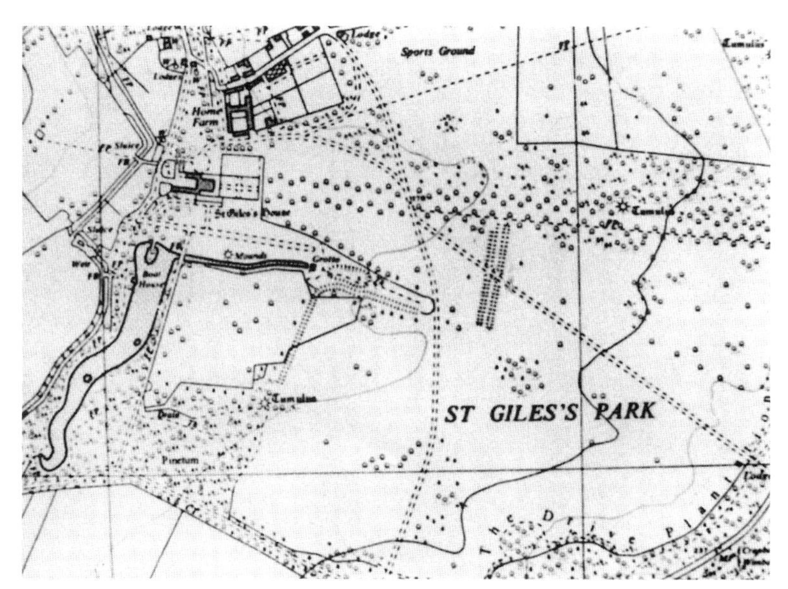

图55　温伯恩，圣吉尔斯，庄园地图，1979年

图56 《沙夫茨伯里伯爵三世》，约翰·克洛斯特曼，1700—1701年，温伯恩，圣吉尔斯

图57 《沙夫茨伯里伯爵三世和他的弟弟莫里斯》，约翰·克洛斯特曼，1702年（照片出自英国国家肖像画廊，伦敦）

图58 《沙夫茨伯里伯爵三世》，西蒙·格里伯兰根据约翰·克洛斯特曼原作改制的雕版画，出自沙夫茨伯里，《特征》，第二版，1714年

思和积极生活的寓意性再现了。[19]画中的伯爵三世穿的是非正式的服装，他的仆人穿的是日常性服装，手臂上托着主人的袍服（这也是议员们的正规装束）。画中一位男子的打扮再现的是沉思性生活（vita contemplativa），另一位的打扮再现的是行动性生活（vita activa）。台子上的书籍也代表着这两种生活方式。柏拉图的著作是平放在台子上的，代表着知性或是理论性的兴趣。它的对立者，或者说苏格拉底学说的另一个版本，就是色诺芬（Xenophon）的书，则竖放着，代表着对于政治活动的参与。然后第三本无标题的书将这两本书或者说两种生活形态的形象结合了起来。这或许就是伯爵三世版本的苏格拉底智慧的标志。不管这一细节到底如何，构图的意义是清晰的：在私人生活和公共生活之间是存在着矛盾的，每一个人都必须自己完成在二者之间的和解。

但是沙夫茨伯里大作《特征》1714年版的封面用的不是这幅原画。沙夫茨伯里用的是基于克洛斯特曼画作改制的雕版画。在原肖像和雕版画之间存在着诸多重要的差别，最为重要的差别就是在雕版画上，沙夫茨伯里的管家被花园的透视图景所取代。沙夫茨伯里站在他喜欢的思想家和园子之间。像那些书籍一样，风景的出现也并不是偶然的。

147

在18世纪或者更早的肖像画上出现风景并非稀罕之事。但是这里出现的风景并非一般性的风景。我相信，雕版画上画的风景就是对圣吉尔斯温伯恩的沙夫茨伯里花园的再现，唯一一次此类的再现。我将试图展示给大家看，这样的风景体现了沙夫茨伯里对完美化自然的认识。我们很难精确判断这幅由西蒙·格里伯兰（Simon Gribelin）制作的雕版画的具体制作时间，但是肯定是在克洛斯特曼绘制原画的1701年和此画出现在《特征》一书初版的1714年之间。如前所言，沙夫茨伯里是在1711年离开英格兰前往那不勒斯的。他在到达那不勒斯之后到他1713年在那不勒斯去世之前的这段时间里跟格里伯兰保持着经常性的通信。他最早是在1711年12月也就是他抵达了那不勒斯的一个星期之后写给托马斯·米克尔思韦特（Thomas Micklethwayte）的信上提到了这位雕版画家的名字的。沙夫茨伯里写道，“在巴黎和罗马都停留得很短（这也是仅有的两处精通此艺的地方，我说的是线绘和雕版画的设计），我没有足够的时间能在那里找到人手可以完成除您寄给我的格里伯兰先生为《道德家》制作的插图之外的另外五张图。”[20]这里的“图”并不是指《特征》的封面图而是沙夫茨伯里想用来说明自己的哲学对话录的寓意图。在《特征》（1714年）初版收藏本中，有许多这类插图。它们是由沙夫茨伯里构思的，然后由那不勒斯的一位艺术家［名叫弗伦奇（French）的人］画成草图，寄到英格兰，由格里伯兰制作成为雕版画的。当沙夫茨伯里抵达那不勒斯时，雕版画家已经完成了一张版。因此我们可以有把握地说，在沙夫茨伯里出发前就已经接触过格里伯兰了。这样，他才能监管该肖像的制作。我以为，他是对之提出过建议的。

沙夫茨伯里通常会监管他雇来的艺术家的工作。根据温德（E. Wind）的说法，沙夫茨伯里视“艺术家为负责把哲学家交给他的思想通过可见材料表现出来的手工执行者……艺术家是一个自愿且驯顺的抄写员（amanuensis）。”[21]沙夫茨伯里指示着格里伯兰和克洛斯特曼在他的肖像画上都画些什么。所以，在格里伯兰在雕版上绘制风景时很可能就是这样的情形，尽管这个集子是在沙夫茨伯里死后才出版的，因为沙夫茨伯里从很早开始就已经显示了对于风景的兴趣。前文中，我已经在有关“气派花园”的引文中提起过沙夫茨伯里对花园的兴趣。而且我还可以引述一些若干没有发表过的文献。1707年5月23日，也就是在他完成了《道德家》首稿的两年后，沙夫茨伯里写信给艾尔先生（Mr. Eyre）（?）说，他正在阅读和实施莱尔先生（Mr. Lisle）对他圣吉尔斯种植园提出的建议。[22]莱尔是位农耕作家，他的著作都是关于农业技术的。在他的主要著作《对农耕的观察》中，他引述了一段他跟沙夫茨伯里有关施肥话题的对话。在沙夫茨伯里写给艾尔第一封信的七个月后，他再次给艾尔写了一封信；他抱歉没能归还莱尔有关园艺和种植的那篇论文，并总结了他晚近在圣吉尔斯的成就：

149

“因为是在乡村度过这个冬天的……我几乎无法顾及园子和自家种植园之外的事情；我是在您的帮助和指导下规划了这个种植园的……我闭门在家（在寒冷的日子里）琢磨着莱尔先生给我的那些思想。我还一直在研究某些书里的话，特别是新近出版的皇家学会院士写的一本叫作《农艺》（Art of Husbandry）的书。莱尔先生在最近的论文里会经常引用这本书里的话。”[23]

显然，从他写给艾尔的那些信上看，沙夫茨伯里已经在1707年5月之前开始了他在圣吉尔斯花园的工作。在他去世时，他还有两个园丁在给他工作，一位是托马斯·杜兰特先生（Mr. Thomas Durrant）一位是理查德·希思科克先生（Mr. Richard Hiscock）。我相信，他的园丁们在1707年初春就已经开始工作了，或许种植范围早在1706年秋天就确定了。公共档案馆（Public Records Office）里收录了一份计划书，题为“满是沙夫茨伯里阁下修改和补充手迹的分了五部分的有关他庄园里种植部分的改动和重修计划书”。这份时间为1707年4月的计划书支持着这种阐释。[24]就像其标题所示那样，这份有关圣吉尔斯种植计划的文件分成了五个部分：第一部分是关于在育苗室花园（the Parlour Garden）前的种植计划；第二部分是靠近下段运河的种植计划；第三部分是属于旧的野生林地的种植计划；第四部分属于沿河步道的种植计划；第五部分则是草莓园的种植计划。

150

沙夫茨伯里花园的规模并不能仅用这五个标题就表达出来。

图59 《沙夫茨伯里伯爵三世》局部，西蒙·格里伯兰根据约翰·克洛斯特曼原作改制的雕版画，1714年

除了在每一部分的标题里已经提到的花园和步道之外，文本里还描述了诸多其他内容。例如，沙夫茨伯里提到了一片保龄球绿地、一个鹿院和一个花卉园。这份文献还提到了一个果园、若干平台、一处开敞的山谷和远山。这份文献还提到了一处洞窟、一个凯旋拱门、一条上段和下段的运河、诸多条步道。还有各式各样的绿篱，修剪出来的紫杉，距离房子约1英里的沙夫茨伯里自己用于冥想的阁。花园里的树似乎都是精心挑选出来的；它们也都被具体地标注了出来。沙夫茨伯里提到过枫树、冷杉、柏树、榆树、白蜡树、梨树、桑树以及“冬天和夏天的常绿植物”。然而，这些树并不是随意乱种的。沙夫茨伯里指导着他的园丁们将这些树木和绿篱修剪和塑形成某些具体的形状。这些形状也都成了花园整体任务书的组成部分。虽然沙夫茨伯里并没有详细地或是前后一致地描述任务书的内容，我们还是从沙夫茨伯里的指示中所暗含的意思和他所应用的组织原则中复原该任务书的内容。

在沙夫茨伯里的园艺里有两条重要的组织原则，我们可以从“满是修改的计划”里推导出来：形式的统一性以及不同景物和物种之间的对比。我们最好逐一看看这些原则。“对比”一词出现在了“计划”的各处。例如，他指挥他的园丁们用一排球形的紫杉去跟一排金字塔状的紫杉形成对比。同样，他会用开敞的景观与包围着（或是塑形着）敞地的密林去做对比。每当不同的构图要素一起出现时，它们不会被混合在一起而分别不清；这种对比可以同时在形体和物种身上被观察到。这样，好的园艺意味着要观察到自然产物之间的相同与不同。不同的元素就应该被区别开来；而“相同”的元素就应该被组织成为一个统一体。

沙夫茨伯里的第二条组织原则是关于整体里不同局部之间的形式关系的。当他在指示园丁们在花园的中间段（middle rank）种树的方式时，沙夫茨伯里命令他们要保持“金字塔秩序的统一性”。根据他的说法，“分离会制造一种不和谐的杂合。”最为综合的技巧就是把花园划分成为不同的“段”（ranks）。第一段指的是直接靠近宅邸的地带。这一段又分出三个可能是按照17世纪庄园地图上伯爵一世种植计划实施的台地系列。习惯上，这个地带叫作花坛地带，但是没有迹象表明在沙夫茨伯里的花园里存在过典型的带有修剪式绿篱的花坛。接下去的一段也叫中段，这是位于第一段和运河之间的区间。在这个区间种的树都被修剪成了金字塔和球形。第三段也就是最后一段包括了最大的树。人们对这些树的修剪是很少的，只要不遮挡住远山的景观即可；而且对它们的修剪也不遵循任何特别的模本。

151

沙夫茨伯里推荐的另外一个技巧就是把树木和绿篱布置成线或是行。树是沿着相互平行的轴线被等距地种下去的。在多数情况下，树列要么平行要么垂直于房子。当树列既不平行也不垂直于房子时，它们跟随水体的走势，例如，跟随着上段或是下段运河的走势。在园子里的不同组成部分，通常是由树列或是绿篱围合的。沙夫茨伯里提到过包围着果园的月桂树篱（bay hedge）；同样，也提到过把育苗室和运河另一侧区间分隔开来的一排紫杉球。在多数情况下，树列或是绿篱有着将园子划分成为若干独立空间的界面作用的。

当沙夫茨伯里描绘他园子里的树和绿篱时，他通常会用到一些具体的几何形状。最为常见的就是金字塔状和球形。在某些场合里，他会偏爱榆树，因为榆树很容易被修剪出球冠。在其他地方，沙夫茨伯里还推荐说，金字塔状的紫杉可以构成最佳的对比。处在第一和第二段的树木和绿篱是要“形成从内向外的控制范围的”。似乎存在着某种自然中的几何（或许可以叫作自然的几何），代表着任何一个物种的真正秩序。某些树木倾向于适合球形，另外一些树木适合于金字塔状。几何化的景物代表着被完满化的自然倾向。在园子的第三段或是最后一段上，树木和绿篱则是任其以潜在的状态保留它们的不完满形式的。 152

不过上述所有技巧的贡献都远比不上透视造景（perspective views）的作用。终极地讲，是透视将沙夫茨伯里的园林设计整合到了一起去的。他提到过树列“要引导眼睛”。同样，他规定，从房子和平台看出去的景观不能被遮挡。贯穿了花园三段的中轴线的设计旨在“引导视线看向田野尽头的山以及远方”。而另外一条轴线则是从“女士更衣间的书房之窗”看向河的通道。每一行树或是绿篱都应该参与视线的结构化过程。但是，不该出现视线的混乱。显然，从沙夫茨伯里花园保留至今的现状看，花园里有一条起点在房子东立面（就像在比尔顿的艾迪生之路上面那样的）的主轴线或者说中心透视线。其他轴线或是透视线都是次要的或服从于主线的。在这个庄园的现代地图上，我们可以看到这条中心透视线。垂直于东立面的树列延伸了差不多有1英里，延伸到了“林荫道小屋”（the Avenue Lodge）。透视去看时，这些树列可以被认为是在框限着远处耸立的山峦。在大约四分之三的部位上，主透视线被上段运河截断过。很不幸，沙夫茨伯里在中段地带上种的树没有活下来。只留下一处洞窟，在房子东南面、上运河和下运河可能相遇的地方。我曾经引用过波科克对这一不可思议的地方的描述，他判断这一洞窟的完工时间为18世纪中叶。这位爱尔兰旅行家也提到了“玛利勒伯恩的卡斯泰尔先生”，就是那位承担了洞窟建造工程的艺术家。我相信，卡斯泰尔极大地丰富了这个可能在1707年之前、也就是伯爵三世在世时就建成的洞窟。在他有关圣吉尔斯种植计划的文献里，沙夫茨伯里提及这一洞窟的方式暗示着这个洞窟在他写这份计划书时就已经存在了。我们没有理由怀疑这一点。沙夫茨伯里还提及了一处凯旋门。在圣吉尔斯庄园里的确有一个拱门，但是它的建成时间是 153

1748年。[25]所以，我们不知道这个拱门是不是就是伯爵三世所提及的那个拱门。

在《特征》第二版的雕版肖像上，沙夫茨伯里右边展现的花园透视分成了三段——透视上显示了修剪成金字塔状的树木，描绘了远处的山峦，展现了（靠近运河？）在种植了树的台地之外的篱笆。透视上有着跟圣吉尔斯设计计划书里所描述的同样的花园秩序和要素。这就意味着这幅画所画的是某种意义上沙夫茨伯里为自己建造的花园。正是这样的花园，必须跟之前我们所提及的他的那些预示了非几何化花园的写作联系起来看。

我们很难把雕版画上的建筑跟我们对圣吉尔斯的房子的了解情况联系起来。在花园和沙夫茨伯里所处的空间之间存在着一处暧昧的下沉空间。在雕版画上，我们可以看到从低于沙夫茨伯里所站的地面的下部升上来的三级台阶。在克洛斯特曼的画作上，沙夫茨伯里的管家惠洛克是站在进入沙夫茨伯里所处的屋子（过道？）前的一级台阶（或是几级台阶）上的。这就意味着在室内和花园里的花坛之间的空间标高比室内和花坛的标高都要低。拱门意味着它可能是一条拱廊，或是花园墙，或是下部结构升到了第一层的局部。所有这些可能，都有机会成立。东立面上没有显示这里的主层上存有起拱的开口，但是主绘图室下部的窖室有着起拱的天花。我们知道，窖室的立面曾经是可见立面的一部分。[26]但是我没有找到任何能证明这一点的直观记录。如前所述，抬高了的平台现在包围了房子旧结构的北侧、东侧、南侧。东侧的这处平台完美地掩藏了地下室的窗子。因为在地下室拱顶的中跨上没有暗的斜面窗洞（blind embrasure），在中跨上就不太可能有窗子。或许这就是过去曾经从花园原始地面升到立面中段粗琢石窗的楼梯下部结构的位置。我倾向于相信雕版画上所显示的这一花园景象是朝东看的结果（因为有关花园、洞窟和运河的文字），但是不能证实格里伯兰完成的肖像画上的建筑就是在伯爵三世活着的时候房子东立面的模样。

因为有了沙夫茨伯里有关圣吉尔斯庄园的种植计划文件，我们就可以概括一下沙夫茨伯里有关花园设计的思想。这里存在着三个主要思想。第一个思想指的是花园整体之中个体要素之间的关系。沙夫茨伯里提醒他的园丁们，不要杂合或是混合不同种类的要素。在这一提醒的背后，暗含着对自然类型必须进行区别和分类的思想。在花园里存在着三段地带，每一段都包含着特殊的植物种类：在第一段上，沙夫茨伯里种的是花卉、小型绿篱、高度修整出来的小型树种；在第二段，他种下的主要是紫杉绿篱和有形状的树木；在最后一段上，都是些大型的树木种类。沙夫茨伯里的建议暗示了某种对于自然形式的分类。他并没有详细给出布置自然的规则，但是他的确将尚无定形的

图60　圣吉尔斯的温伯恩，东立面这一侧显示了那些平台和中心透视轴上小道的起点，1964年

树描绘成为潜在的几何图形。这就意味着要用比例和尺寸对自然形式进行“性格化”处理，亦即，把自然的内在性格表现出来。他对这一研究给出的题词就是证据，说明他深深地相信“自然是可以被修出比例的”这一信条。

沙夫茨伯里第二个关于花园设计的基本思想细化了这种自然的几何。某些树就是具有潜在的金字塔状，其他树就是具有球形的可能性。园艺活动就成了对于天然倾向性的培育或是完美化的过程。一条流速很快的溪流倾向于沿着直线发展。因此，运河就是一种完美化的河道。因为紫杉的生长是一茬茬的，所以很自然地可以把紫杉绿篱修成一道墙。自然的几何是自然化的；一处花园的界限是由完美化形式的线所界定的。但是这条线不是一直连续的；花园的透视线要穿过这道线。

透视是沙夫茨伯里有关花园设计的第三个也是最为重要的思想。花园的完整意义要靠一系列构成景象来实现。站在花园中轴的放射点上——就是房子东立面的中线上——人们可以纵览花园的三段区间。观者往右或是往左走几步，就看不见整体景象了。当人们避开了这一透视视点时，也就看不到类型的分类了。从花坛的一角，人们是看不到第三段的高树的——中段上的景物会挡住这条视线。同理，如果从靠近运河的中段也就是主轴的洞窟侧望出去，人们也看不到远处耸立的山峦。精心结构化的后果，就是人们只能站在某些特殊的点上才能看到自然最为完整的景色。沙夫茨伯里的花园设计的主要思想就是透视化景观的原则。

156

沙夫茨伯里在他那本有关造型艺术的未完成著作中本来打算花一个整章讨论透视的。其中的第17章叫作“论景致、山中小屋、透视、点缀”（Of Scene，Camps，Perspective，Ornament）。[27]这一章的第一节叫作“专论风景画或透视”（Of Landscape Painting or perspective considered by itself）。[28]沙夫茨伯里引述了许多古人比如尤维纳利斯（Juvenal）和贺拉斯（Horace）对于风景的描述，然后写道，“记得试图把自然景观简化成为若干秩序［就像昔日和克洛斯特先生（Mr. Clost）一道在里士满猎园（Richmond Park）和在圣吉尔斯林地所做的那样］。”[29]这里的“秩序”指的是圣吉尔斯种植计划书里和在格里伯兰雕版画上所描绘的将花园分成三段的做法。

虽然沙夫茨伯里有关花园设计思想的形成是跟他自己花园的设计与改造有关的，这些思想还可以广义地用到当代造园活动中。上述的三个思想或是原则并不等于一套发展完备的花园设计理论；它们是非常概括性的，几乎没有触及农耕和园艺的具体事务，但是它们概括了18世纪早期花园的典型化形式属性。有三个例子可以证明这些思想的适用性：它们是道利猎园（Dawley Park）、伊顿堂庄园（Eaton Hall）、波特曼果园（Orchard Portman）。

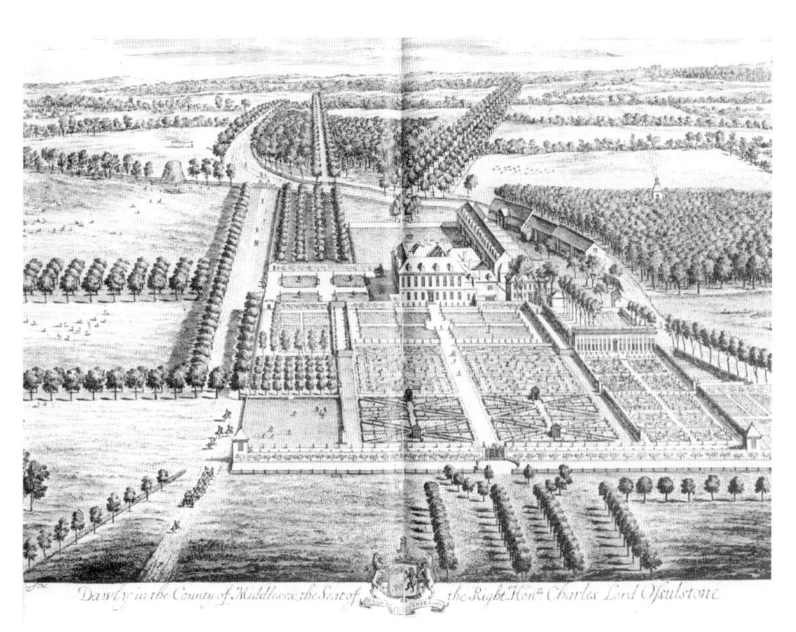

图61　基普按克尼夫原画制作的道利猎园雕版画，米德尔塞克斯（Middlesex），出自《大不列颠的新剧场》，伦敦，1724—1728年

道利猎园是一种乔治・伦敦（George London）[①]风格的例子，但也是沙夫茨伯里造园艺术原则的实例。这个猎园里，花坛按照不同植物的物种和类型分成了不同的块。从宅子出发，我们要穿过在三维尺度上越来越有变化、尺寸变得越来越大的植物种类的花床。这里，不同的自然形式被仔细地彼此区别开来，我们可以看到形式对比和统一的法则是怎么被应用的。进而，每一种植物都被修剪成了几何图形。花坛上的草坪有矩形的、正方形的、圆形的，而对角线步道边上的绿篱在剖面上则是矩形的。构成了中心一点透视的园子外的树木则是没有被修剪过的。换言之，它们是以无定形形态示人的。最后，园子作为整体是围绕着中心透视景观组织的。那条观景轴线是从房子立面的中心开始的。从中间的门道，或是上面的窗子处，我们可以在一个视点上看全自然形式的所有分类。这样的透视就是能把整体作为一个统一领地整合起来的视角。 158

位于迪伊河（the River Dee）畔的伊顿堂庄园的结构也是相似的。不过，这里，园子是围绕着一个终止在遥远物体的透视展开的。那个遥远的物体就是比顿城堡（Beeston Castle）废墟。园子的四周是由围墙、建筑和围合式花园限定的。这一事实让中心透视显得更加突出。就像在道利和圣吉尔斯那样，此庄园的要素被划分成了相应的空间，塑造成了完美化形式。园子的分段是靠彼此之前的墙和水体来分隔的。这有点像沙夫茨伯里的运河在圣吉尔斯所起到的作用。

亨利・波特曼（Henry Portman）的花园和果园是支持这一论点的另一个例子。这里，园子的整体也是围绕着一个单点透视展开的，整片土地被划分成了不同空间或是区段，每一个区段里的植物物种都被修建成了几何图形。除了房前的花园之外，这个园子的大小与形态与沙夫茨伯里在圣吉尔斯的庄园差不多。如果我们想象一下把鸟瞰图和格里伯兰雕版画上的透视组合起来，我们就能猜到当沙夫茨伯里在给他圣吉尔斯的种植园撰写任务书时所憧憬的那种花园图景了。

沙夫茨伯里有关花园形式的陈述暗示出若干有关园艺实践的思想。这些思想同样牢固地基于他有关自然"性格"学说的假设，并澄清了在完美化景物和非人工培育或是野生景物之间的复杂理论关联。如下七个要点的总结包含了从沙夫茨伯里有关自然的"性格"定义到他对人工培育和非人工培育风景的自相矛盾的赞美。 161

自然的性格是通过对局部的布置限定出来的

在沙夫茨伯里的文字中，有着许多有关自然形式性格类型

① 生活在17、18世纪的英国园林设计师。——译者注

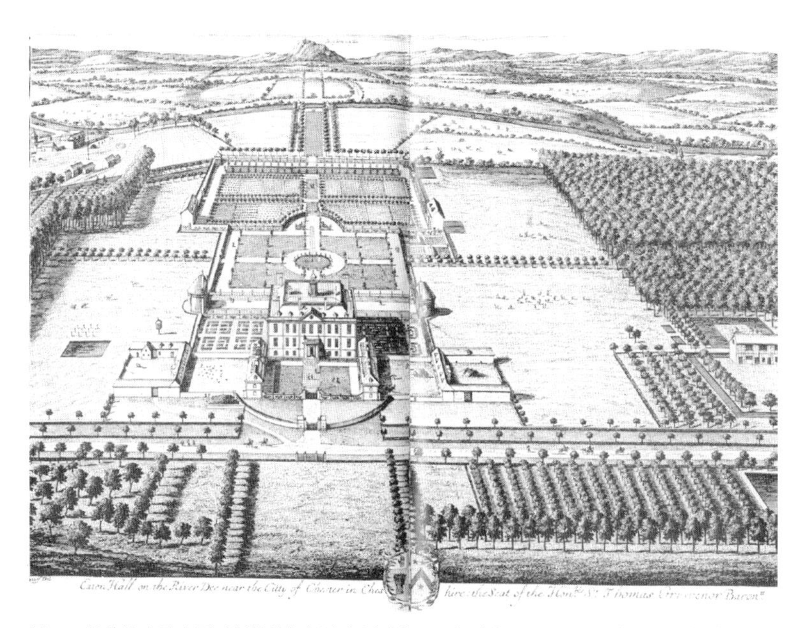

图62　基普按克尼夫原画制作的伊顿堂庄园雕版画，切希尔（Cheshire）附近，出自《大不列颠的新剧场》，伦敦，1724—1728年

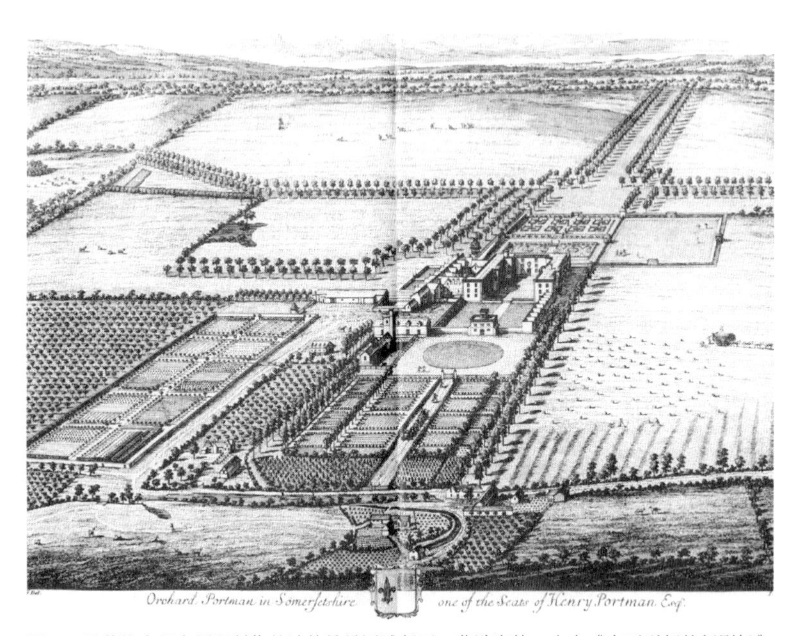

图63　基普按克尼夫原画制作的波特曼果园雕版画，萨默塞特，出自《大不列颠的新剧场》，伦敦，1724—1728年

的陈述。他断言，成比例和规则化状态“是一切事物中真正繁盛和自然的状态”。[30]同样，他写道，“每一个人物或是雕像的真实或是美，要看自然完美化的程度而定，要看自然如何恰到好处地将每一肢体和比例都适应于具体物种或是动物的活动、力度、熟练度、生命力与活力的程度而定。”[31]一株植物（或是一个动物或是一个人）的性格是由它局部的大小、比例、布置所决定的。当植物在它们的局部之间取得了恰当的秩序或是平衡时，它们就会繁盛。这就意味着园艺在于如何把植物带向它们合理的形态；培育的艺术成了协助自然发展的工作。当作为局部的植物被安置到了它们构成恰当关系和从属关系的位置上时，植物就会生长繁茂，并获得了它们真正的性格；“哪里有了局部之间这样清晰的共鸣……哪里就存在了围绕共同目标的协同，以及对如此美好形式的支持、滋养、传播，我们可以准确无误地说，哪里就存在了一种属于这一形式以及同类形式共有的特别本性（或性格）。”[32]人工培育或是园艺技术就是发展性格的实践。园丁就是应该了解每一植物物种特有形式并且能够协助每一物种实现其真正形式的人。

一株植物的物质品质从来都不会完美地体现它的形式

虽然沙夫茨伯里的园艺思想似乎很有效，不过，它展示了诸多实践性困难。首先和最为明显的困难在于，任何一株现存的植物很难像它的形式理念那么完美。沙夫茨伯里意识到了这种性格获得或是保持它们真正形式的不可能性。在他有关人类性格构成的写作中，沙夫茨伯里区别出来内在和外在两种性格：内在性格是一种理念性的和持续的形式，外在性格是人的总在变化的（但是典型性的）身体性容貌。如果我们把这种人的内外性格的区分套用到花园要素上的话，显然，每一株植物，不管长得茁壮与否，都从来不过是对它真正性格的接近；图形的理念总是超越具体实例的。这种自然性格学说的第二个困难，也是不那么明显的困难，在于花园里的每一个图形都是从自然整体中提取出来的。虽然都是人工培育出来的，花园里的植物必须面对在花园控制之外的那些力的影响：多雨、干旱、寒冷、酷热，等等。对于每一个植物物种来说，是存在着一种自然的形式，但是当形式要被体现出来时，它必须面对自然力——一种超越了个体景物的综合力。一株植物有着自己稳定的和限定着它性格的本性，但是它也是自然整体的局部，显示着总在变化、总在波动的力。沙夫茨伯里并非不了解在局部和整体之间的相互联系问题以及稳定形式和变化力的问题。在《道德家》中的多数对话也都是针对这一话题的。他对这些问题的解决方式进一步澄清了他有关自然性格的思想，帮他解释了为什么他会貌似矛盾地对几何化自然和野生性自然同时给出赞美。

162

每一株植物的“形式与外形”都跟“自然的力”有关

在谈及如何识别包含着几何化或是成比例性格的局部时，沙夫茨伯里道出了一个在他看来的只是常识性的东西：“如果我们看看最简单的图形，比如一个是圆球，一个是立方体或是骰子形状，这个问题就足够清晰。为什么甚至连一个婴儿在看到这些形体比例的第一时刻都会感到愉悦？我会这么说，我以为在某些图形里一定拥有着某种自然美，当物体呈现在眼前时，眼睛就会即刻发现这种美。”[33]

163

如前所述，沙夫茨伯里写过，限定着一个物体本性或是本质的东西就是成比例的形式。[34]不过，在谈及自然体现了一种变化着的力的时候，沙夫茨伯里写下了下面的话：

“啊，非凡的守护神（magnificent genius）！如此充满生机和启示的力量！这些思想的作者和主人！你的影响力是普遍性的，你存在于所有事物的最深处……你用不可抗拒和不知疲倦的力，遵循着永远规定了每一种具体存在，最为适合整体的完美化、生命力和活力的神圣和不可违背的法则，在推动着（所有事物）。这一至关重要的原理，被广泛共享，变化无限，贯穿始终，无所不在。”[35]

自然的守护神激活并影响了所有事物：
它是那种作用于一切的力或力量

于是，在每一个物体当中都存在着一种真实的图形、一种理念化的形式、一种自然化的力。当我们用这些术语去描述一个物体的内在性格和外在性格时，就会变得困难。例如，“图形”（figure）一词也可以被用来指代一个物体的不可见但是归根结底真实的内在形式。同样，“图形”一词也可以被用来指代当一个物体呈现给身体感觉时的可观察形状。在这两种情形下，这一术语被用于讨论同一物体，但是指代很是不同的东西。同理，当我们谈及“自然的力”时，我们既可以指自然要素（风或是雨）的可见影响力，也可以指激活宇宙的生成力（沙夫茨伯里的“非凡的守护神”指的就是这种力）。沙夫茨伯里在使用这些词汇时，几乎用遍了它们所有的意义，这就让我们很难跟得上他的写作。

当他界定什么是美时，他对这些术语的使用是清晰的。通过这种方式，他把自然力等同于形成性的原理，这样的自然力也就等同于在所有事物当中不可见地存在着的神力。进而，沙夫茨伯里把形成性原理置放到了肉身性体现之上。但是首先，在具体性景物和它的构成性本质之间是存在着区别的：不管是“一块金属、一片土地、一群奴隶、一堆石头，还是一个拥有某种线构（lineaments）和比例的人体。”这是最高级别的美吗？这种美仅仅是基于身体，而不是基于行动、生命或是操作吗？[36]

164

一边是身体，而另一边是跟身体有着区别的身体的能量、力。在所有事物中，都存在着图形和力：我们可以在一个工具、一个园子、一个社会或是一个人身上同样看到这两部分。但是这两个部分不是等价的。一个比另一个高级。心灵或是构成性部分要高于身体：

“在徽章、硬币、雕饰作品、雕像等制作精良的物品身上……你都会发现美……但不是因为它们金属材质的缘故。因此，不会是金属或物质在你看来是美的？不是。是艺术吗？是的……那么，是美化者而不是被美化者才是真正的美吗？似乎是如此……美的、好的、标致的品质，从来都不在物质当中，而是存在于艺术和设计当中；从来都不在身体本身，而在形式或是形式性的力量当中。那你敬仰的，不正是心灵或是心灵的作用吗？正是心灵本身，才在赋予事物以形式。”[37]

“形式”高于外形

当谈及自然景物时，沙夫茨伯里把每一个景物身上不可见的形式放到了高于其物质体现的位置上。因为形式是天然的，所以形式也是所有自然事物的一部分，它还可以被当成是自然那样的生成力。这就意味着（理论上说），在形式和生成力之间并不存在真正的区别。只有当一种被体现的形式（诸如一株植物或是一个动物）跟自然整体（就是各种力的体系）脱离开来时，形式和生成力的区别才会出现。显然，这就是在一座花园里培育植物时所发生的事情。虽然个体植物是可以发展成对它真正形式的近似，可以被塑形为一种规则化且比例不错的形象，地景作为整体却是不能被人工培育的。结果，植物就被人们从自然整体中抽取了出来。我们之所以赞美完美化植物，那是因为植物的外形靠近了它真实的形式。我们之所以不赞美完美化植物，那是因为植物身上抽象化的完美干扰了观者对于整体的注意力，转而形成了对局部的关注。这样的说法，可以让我们克服沙夫茨伯里有关野生和人工培育的观点中的悖论。但是这种认识又把我们带向他貌似矛盾的态度背后更深层的含义和决心——就是自然中的可定义者和不可定义者。

自然被定义为“所有形式的统一体”

沙夫茨伯里提出，整体的统一性作为一种秩序，存在或藏匿于未经耕作的地景那总在变化且混乱的面貌之下。在论及无序的面貌并不总像它们看上去那样的认识时，沙夫茨伯里观察到：

165

“在我们身边能看到的那些植物身上，如果没有来自外界的干扰，没有外来的东西削弱了它们，每一种具体的自然物都会繁盛并且取得自身的完美……不然的话，自然怎么会有各种弱点、扭曲、病态、不完美生产、外表的矛盾、变态呢？当人们以为，所有的无序都是因为具体自然物身上发生了某种流产，而不是由于某些外力对它们的影响时……这样的想法该有多么无知。”[38]

对于一种自然景物来说可能是伤害性的东西，对于另外一种自然景物来说却可能是有益的东西。以孤立状态存在时，每一个物种都能走向完美；但是没有什么事物可以孤立存在。自然中的所有一切都是相互联系的。沙夫茨伯里写道：“在这个世上，所有事物都是联合的。就像树枝与树是联合的那样，树也跟身边供养它的土地、空气、水是联合的。”[39]一切事物都是跟其他事物有关联的：真菌与树干，橡树或是榆树与攀爬植物或常青藤，树叶、种子、果子与动物，以及所有这一切所赖以生存的自然。“当我们沉思世间万物时，我们必须看到一切都在一体中……看到事物之间的相互依存关系。”[40]如果是这样，我们就该把所有畸形和不规则生长视为整体体系的秩序的结果。那些看上去畸形的东西之所以貌似畸形，只是因为我们看不到它们是怎么适应着整体的模式的。“我们人类是无法使用或是利用宇宙中的一切的，但是我们有着一切事物都可变得完美的保证，我们有着一切事物都会服从的经济合理性。这样看来，貌似畸形的事物也是友好的，无序变成了规则化的东西，腐朽变成了健康的过程，毒药也有了治病和有益的作用。”[41]

166

“形式统一体”既包括人工培育的“景物”，也包括非人工培育的“景物”

在追溯了沙夫茨伯里有关个体植物、动物或是人对于自然整体的服从说之后，现在，我们就可以重返他对“气派花园”的嘲讽，去做进一步的研究和阐释了。我们前面已经引述了一段话去支持沙夫茨伯里对于“未驯化自然”的偏爱。[42]然而，我们并没有给出那句话作为局部所在的整体对话语境。在那句话之前的一句话也很重要。用了一种跟随菲罗克勒斯（Philocles）①的新信徒口吻，沙夫茨伯里写道：“这是真的……我认识到了。你的灵性，场所的守护神，以及至高的精神，最终会占据上风。”[43]这里的三种灵性（geniuses）分别属于修克利斯（Theocles）（乡村圣人），地景场景（landscape setting）[可能就是克洛斯特曼画的“全家福”上显示的在圣吉尔斯花园后面格雷奇山（Grech Hill）的林地]，作为生成力的自然（“非

① 雅典公元前5世纪时的悲剧作家和诗人。——译者注

凡的守护神”)。菲罗克勒斯已经意识到在影子和实在之间的区别，他开始偏爱起自然那不可测的形式，而不是具体的成形过程了。当这段对话继续展开下去时，新信徒坦白说：

“我到目前为止就是俗人中的一个，从来都欣赏不了您所言的阴影、乡野或是不和谐性……但是，我觉得，我一定会在追求美的道路上走下去的，尽管这条路既隐秘又艰深；如果是这样，我的确觉得到目前为止我的喜好一直都很浅薄。在这么多年里，我一直都……活在表面……从没有深入探究美本身……就像世上其他人那样，我把我喜欢的东西理所当然地当成了美的东西。”[44]

之所以更推崇非人工培育的地景而不是花园，因为地景才是探究（“寻找”）中的心灵可以（更好地）把握隐藏的（既隐秘又艰深的）宇宙秩序的所在。沙夫茨伯里并没有因为他偏爱不规则性就“拒绝”、“否定”或是“嘲讽”修剪整齐的绿篱和几何化的草坪。当营造景物时，他还是会指挥他的园丁们去修剪人工培育的绿篱。不完美的图形、不平衡和不成比例的形状，诸如此类的“自然放纵且如此繁茂地……涂绘的东西，是不该被效仿的……（或者说，人们应该效仿）那个唯有（纯粹自然本身）被拷贝出来的自在自然。”几何化图形好过非几何化图形，但是二者都不如自然“本身”，亦即，自然作为“存在的自在”。[45]沙夫茨伯里喜欢开放式地景多过了喜欢花园，因为他喜欢自然力的痕迹多过了喜欢自然的形式。“美化的力量，而不是美化的结果，才是真正的美。”[46]这不是在一种外形和另一种外形之间的选择，只有俗人才有这类的选择问题；更为重要的选择是在实在和影子之间的选择。我们不可以把沙夫茨伯里对于非人工化自然的赞美当成是对18世纪早期或是中叶人们对于花园里不加修剪的树和刻意的非几何性的预言。我们必须把他对自然的沉醉看成是他有关自然世界中发挥着作用的难以把握的美和真实的哲学的一部分。

167

在结束之前，我还要快速地重提一下格里伯兰给沙夫茨伯里和他的花园制作的那幅雕版画。我到此为止有关沙夫茨伯里的园艺或是园林学说的讨论并没有将这幅画的意义完全挖掘出来。如果沙夫茨伯里并没有夸大图画性艺术的再现能力的话，如果图画性艺术是有力量且完全符合着“道德真实的第二性格或是造型性再现的话”，那我们就必须解读出来这一新形象的中心思想——新，是因为原画上沙夫茨伯里的仆人被雕版画上的花园透视所取代。

在克洛斯特曼的肖像画上，沙夫茨伯里自己身处对苏格拉底教诲的象征物和对议员身份的象征物之间。他让克洛斯特曼把他在沉思性或者叫哲学性生活和积极的或者叫政治性生活之间努力寻求平衡的挣扎表现了出来。在格里伯兰的雕版画上，沙夫茨伯里站在了同样的哲学生活象征物和一种自然的形象之间。而那种自然，是分出了区段的，从完美但是抽象的景物，到不完美景物和体现出来的力。于是，在沙夫茨伯里指示其肖像画家和雕版画画家的这段时间里，他重思了自己的性格：等到雕版画要出版的时候，自然已经取代了哲学另外一面的政治。

168

我们或许可以通过参考我已经引述过的那段自传体片段明白这一性格上的转变：

“让别人去赞美美德吧，不是你。如果你悄悄地默默地做了你该做的事情，如果你自己坚持了规则和原则的话，那就足够了；不要希望别人一定得理解这一切。即使是苏格拉底或是埃皮克提图活在今天，又能怎样？你会效仿他们吗——你跟这个世界格格不入？在面对这样的世界时，你还相信，他们会因为时代的不同采取不同的行动吗？……我发现我在这个世界里所生活的状态，现在，更像是处于某种归隐的状态。”[47]

沙夫茨伯里越来越难以参与到政治生活中去了。他的传记作者们已经指出他日益恶化的健康构成了他从上议院退出的主因。这段话还让我们去考虑他退出政治的另一个原因：就是同时代人的那种不可理喻、没有理性、不文明的性格。

“那就足够了。”这句话是沙夫茨伯里用来评价和介绍他的新性格的：花园里的沉默足够取代城市里的话语，隐藏可以平衡哲学。这又是怎样发生的呢？我以为，沙夫茨伯里的花园是对越来越少人工培育景物的一种精心控制的布置。如此布置的花园成了他一步步远离他在书房里阅读过的那些坚实甚至古老的真理，通过他花园里完美秩序的园林化象征，走向花园之外林地里自然神力显现出来的在场的场景。于是，在我们眼前展开的雕版画上的花园透视图就成了我们理解沙夫茨伯里这一变化的钥匙。

第6章　建筑与情境：或地形是如何显露自己的

169

“那些画在拉斯科（Lascaux）岩洞里的动物，它们的存在方式与岩缝和石灰岩的形成并不相同。但是它们也没有存在于‘别处’。”

——莫里斯·梅洛-庞蒂，《眼与心》（Eye and Mind）

在景观和建筑学理论的晚近历史中，人们提出了有关“形象”生成的各种矛盾解释。一组理论认定了艺术的相对自主性。在这样的理论中，构成就是在使用一堆事先已经存在的形式。传统就是这一宝库的名字；传统为设计提供着过去使用过的、当下还有用的母题，另一些母题则存在于当代建筑行业文献中，是一些就在身边的批量生产的用于建造的要素。显然，此类预制要素存在的时间没有古代要素那么久长，不过，它们仍然在设计过程之前就存在了。如果从形式角度，而非从要素角度看的话，在建筑里使用得最广且从远古一直用到了20世纪的母题就属“柱式”了。

但是有关形象是通过对既有要素或是形式的组合而产生的说法只是诸多形象理论之一。与之相反的说法认为，设计的创造性会生成自己的母题，就是那些从来都没有出现过的东西。虽然这一论调跟前一种说法针锋相对，二者在假定景观和建筑艺术都要从自身资源出发去发展自己的形象这件事上却是一致的。

170

与这二者明显不同的另外一种观点认为，景观和建筑设计的发展在很大程度上有赖于设计技巧无法自己创造的那些条件，地形性艺术都不是自主的，而是有赖于并非出自艺术的那些条件。而那些条件典型性的名字就是“自然”。没有几页书是专门澄清这些“条件”的，特别是在18世纪的说法当中。本章所要讨论的唯一一个问题就源自艺术对自然的依赖学说：那些被我们认为仍然具有现实意义的形式（比如，柱式）该怎样被同化到持续变化着的（自然）条件中去呢？这一问题对来自某些时代的建筑作品来说特别重要，因为在那些时代里，人们会把某些形式的重要性当成理所当然的事情。即使今天某些形式的重要性已经不再是理所当然的事情了，这个问题对于我们这个时代同样有意义，因为我们一样在大量使用着要么通过批量生产（mass production），要么通过“批量定制”（mass customization）就在我们“手边”的要素。无论用或不用柱式，将标准化形式调试成适合特殊条件的任务仍然是个充满问题的任务。在变与不变之间的矛盾就是这个问题的一部分，而在对策和语境两方面都还存在着个性与通常性的冲突。所以，这个问题里的第三个要素就是关于在怎样的媒介或是环境里，典型性和常量性的要素是可以跟那些特殊性和流变性要素结合在一起的。地形正是这种“环境”之一种；而在18世纪时，这样的“环境”被叫作“情境”（situations）。

将“情境”理论化

或许，没有其他18世纪文献资源会比罗伯特·莫里斯（Robert Morris）的学说更好地解释那时英式风景园建筑的设计与建造背后的用意了。他有关“情境”的文字介绍并解释了在欧美各地所谓的英式花园中决定着“亭阁类”建筑，亦即，法语里日后会叫作“fabriques”的那类建筑，如何摆布（placement）和如何刻画①。虽然现代作者诸如鲁道夫·维特科尔（Rudolf Wittkower）和亚瑟·洛夫乔伊（Arthur Lovejoy）会把新古典建筑和风景园说成是形式上的对立者，莫里斯却把二者当成是在他之前和之后的那些作家们所言的“场所的守护神”（genius of the place）的相互关联和相互作用的体现。位于奇西克（Chiswick）的伯灵顿勋爵花园里的建筑以及位于特威克纳姆（Twickenham）亚历山大·蒲柏花园里的建筑出现的时间都比莫里斯的写作时间早。但是这些建筑都可以被视为他所阐述的原理的代表性实例。起码在莫里斯的眼里肯定是如此。莫里斯对于“情境”的阐释与早前那些有关建筑“基地”（site）的学说很是不同，因为他赋予地景一个非比寻常的具有影响力的角色，可以决定建筑物的摆布与面貌。

171

虽然诸多建筑史学家都曾注意到了莫里斯写作的价值，但是没谁真正完整或是详细地研究过它们。埃米尔·考夫曼（Emil Kaufmann）将莫里斯描绘成为“建筑组合法”的发明者；约翰·萨默森（John Summerson）将之描绘成为“总在探索和有着原创头脑的人”；威廉·吉布森（William Gibson）将之称为“对18世纪英格兰的建筑理论做出了真正重要贡献的第一位作者”；约瑟夫·里克沃特（Joseph Rykwert）将之称为“一个挑剔的理论家”；丹·克鲁克香克（Dan Cruickshank）将之称为“英式理性”[1]的传道者（apostle）。然而，却没人真的研究过莫里斯称为建筑师的“第一关心”和“第一考虑”的问题，亦即，“让设计适应于情境……这样，就把艺术和自然结合起来。”[2]这很不幸，因为莫斯利通过这一概念将“建筑基地”这样的思想

① 此处法语fabriques，类似follies，指无甚具体用途的点缀性建筑物，此处译成“亭阁”。——译者注

推举成为最为重要的建筑形式决定者。“情境”思想为他提供了重新阐释建筑“性格”以及随之而来的有关建筑形象和面貌的整个问题的基础。

我们几乎完全不了解莫里斯的生平和写作之外的活动。在其《为古代建筑而辩的一篇论文》（An Essay in Defense of Ancient Architecture）（1728年）的首版扉页上，我们会读到作者为“特威克纳姆的罗伯特·莫里斯”[3]这么一行字。该书是为伦敦的书商和一家里士满书商印刷的，这两个地方都离特威克纳姆不远。在他后来的式样书《乡村建筑》（Rural Architecture）（1750年）的扉页上，读者被告知该书的购买处是作者位于伦敦海德公园街（Hyde Park Street）和格罗夫纳广场（Grosvenor Square）边上的家。这条街和这个广场的部分建筑都是罗伯特·莫里斯更为著名也更为有钱的“亲戚”罗杰·莫里斯（Roger Morris）规划和建造的。罗伯特从房主/设计师/开发商罗杰那里租了他的房子。到了1730年代，罗伯特·莫里斯似乎在“艺术与科学促进会”（a Society Established for the Improvement of Arts and Sciences）那里做过系列讲座。这个学会的名字从来没有出现在同时代的其他文件里，所以我们不能确定这个学会是否真的存在。但是莫里斯在把这些讲座稿结集出版在《建筑讲稿》里时，他标出了讲座的日期。我们同样无法知晓他的那些听众都是在哪里听他的讲座的。如果莫里斯在1730年代仍然在特威克纳姆的话，他的讲座很可能会面向像亚历山大·蒲柏、约翰·詹姆斯（John James）、朗格利兄弟（the Longley brothers）这些当地的建筑发烧友的。如果那时他已经移居到了伦敦，这些讲座的听众很有可能就是建筑师科林·坎贝尔（Colin Campbell）——亦即，柏林顿圈子里的人——以及这些建筑师的赞助人。在讲座的过程中，莫里斯经常会描述伦敦城里或附近的基地。里克沃特认为，这个学会的所在地就是一处“共济会馆”（Masonic lodge）。[4]莫里斯的遗嘱（1754年）陈述道，他的家位于“靠近格罗夫纳广场的圣乔治路上，”但是起码在1740年时，他已经搬到了海德街（Hyde Street）上。从1720到1750年代，诸多伦敦富人和贵绅们都愿意搬进格罗夫纳广场。如果莫斯利的这些讲座的确发生过而且发生在伦敦的话，那这些讲座会吸引诸多感兴趣的邻居。

诸多莫里斯的建筑设计都出现在他的式样书里，但是没有什么证据可以显示他的实施项目。如果有的话，该是少数几个规模不大的建筑吧。罗杰会把自己叫作“建筑师”，而罗伯特·莫里斯则称自己为测绘师——这是一个在18世纪初期还很不常见的名头。罗伯特提及罗杰的那些设计说的都是好话，或许他也曾帮助过罗杰实施一些小点的项目。罗杰知名点的项目分布在伦敦格罗夫纳广场、圣詹姆斯广场，以及阿盖尔郡（Argyllshire）的因弗雷里城堡（Inverary Castle）。[5]除了这些项

172

目之外，罗伯特·莫里斯只剩下一些杂活了。[6]

然而，莫里斯却是一个多产的作家。他的写作可以被划分成为三组：论及建筑理论的书籍和短文；别墅和园林建筑的设计以及为解释设计写下的简短介绍性描述；诗歌类以及戏剧类作品。莫里斯发表过有关建筑理论的四部作品：《为古代建筑而辩的一篇论文》（An Essay in Defense of Ancient Architecture）（1728年）；《建筑讲稿》（Lectures on Architecture）（1734年，第二版1759年）；《论和谐，论主要跟情境和建筑物有关的和谐性》（An Essay Upon Harmony as it relates chiefly to Situation and Building）（匿名发表，1739年）；《建筑艺术，一篇仿贺拉斯的〈诗艺〉而创作的诗》（匿名发表，1742年）。莫里斯还写过两本建筑式样书。这两本书都被再版过，内容没变，书名变了：《乡村建筑》（Rural Architecture）（1750年），后改名为《建筑选型》（Select Architecture）（1755年和1757年）；《建筑回想》（The Architecture Remembrance）（1751年），后改名为《改造后的建筑》（Architecture Improved）（1755年和1757年）。

173

莫里斯的两个短篇理论文本，《论和谐》与《建筑艺术》，有时会被人当成是约翰·格温（John Gwynn）的手笔，他是《改造后的伦敦和威斯特敏斯特》（London and Westminster Improved）（1766年）一书的作者。这种观点是错误的。[7]基于文本本身所提出的论辩特点看，《建筑讲稿》、《论和谐》、《建筑艺术》这三部作品出自同一作者。

174

在我们开始讨论莫里斯有关“情境”的论述之前，我们有必要指出他不是那种有着伟大洞见的思想家。总体而言，他是一个梳理当时人们艺术和自然思想的编撰者和整理者（systematizer）。莫里斯拿来和修改了诸多更具力度的作者的思想，比如源自沙夫茨伯里伯爵三世、亚历山大·蒲柏、约瑟夫·艾迪生的思想，但是他也将这些哲学和诗意的概念引申到了建筑理论之中去。在那个时代，没有其他作家在这么做。这就是莫里斯在19世纪30年代到19世纪50年代期间对于英国建筑思想所作的独特且宝贵的贡献。虽然他的学说多为改造性学说，莫里斯的理论仍然是我们理解英国18世纪早期的建筑理论的最好钥匙。

情境，而不是基地

在他的《建筑讲稿》中，莫斯利写下了如下这段能概括他的“建筑与情境”学说的话：“在（建筑性）装饰当中，第一要义就是要让设计真正适应情境……这样，就把艺术和自然混合起来。”[8]

这么短的一段话就包含着莫里斯学说的精华。他提到了问题的重要性，介绍了谁依赖谁的原则：建筑物的形式是由情境

图64 罗伯特·莫里斯，“可建在一处高地的乡村住宅”（A Country House to be built upon eminence），出自《建筑讲稿》，1734年

的形式所决定的。最后，在这段话里，他提到了将艺术和自然混合起来的问题。我们将看到，这三条原则在莫里斯的学说中是相互依存的。有关"依赖说"的讨论将他的论述与建筑思想中人们对建筑布局的传统信条区别了开来。当我们把莫斯利的这一理解与早前一些建筑作者的阐释对比时，我们就能最为清晰地看到莫里斯对于这一概念的阐释的独特性。当然，列昂·巴蒂斯塔·阿尔伯蒂（Leon Battista Alberti）会首先进入我们的视线，因为《论建筑》（De re aedificatoria）一书不只是一份读者广泛且具有影响力的文本，还因为此书在1726年时被译成了英语，于是就在莫里斯开始自己写作生涯之前，在莫里斯的母语世界里有了该著作的译本（或许也是莫里斯读过的唯一一个版本）。

阿尔伯蒂写过，一栋建筑物的选址应该以便利为上。他并没有倡导过在地点的可见性格和建筑物的可见性格之间的关联。建筑的选址涉及对空气、土壤、观景、跟邻居建筑和城市的距离的考虑。"装扮和装饰"的话题都是另外一类事务，受制于其他因素，比如业主的经济需要和政治地位的因素。莫里斯并非不清楚阿尔伯蒂所勾画的论题范畴，他也会经常性地陈述道，"便利"是任何建筑物的一种基本要求。实际上，便利要素是如此重要，以至于如果建筑的地点很难抵达、缺少水或是风太大的话，再美的基地也不能用来建设。例如，曾经给了莫里斯也给过莎士比亚灵感的多佛尔（Dover）悬崖，如果考虑到便利，那里就很不适宜建造。莫里斯接受阿尔伯蒂对于基地的一切说辞，但是这并没有帮助他思考他的情境概念。

175

莫里斯是通过詹姆斯·莱昂尼（James Leoni）1715年以及艾萨克·韦尔（Issac Ware）1738年的译本读到安德烈亚·帕拉第奥（Andrea Palladio）的专著的。帕拉第奥的《建筑四书》有着跟阿尔伯蒂《论建筑》相似的关注度。帕拉第奥观察到，一栋乡村别墅的选址必须便利、宜居、适宜。适宜性（suitability）是相对于生产和人的愉悦程度来界定的，因为他所描述和设计的那些庄园都是些生产性的农庄，同时还是些适宜在那里放松、阅读、跟友人聊天的场所。在帕拉第奥《建筑四书》的"第二书"、第12章中，"休闲"（otium）的重要性表现得很是明显。在那一章里，帕拉第奥认可了古人的归隐活动，并将之推荐给了同时代的人。归隐和归乡之后的环境都因为没有了"束缚"而备受推崇。至于建筑的精确定位，在一座大庄园里，中心的位置会让主人尽可能多地望见自己的家业。他的这一建议意味着地景中的建筑物应该既是一处从那里能看出去的地方，也应该是一处被看的风景，也就是一处景观的聚焦点。在莫里斯的学说中，这二者之间的天平偏向了把房子当成"看"的对象，用"景致"（scene）一词的图画性或是戏剧性的意义说，房子成了"自然景致"的一部分。概括地说，帕拉第奥对于基地的讨论主要是实践性的论证而非理论性的论辩。但是第二书第12章结尾是个例外。在那段话里，帕拉第奥陈述的是一种原理："在为别墅这样的建筑去挑选'情境'（il sito）时，所有城市里的房子必须具备的考虑，都适用于别墅；既然城市就像是座大房子那样，反过来来说，一栋乡村住宅就是一座小城市。"[9] 别墅就像府邸那样，同样需要内在的合适性。莫里斯的说法并没有什么不同，不过，他更为强烈地强调建筑秩序的外在源头——基地——也就是说，对建筑的比例和装饰的选择应该从建筑的地点出发，并且适应于建筑的所在地。

176

用英语写作的亨利·沃顿（Henry Wotton）在论及建筑的"内在"经济性时并没有偏离他的意大利源头。这就导致他把人工建造物体和它的场景当成形式上很是不同的东西。一方面他对于建筑与建筑所在地点之间的关系的陈述刚好跟莫里斯的看法相反，不过，他的确将"情境"一词当成了对"所在地"（seate）和"基地"（site）的替代词。[10]这三个词汇都表示着建筑物的"总体化姿态"（total posture）。在他看来，有关情境的思考部分地属于"物理性的"（physical），他引用了阿尔伯蒂的话以便支持他对好的选址对空气、风和水的要求的建议。但这还不是全部：尽管有些犹豫，他还是提及了星宿影响力的重要性。沃顿觉得"经济性话题"——比如供水条件和可达性——值得注意。他还建议人们去关注基地的"视觉"属性。在对"视线的国度"（Loyalties of Sight）和"脚的领地"（Lordship of the Feete）之间做了一次精彩比较之后，沃顿推荐了一种没有边界但是有着变化多样性的开敞景观。这就像是预演了一次莫里斯的论断，因为莫里斯同样认识到了多样性乃是地景和基地的一个重要方面。但是莫里斯还认为，地势上的变化决定了建筑上的变化。沃顿从来都没有提出这一点。

莫里斯对于情境的认识比早前的建筑师们对情境的认识更加图画化。他从来都没有表示出对于绘画或是画论的兴趣——除了把绘画和画论当作建筑和建筑理论的类比时——但是他对环绕着他那些乡村建筑和园林阁馆的风景面貌的兴趣跟他那个时代艺术领域里最具影响力的作家之一罗格·德·皮勒（Roger de Piles）的兴趣很相似。在出版于1708年巴黎和1743年伦敦（英译本）的《绘画教程》（Cours de peinture）一书里，德·皮勒把情境定义为"一处乡村的前景、景观，或是开阔地"。[11]这一定义跟一个地方的意象有关——这也是在莫里斯之前的那些建筑作者们在为乡村场合做设计时很少会强调的东西。德·皮勒有关情境的概念带着一种视觉现实，而不是某种"看不见的"经济或是社会条件集合，比如当我们思考一处便利或是宜居的基地时会想到的那些条件。如果说阿尔伯蒂的基地概念是基于经济需要以及终极上是基于居住者的地位的话，那德·皮勒的情境就是美学性的东西。他写道，"情境应该被很好地组织在一

177

起……（它们）是多样的，（应该）根据画家所关注的乡村去表现：可以是开敞的，也可以是封闭的，可以山地的，也可以是水边的……但是画家注定要去模仿自然……他必须通过对'明暗法'（claro-obscuro）的很好把握，让画面变得亲切起来。"[12]当德·皮勒使用"情境"一词时，他的脑海里是有着一种意象的，一种包括了建筑物和地景的图画："建筑物一般而言是地景中的一种巨大的点缀，即使当它们还处在哥特建筑时代或是显得局部可居、局部废弃的状态时。"[13]但是，德·皮勒并没有勾画出他所建议的"情境应该被很好地组织在一起"然后去影响建筑本身的设计的方式。莫里斯却提到了。

在《建筑讲稿》的第六讲中，莫里斯解释了他为何喜欢地景而不是城市里的基地。他认为，乡村地点赋予了建筑师更大的自由度，他们可以在设计中展示自己的技能。无论在城市还是在城镇中，建筑都很难获得比例和便利；"在那些'场地'（spot）很小或是不规则的状况下，建筑师很难发挥自己的技能。"[14]这就像是重复了帕拉第奥对城市基地"局限性"的观察。而另一方面，在乡村，设计者处在没有什么约束的状态下。"在通向比例和便利的道路上没有什么障碍……（在乡村）有足够的空间去装扮和装饰。"[15]

规则的不规则性

在他的论文《论和谐》、《建筑艺术》中，莫里斯不断地想要证实乡村情境规则性的思想。这种说法很有趣，因为18世纪早期人们在赞美风景和花园时通常会赞美其"不规则性"（起码，人们是以"不规则性"为其特征的）。然而，莫里斯却在风景里同时找到了"不规则性"和"规则性"。在《论和谐》中，莫里斯观察到，情境不仅仅是个性化的、彼此有别的，而且还因此令人难忘："每一个郡都有着特别的情境魅力；要么因其前景辽阔，因其所拥有的林地、河流、河谷、草场，要么因其所拥有的某种能吸引人的东西，某种诱惑着我们的眼睛或是注意力，用亲切的认同感填满我们心灵的美或是意象。"[16]

178

这一陈述的第一个前提就是每一种情境都具有特殊性，都有某些使得它跟其他情境不同的东西。如果不是每个情境的个性和差别的话，在开阔地景中是不会有多样性的可能的。此类多样性并不只是源自每日、每季、每年的变化。诚然，莫里斯承认地景中的生长与衰败，但是他还认为自然的"变幻的景色"总还是呈现出自身的一体性和同一性，尽管自然总在经历着昼夜和季节的流逝。因为自然这般的"自我同一性"、规则性，这般自在的完整或是内在的限定，自然是在变化之中保持着其恒常性的。例如，我们会在某些情境中注意到前景的辽阔，在另一些情境中注意到美，或是宏伟。在一种情境中，景色是静止和缄默的，总在诱导着沉思的冥想者进入忧郁的回想中。而在另一种情境中，景色则可能是稠密的、绵延的、忙碌的。以这样的方式，各种情境都为地景那马赛克式的多样性做出了贡献。

这些给情境带来了“规则性”、个性和恒常性的方面也让情境变得易于识别。对于莫里斯来说，这就让场所变得像人：在人和场所身上，持久性的特质让其变得易于被辨认。如果莫里斯这种对于特殊性的聚焦意味着某种“现实性”的话，那我们一定要明白，这种现实性是先对外部那总在变化的面貌进行萃取或是选择之后，才得到的在一个外形中本质的“性格特质”。不管是个人还是场所，个性化只能是基于这样的基础。而一旦性格被辨析出来之后，差别化也就成为可能。我们也就不可能或者说几乎不太可能混淆多佛尔悬崖处和温莎附近的情境。[17]在多佛尔悬崖的感知中所出现的恐惧和惊讶是不会从温莎的体验中出现的。当地形发生着变化时，情境、面貌以及地形所带来的情绪也在变化。一处乡村地点的品质在于它的形式个性会呈现出各种稳定和易于识别的形象。

地势的类型学

于是，莫里斯在坚持所有情境的个性的同时，他还把情境的个性进行了分类。这或许有些令人吃惊，但在他的论证中这倒是项必须的工作。在“不规则”的地势中不仅仅存在着规则性，还存在着典型性。把握这一点，意味着接纳景观描述中一种更高层次的抽象。在《论和谐》中，莫里斯区分出来三种前景类型：“辽阔型的”、“美丽型的”，以及混合了辽阔和美丽的类型。他接着用泛化的描述性术语概括了每一种类型的前景。例如，在辽阔型的前景中，人们或许会看到那些“高贵、宏伟、稠密、忙碌”的景象。相比之下，“美丽型前景”因为视域较狭窄，呈现的都是些更为纤细、精致或许也更为“静止和缄默”或是突出地表现“沉思性愉悦”的意象。在第三种类型中，也就是将这些品质混合起来的情境中，多是些把自己呈现为庄严、隐秘、易于隐居的更为乡村的前景。或许是因为这种概括的泛化一般性，莫里斯还为每一种类型给出了实例——那些“大家都熟悉的靠近伦敦的实例”。跟上述三种类型情境相对应的例子分别是：就在布莱克·希思（Black Heath）外的射手山（Shooter’s Hill）、沿着泰晤士河（the Thames）的里士满山（Richmond Hill），以及温莎。这些实例厘清了地势的类型学。

179

共同出现的秩序：自然与艺术

莫里斯论证过程中的关键一步涉及了将情境类型跟建筑

柱式搭配起来，特别是跟传统的三柱式结合起来：多立克式（Doric）、爱奥尼式（Ionic）、科林斯式（Corinthian）。在《建筑讲稿》中，莫里斯将这三种柱式描绘成为庄重型（grave）、快乐型（jovial）和迷人型（charming）。这种说法很自然地导向了"自然和艺术的混合"，因为第二组词汇给出的不是比例的范畴，而是可以在建筑物、地景和人物身上发现的某些品质。于是，建筑柱式的设计"是要符合和适应于艺术或自然在不同情境中制造的若干前景的"。[18]在《建筑艺术》中，莫里斯以押韵的句子给出了相同的原则："每一片场地都有变化的面相，装饰就该因地而易样。"[19]既然自然指导着艺术，情境的性格就该指导着建筑物的性格。"让场地指导（建筑师）去装扮和装饰……尽量满足业主的使用和便利要求……让馆阁适应于场地。""不同的前景会要求不同类型的建筑物（以具有某些比例和覆层的方式）出现。"[20]

180

莫里斯接受了这一事实，使用方式和便利与否有赖于场地的特性。但除此之外，他还认为建筑物的面相应该叠合或是类比于场所的性格。因为有了对建筑面相传统信条的改动，那就不那么令人吃惊了，莫里斯会如此强调研究自然情境。他认为情境是"建筑学如此广阔的一个外延分支，没有什么建筑的设计建造不该首先考虑那些延展或是环绕着建筑的山丘、谷地等前景的幅度……（这些特性）为建筑提供了正确的理念，作为必然要求，'方式'（或者秩序）必须因前景不同而变化。"[21]

在《建筑艺术》一书中，莫里斯给出了许多设计来证明这种艺术依赖自然的学说，例如在第12讲中，他展示了一种为"乡野粗犷型"前景设计的别墅。[22]立面相当朴实无华，平面则"充满力度以及抵抗大风气候破坏的发明性手段"。[23]他建议这类设计应该设置在山峰顶部，建筑的主要正面（principal front）正对着狭长延伸的山谷。一边是半乡村景色，一边是布满岩石的荒野景象。如果底下谷地的美丽程度不足以配得上更精致的爱奥尼柱式的话，建筑在山顶的位置就需要多立克柱式。柱廊要有符合显赫身份的庄严。建筑不仅仅在外表上显得与周围环境自然地适应，它还应该看上去像是从它的环境里涌现或是生长出来似的。这样，就不再存在"建造与栽培之间的某些矛盾"[24]，沃顿的信条被颠覆了。

调整标准

建筑设计的目标是使艺术"适应且符合"自然展现出来的景色。然而，为了实现这一目标，不仅涉及要让情境类型与建筑模式相匹配，还需要根据场所的特殊性去调整和调试匹配方式。莫里斯反复强调地景提供了无穷无尽的多样性，他坚信自然的"诸般景色"可以被分类：庄重型、快乐型或是迷人型。

181

然而，对于典型性的认可不是作为结果提出来的，而只是在设计之初提出来的。每一个项目的发展都涉及“方式”的改动或是变化。规范（norm）必须被调试之后才能精确吻合情境的具体性格。通过将类型“去稳定化”（de-stabilizing），就获得了“语境性”（contexuality）；内在的不一致性将“柱式”得以向场所的特殊性开放。

例如，在面向一处“庄严”的基地时，多立克柱式的比例和要素就可以或多或少地被做得更严肃些或是更平白些——这就意味着多那么一点儿的多立克味道或是少一点多立克的味道。在一种情境下，“（只用了）少数部件（组成的）粗的（转角石）、柱子、柱上楣构……以及其他装饰，就不太会在时间的磨损下破损”，而在另一种不这么庄严但是缄默和静止的情境中，同样这些要素就可以拥有更多的部件，有着“更为醒目的‘浅浮雕效果’（Relievo）”［卷杀（entasis）］。建筑设计就恰恰成了将“艺术”的规范化秩序针对“自然”的具体性秩序进行调适的过程。土地的变化导致了建筑物的变化。当情境类型发生变化时，采用的不是多立克模式而是科林斯模式的话，那也需要调适，把柱式带向与场所的特殊性形成完美类比的状态。莫里斯有关“调适”、“调准”、“适应”的建议证明，他所追求的在基地和风格之间的混合同时假定了建筑秩序规范化形式的重要性以及仍不充分性。将这一观点倒过来说：在地景中的情境多样性给了建筑足够重新创造自己的土壤。

莫里斯在他的理论文本中所提倡的东西在他的式样书设计中得到了体现，因为式样书里的那些方案本就是针对情境类型而设计的。在《建筑讲稿》中，莫里斯写道，“神庙、宅邸、洞窟，等等，以及花园里的点缀和装饰，应该跟自然保持一种优良的亲密关系。”[25]在《乡村建筑》中（以及在改名后的《建筑选型》中）都展示过一个作为“处在一处花园林荫道尽端，形成了眺望的起点或是被眺望对象”[26]而设计的科林斯式神庙。神庙的对称性是符合轴线导向。而与此相反的情境则需要相反的装饰手段。莫里斯在一片稠密的林地里设计了一座粗石馆阁。[27]这个小小的“圣所中的圣所”（Sanctum Sanctorum）适于“某个夏天静夜里的一次归隐……携三两好友（投缘者），共享这人皆向往的……快乐与静谧。”[28]

183

量测前景

对于可能视线的确定，以及对于相关的视看距离计算，都是情境设计中的重要方面。像莫里斯设计的那些乡村意象，并不是可以从任何方向看过去的东西，前景都是高度结构化的产物。这是保证人们有效接受某个特殊思想的唯一方式。在他的视觉理论中，无控制的前景会造成感知上的困难：“一个物体，

Robertus Morris Architect. *inv. & del.* *Parr Sculp*

图65　罗伯特·莫里斯，“处在一处花园林荫道尽端”的神庙，出自《乡村住宅》，1750年

如果它的比例、体块或是大小不能够被处在某个视点上的眼睛所完全限定的话……这样的物体也就不会在观念上被理解；这样的局部也不会保留在记忆之中，因为当眼睛被迫从一个物体转向另一个物体去外切物体的所有局部时，记忆必然会接收到新的观念，新观念的进入必然会打破比例的链条。”[29]

莫里斯把观念等同于视觉感觉。在每一次视网膜的印象上，只存在一个且唯一一个思想。而一个概念或是理念不过就是若干思想的组合。显然，莫里斯的单一思想说对应着约翰·洛克（John Locke）所言的“简单观念”（simple idea），就是“那种能为我们的理解力提供思考原料的对于事物的清晰感知”。[30]因为每一个观念都是一种感知的结果，所以一种感知就是对于一种情境的印象或是反思。如果想要观念完整，那乡村的前景就必须被看得完整。于是，只能依赖透视去控制情境。至于如何控制情境，莫里斯写道，“视线的点或者说能整体看全所有建筑物的中心点处，就是眼睛可以同时看到建筑的长和高的地方。换言之，焦点处或者说汇聚点处的眼睛可以切到建筑长和高的边界。”[31]

185

就在莫里斯给出求得这一点的数学计算方法时，任何一个有着类似莱布尼兹（Leibniz）头脑的人是无需复杂计算就能得出答案的：最佳的视看距离等于所看建筑物的长度和高度的和，除以2——如果一个建筑的立面长为100英尺、高为40英尺，那视看这个建筑立面的距离就应该是70英尺。[32]对于园林艺术来说，更为有趣的问题是确定基地位置的各种方式。对于视看距离的控制是可以通过塑造地形和摆布植物去完成的：山顶是可以平整化的，道路是可以在视点处交叉的，树列是可以朝向合适的场所敞开的，宅邸是可以设置在某些具体地点的。更奏效也更戏剧化的方式是光照的改变。在莫里斯看来，花园设计就是对具体情境的控制化视点组织起来的活计。前景的概念是暗藏在情境的概念之中的，而情境则应该通过前景去体验。

自然化比例

莫里斯对沙夫茨伯里和蒲柏著作的依赖远比他承认的大得多。他在《论和谐》的开篇就引述了这两位作者。在扉页上，他从沙夫茨伯里的《特征》一书里引了这样一段话：

“没什么东西会比有关柱式和比例的感觉或是观念能在我们的心灵里刻下更深的印象，或是跟我们的灵魂交织得更为紧密；因此，所有数字的力量，所有那些有力的艺术，都是基于它们的管理和使用。在和谐和不和谐之间，在律动和混乱之间，那种差别该有多么巨大！在优雅的、有序的运动和无控制的随机运动之间，在由某些高贵的建筑师所完成的规则且统一的垒砌和一堆砂或石之间，在有组织的身体和靠风吹着的云或雾之间，

图66　罗伯特·莫里斯，“三面有树丛和常青植物围合的一座‘至圣厅’（adytum）”，出自《乡村建筑》，1750年

那种差别该有多么巨大！”[33]

这段话是作为莫里斯有关比例学说的基础的。在序言的首页上，他引用了一段出自蒲柏《写给伯灵顿勋爵的信》（Epistle to Lord Burlington）里的话，来作为他有关效仿学说的基础：

“要建造，要种植，不管您想做什么，
要让柱子竖立，要让拱弯曲，
要让地面隆起，要让洞窟深陷，
做这一切时，勿忘自然。”[34]

186

莫里斯将蒲柏的“勿忘自然”解读成为建筑设计的终极参照点：在花园构筑物的设计中，自然就应该成为建筑形式的秩序之源。莫里斯的诗文，特别是在《论和谐》末尾的段落，都是他构建起自然情境的灵性的方式。他套用了詹姆斯·汤普森（James Thompson）的诗体。但是除了套用的诗体之外，他考虑的是把自然的诗意性格化作建筑设计的任务。

花园构筑物

因为莫里斯的建成作品很少，所以我们很难想象将他的方法付诸实践之后会是怎样的光景，但是他的写作是检验他方法效力的一把钥匙：也就是说，在他的文本中，他赞扬了能够代表他思想的某些花园。或许，查看此类设计结果的最佳地方是他最为称颂的伯灵顿勋爵（Lord Burlington）在奇西克的花园。对于奇西克园以及对特威克纳姆蒲柏花园的情境和建筑的研究，会证明莫里斯的原则在将设计建成时的适用性。但是看过这些花园的建造日期之后，我们就不能说伯灵顿、肯特（Kent）、蒲柏都是依照莫里斯的原则工作，只能说，这些花园和建筑展示了他的理论，部分地——我们猜测——为他的学说提供了资源。

在《论和谐》快结束的地方，莫里斯说出了他对伯灵顿勋爵在奇西克的花园的欣赏：“要想追溯各种小线索和绿篱迷宫里的和谐性，要想掌握艺术的精妙处理，如何为美和安逸，为归隐，在花园里设置小的宅邸或是神庙，都是件无休止的事情。但是在这些方面，没有哪本样式书的例子会比伯灵顿勋爵在奇西克的花园能更贴切地符合和谐的思想。”[35]

莫里斯《论和谐》的首次出版是在1736年，这也几乎是奇西克花园开始建造的20年后。约翰·罗克（John Rocque）制作的奇西克花园的平面图加各种小透视图也同样发表于1736年。这张图是对莫里斯在论文中所称赞的那类“建筑情境”最好的同时代表现。

187

莫里斯会把花园里新河源头处的“跌水”（the Cascade）描绘成为艺术和自然混合在一起的情境。构成这一前景的景物包括了不同类型的树、岩石、水体和一条路径——可能也是条马车车道。这个景点主要就是一处堤坎，约束和调控水流从一个

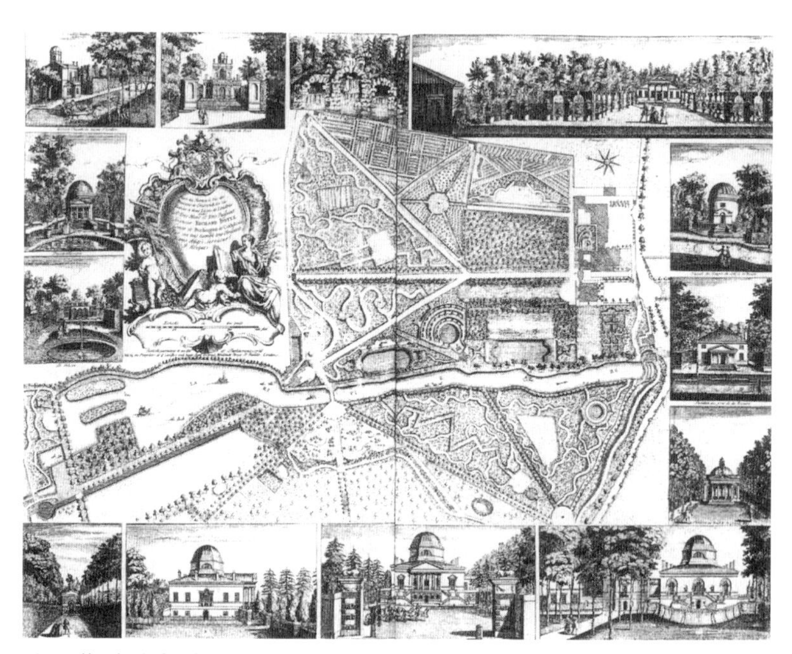

图67　伯灵顿勋爵，奇西克宅与花园，约翰·罗克制作的雕版画，出自《不列颠的维特鲁威》（Vitruvius Britannicus），1736年

标高下降到另一个标高。除了控制水流之外，这里还有架在溪流之上的通道，上面有路。这一双重目的，外加既有的地形条件，决定着这个景点的性格，就是在人工建造和非人工建造要素之间的统一体。那些不规则的没有打磨过的石头所垒起的东西（性格上）完美地符合了那处坡地，就像远处的树，这些石头垒起的拱也跟随着地面轮廓的变化而起伏。水体则侵蚀了石头的表面，让河岸岸线不规则起来。所有这些要素都一起参与到自然景物的形变之中。所有物体都共享着相同的内在形式；情境是生猛而初始的（raw and original），被不断冲刷的流水不断地改变着。

188

189

与此情境形成反差的是奇西克橘园（the Orangery）处的情境。这是一处开敞、平坦、完成度高的园子。无论是自然形式还是人工建造形式，都被带上了一个高层次的“完成度”。例如，在建筑物的每一侧，绿篱都被修剪成为拱廊。在平面上，绿篱是设置在对称的对角线和一个半圆线上的。而那些拱在形状和大小上也是相同的。还有，绿篱跟周围不那么完美的自然树种是区别开来的。在绿篱的前面，置放着盆栽的橘树。在绿篱的背后，生长着各种尺寸、形状、种类的大树，这些树看上去有些随意，因为它们已经彼此穿插着长到了一起。在绿篱背后的这些大树和在绿篱前面的盆栽小树都没有获得它们真正的性格。它们代表的是尚未实现或者说尚未发展出来的潜质。莫里斯认为，在这样情境中的建筑，自然地要有一种高度装饰化的面貌。橘园暖房带有装饰化山花的科林斯式门廊就跟周围的风景有着相同的内在形式。这个建筑性的物体并没有被锁在自然之中，就像笼中鸟那样，而是成为自然的一个部分，就像河流里的漩涡或是涡旋那样。

190

莫里斯的思想也在其他馆阁身上得到了体现。在北侧小道尽端那道粗石拱门和周围的稠密绿篱之间，是存在着均衡经济性的。靠近露天剧场的万神庙是跟它所处的高地相匹配的。事实上，花园构筑物是跟周围环境相吻合的。建筑物和种植一起构成了对于自然潜质的具体再现。我们可以在肯特所画的奇西克“开敞式对话间”（the Exedra）的图画中看看人工建造和非人工建造的景物是怎样构成了那个部分开敞的空间的。画面上环绕着人像的稠密绿篱把对话间的空间与背后未经人工培育的不规则前景区分了开来。近景处那些细枝的高树向右侧退去，而与此同时，它们把眼前的空间向远处的物体——比如，多立克柱子——既关闭又打开。那些赋予了“开敞式对话间”这一传统目的以具体形式的人像柱则是这一情境的性格延伸。地形是首位的，跟着就是地构和大型自然要素，人工建造的物体处在第三位上，随后是那些较小的、可以在任何一处情境里构成要素等级的东西，以及赋予场所内在形式以物质形态的所有组成。当莫里斯写到，自然和艺术应该混合在一起时，他脑海里

图68　伯灵顿勋爵与威廉·肯特，奇西克的跌水，约翰·罗克制作的雕版画，出自《不列颠的维特鲁威》，1736年

图69　伯灵顿勋爵与威廉·肯特，奇西克的橘园，约翰·罗克制作的雕版画，出自《不列颠的维特鲁威》，1736年

出现的很有可能就是类似奇西克开敞式对话间这样的场所。

同样的话也适于去形容蒲柏在特威克纳姆园里的建筑。那个经常被人提及的洞窟就是人造要素跟自然要素“和谐起来”的情境。那里，“场所的守护神”是乡村化的、泥土化的。每一壁柱、门框、贝壳、石头或草地的未成形状态或是未完成的性格，都适应于土地中央的新陈代谢过程，那里的一切都处在萌生或生长的状态中。同样，洞窟出口的立面非常适合设置在前花坛的尽头。虽然我没有准确的图像可以研究，但似乎观看这个洞窟出口立面的第一视点（河边小码头或是平台上），也就是莫里斯会选择的那个点。这个立面的高度比面宽略高些。在约翰·瑟尔（John Searle）绘制的平面图上，从建筑边缘到河边平台的距离，比建筑在平面图上的面宽略长些。

192

因此，二者的数比近似，最佳视点离开建筑的距离就是建筑的高度加长度除以2。莫里斯也会赞同为了这么一个高度细化且比例不错的立面，用一片修剪整齐的草坪作为控制性前景的做法的。无论是人工建造要素还是非人工建造要素，它们都适合这一情境的庄严。

而“贝壳神庙”（the Shell Temple）则是另一种情形，在这个例子中，我们会有蒲柏的诸多陈述可以作为参照。在1728年，也就是莫斯利出版了他的首部著作时，蒲柏写道，他已经琢磨了许久，“想要在树林里放进去一个旧的哥特式教堂或是罗马神庙。那些有着白色树干、长势良好的大杨树，如果把下面的枝杈修到合适的高度，就很像是些柱子，或许还可以因其不同的距离和高度形成不一样的通道或是周柱廊（peristiliums）。近看时，一定很好，中间那块草地上矗立的穹窿在远处看也会很好。”[36]

194

莫里斯·布劳内尔（Morris Brownell）曾经写过，蒲柏的贝壳神庙效仿的是一座“古老的罗马神庙”，但并非用树木建造。[37]蒲柏似乎并没有想造一座“哥特式教堂”。但这并不等于这个想法就是被反对或被拒绝的。事实上，恰恰相反。蒲柏的好友沃伯顿主教（Bishop Warburton）就曾用此类“自然性设计”视角解释过哥特建筑的起源：

“当哥特人征服了西班牙之后……他们在希腊和罗马建筑之外创造了一种新的建筑；这种建筑所依赖的基本原理和思想都比灿烂的古典建筑的基本原理和思想还要宏伟。对于这些北方人来说，他们已经习惯了在树林里崇拜神祇……他们也就巧妙地让（他们带顶的建筑）貌似树林，在建筑能够容许的范围内，让柱子靠得很近。”[38]

195

于是，在讲完了哥特教堂的自然起源之后，沃伯顿回应着安德烈·费利比安（André Félibien）的说法，跟着强调了哥特工艺的优秀以及哥特设计原理的美德：

“在这样思想的指导下……所有对艺术的经常性违背，所有

图70 伯灵顿勋爵和威廉·肯特，奇西克的露天剧场，约翰·罗克制作的雕版画，出自《不列颠的维特鲁威》，1736年

图71　威廉·肯特，奇西克的开敞式对话间，初步设计，德文郡收藏（the Devonshire Collection），查茨沃思庄园（Chatsworth）[该图得到了“德文郡大公以及查茨沃思庄园托管会”（the Duke of Dovenshire and the Chatsworth Settlement Trustees）]的复制许可

图72　亚历山大·蒲柏的别墅，特威克纳姆，从泰晤士河看过去的景象，詹姆斯·曼森（James Mason）制作的雕版画，所临摹的原画为奥古斯丁·赫克尔（Augustin Heckell）所绘

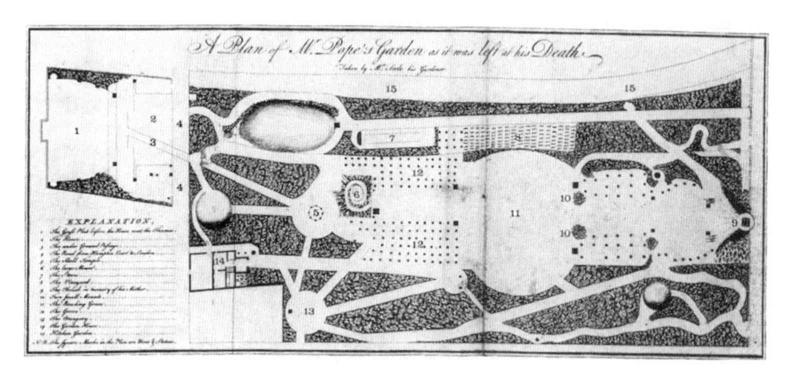

图73　亚历山大·蒲柏的花园，特威克纳姆，平面图，约翰·瑟尔所制作的雕版画，1745年

图74　贝壳神庙，亚历山大·蒲柏在特威克纳姆的花园，由威廉·肯特所绘的一幅图（复制许可，大英博物馆，伦敦）

对自然怪异的冒犯，都消失了；一切都有了原因，一切都有了秩序，和谐的整体产生于用心运用的那些与目的恰当、相称的手段。当工人想要模仿树枝的弯曲让拱交叉起来时，如果不是尖的还有其他选择吗？或者，当柱子要去代表一堆树的枝干时，它们不分成一束束的形状，又能怎样呢？”[39]

196

在沃伯顿看来，没有别的什么东西会比纤细的柱子和尖拱看上去更自然了。哥特要素的大小、比例、形式追随着树的规则化特性。正如我们已经看到的那样，莫里斯从蒲柏那里拿来了这一原理。蒲柏则写过，情境会给设计师以想法（“让地点指引着他去装扮和装饰”）。

当蒲柏提出把一片杨树林转化成为一座“哥特教堂”时，他也提出了一种对于建筑神话起源的重演。可以理解，他的贝壳神庙是没有先例的。作为一个花园里的建筑物或是一种自然化的人工建造的构筑物，蒲柏希望贝壳神庙能像任何一个自然的物体那样是原创的。为了他所提出的哥特教堂，蒲柏真地标注过使用“杨树”。当沃伯顿只是提及树林里的树时，他的好友已经挑选了具有肯定和特殊个性的树种；它们必须“长势良好且高大”“有着白色的树干”，清理掉下部的枝杈（或者说可以剪去下部的枝杈），以直线或是“走廊”的方式种下，在高度上有着差别。具有其他特征的树，比如比例粗壮或是树干不规则的树，想必不适合在这里栽种。某些特定的自然形式在此被视为可以引发特定的建筑创造。

对于莫里斯来说，花园里的构筑物设计涉及如何跟自然——跟自然的景物和情境——合作的问题。在这一点上，莫里斯跟随着蒲柏；不过，他并没有讨论在花园建筑的设计过程中偶然性和发展的角色。而蒲柏和沃伯顿的话则表明，跟自然合作的任务需要人们持有某种愿意接受意外发生的态度。在蒲柏《写给伯灵顿勋爵的信》里，将偶然性的角色说得很是清楚：

“在整个过程中，总要一直质询场所的守护神……
时而打断，时而指引，那些设想的界线；
在你种树，在你设计的同时，还要描绘。
还要跟从感觉，跟从一切艺术的灵魂。
局部呼应着局部，归入一个整体，
自发的美会全面推进，
甚至从困难处开始，被偶然性推动；
自然会加入进来；时间会让它成长
成为一处可以徜徉的作品——或许，一座斯托园。”[40]

197

自然会打断或是引导预设的界线，它在园丁们工作的同时也在设计。这样的工作有部分是经过策划的，有部分是偶然的：设计需要时间，需要自然的帮助——这里的自然被理解成为一种启发性的力量，就像沙夫茨伯里所认为的那样。在某个情境中的建筑设计活动甚至可以被这一系列观念进一步表示出来。

当莫里斯鼓励建筑师要敏感于他的对象所处的前景时，他指的不仅仅是对可见特性的研究。设计师应该通过对场地当下“成形过程”的研究，发现场地的规则化、稳定的或是持久性的内在形式。只有通过把握这一点，通过理解处在所有变化“之下”的常量，设计师才能借此跟自然合作。时间、偶然性和谦逊的行为都会进入作品。花园的设计师不能把前景的成形过程当成理所当然的东西；它会变化，设计师也必须跟着它的变化而改变工作方式。当人们开始跟情境合作之后，就会有许多事情不再在园丁们的控制之中；出现预料之外的发展，因为我们对于情境的理解从来都只是部分的。

蒲柏的花园并不是当时唯一一个含有“天然”的建筑物。我提到过奇西克园，以及其他花园。事实上，《不列颠的维特鲁威》所给出的花园插图中，都有许多建造物可以被当成是至今为止我们所说的那些思想的展示。例如，在里士满那些皇家花园里，“灵修园”（the Hermitage）是通过对于天然岩石群（rockworks）的改造或是改善建成的。灵修园的风格是跟情境的形式有关的。在同一个花园里，“默林洞”（Merlin's Cave）则是一个草顶的建筑。而位于雷斯特（Wrest）的花园里有一个神奇的草地保龄球房。这栋“绿房子”看上去就像是由精心“美化”的紫杉绿篱建造出来的。既有的地势适合这类开发和改造。绿房子的前院被改造成了各种泥土平台。同样，伊舍（Esher）花园里的石窟则展示了一处满是岩石的山坡和树林是怎么被改造成为一处天然的建筑的。一幅保留下来的威廉·肯特绘制的“神庙和圆池塘”证明了一件事实，约翰·罗克在《不列颠的维特鲁威》上绘制的花园构筑物并不是绿篱修理工的创造，而是当时建筑师和花园设计师的产品。亚历山大·蒲柏并不是18世纪初期唯一一位在设计建筑时能跟“自然合作”的园艺家—建筑师。

198

莫里斯有关情境的概念是理解此类花园建筑的设计和构成的最佳方式。虽然莫里斯也提出了要去讨论都市情境中的建筑，但他从来都没有这么做过。他的写作并没有在时间上先于这些建造物，也没有成为这些建造物的概念基础，但是却为我们解读这些建造物的设计意图提供了一条途径。

情境的思想还在建筑思想史中标志出一个重要的转折点。紧随着莫里斯和他的同时代人觉得巴洛克建筑泛滥之时，也是出于对克洛德·佩劳（Claude Perrault）对维特鲁威建筑美的范畴发起激烈批判的一种反应，莫里斯将设计重新改造成为对于自然情境的诗意阐释，这一做法代表了一种旨在维系建筑和超越建筑的力量之间必要联系的努力。显然，莫里斯在很大程度上接受了启蒙运动初期自然的世俗化趋势，然而，他有关情境的学说代表了希望把地景解释成为建筑秩序根本来源的努力。莫里斯试图“拯救”建筑的传统意义，特别是建筑柱式的传统

图75　绿房子，弗雷斯特花园，约翰·罗克制作的雕版画，出自《不列颠的维特鲁威》，1736年

意义。他重新思考和刻画了建筑柱式在万物（自然）起源中的基础。这既显示出他对古典传统持久性和效力的坚信，也显示出他对这一常被遗忘的要点的（含蓄）理解：只有当古典传统能够接受创造性和变化了的阐释，这一传统才能被理智地继承下去。

不过，在一个诸多建筑师和作家都在重新思考着建筑与其“语境”关系的时代里，莫里斯的学说只能算是逐步恢复某种思考建筑的方式的第一步。而这种思考建筑的方式就是要承认那种既超越单个客体（individual objects）又构成了单个客体基础的力场（field of forces）的存在。

第 7 章　形象和它的场景：或地形是如何保留行动的痕迹的

200

人在穿越地景时的运动通常会跟从其他人曾经走过的路径。这一点，相较于自然存在的地景，在人工设计的地景身上尤为成立，因为人工设计的基地常会规定出来访者应该跟从的运动路线。不过，场所总在变化这一事实会让事情变得复杂起来。一旦我们容许变化，一个严峻的小问题就总会出现：在一片地景中，到底是什么具有识别性？罗伯特·莫里斯提出了“内在形式”说。但是在什么条件下，“内在形式”才会变得可见？是什么东西，让一处基地尽管经历着持续的变化仍然“貌似”一个且同一个地方？是基地上的几何关系吗？是基地上的各种距离吗？是基地上的建筑物和其他“永久性”建造物赋予了地景可识别性吗？肯定不是，因为只有某些花园里才会包含这些东西。看来，兹事体大，因为一处场所的“自我同一性”或者说“本体意义上的身份或可识别性”恰恰就是景观设计试图限定的、景观建造试图实现的、景观维护试图修复的东西。

对于某些路线（routes）来说，这一问题会变得更为突出，特别是在那些要保持跟人的运动模式高度吻合的路线身上，更是如此。作为一条朝圣路线，瓦拉洛（Varallo）的“圣山”（the Sacro Monte）是要用它代表性的（不变的）（字面意义上和喻像意义上）登高的模式，（在不同时间里）为人们提供着个体性体验的。诚然，人工设计的路径并不总像这样，以绝对的模本方式出现。但在某种程度上，所有路线都会把自己当成是可以重复体验的基地呈现出来的，这就道出了在地志性艺术中某种根本性的东西——自然世界里的持久性必须容许持续的变化。

地景艺术中这种双重意义的时间性又是怎样成立的呢？通过何种方式，基地的恒常性和可识别性变得可见，尽管有着或者经历着不断的变化？是什么样的形象和面貌给人们在“此时”提供着跟在“彼时”相似的体验呢？假如说记忆在园林体验中有着重要的地位，那生长和发展又扮演着怎样的角色呢？如果设计的意图是一回事情，而设计建成之后，每个来访者都觉得这个场所是跟设计意图不同的东西，这两者——即“一”与“多”——该怎样在同一个基地共存或是在同一个地方发生？

202

容我重申一遍，场所肯定是要变化的。这些变化据说是来自三种运动：从一地到另一地的流变或是转移，生长和衰

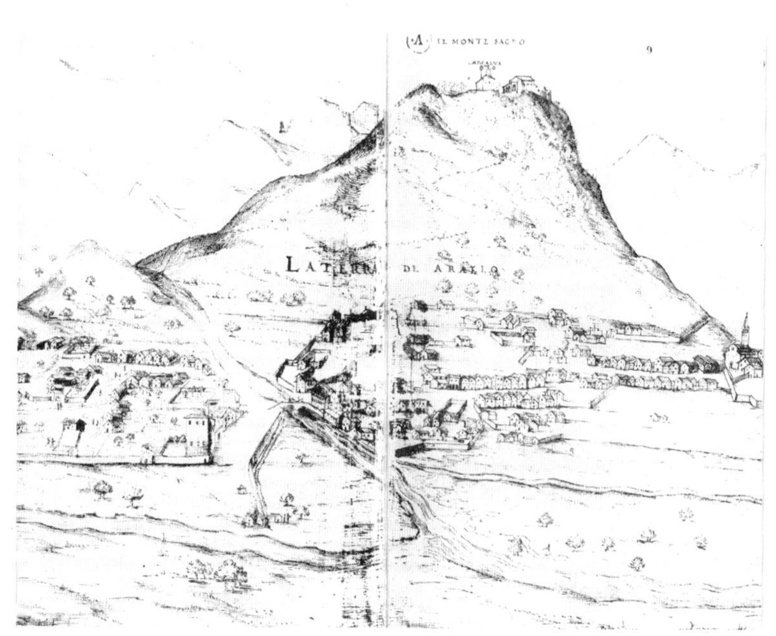

图76　圣山，瓦拉洛，出自加莱佐·阿莱西（Galeazzo Alessi）的《神秘之书》（Libro dei Misteri），1569年

败，来自某些外部动因的改动。第一类运动，即位移的运动（locomotion），涉及一个人位置的改变，例如，从这一片树林转移到了那一片开阔地。显然，这不是地景本身的移动，而是人在地景中的移动；这是一位处于感知状态的主体的行进（procession）、漫步（ramble）或是徜徉（wandering）。[1]不过，地景身上还有一种运动。地景身上除了可以被人穿越的距离，除了可以被人先后经过的景点之外，地景的状态或者叫完整状态是可以有变化的——花开花谢，叶子随雨水转动或是坠落，一栋建筑的表面可以留下风雨的痕迹。在这些例子里，景物要么靠近要么远离了它最为饱满的实现状态，不管我们怎么理解这里的"饱满"（fullness）。第三类运动就是改动（alteration）。改动跟前两种运动不同，因为它是无需位移或状态改变就会发生的。一个简单的例子就是面貌在不同光照条件下所发生的变化——在日出之后过段时间的日光照射下，一片湖水的表面看上去波光粼粼，然后到了下午近傍晚时，又会呈现出铅色毯子上出现的那种划痕。跟来自生长或衰败导致的变化一样，此类变化也会消减或是增加一个景物面貌上的饱满感。

考虑到这些变化的类型，似乎就很有必要重新思考景观艺术的特殊性了。或许，景观艺术形式里的设计、建造和维护都是参与到一种永无休止的过程的不同模式。这就意味着，在景观建筑学里，人工建造的作品永不会完工，整修的活动永不会停止，作品永远处在"开放"的状态下。如果承认了这一点的话，那我早前提出的那个问题就变得愈加迫切：一片地景里，到底是什么东西令人记忆深刻？到底是什么东西让人可以回想和辨识出一片地景？

作为辨析出来上述三种不同类型运动的那个人，亚里士多德在《物理学》里写道，运动和时间是彼此限定的。普通语言学用法支持着这一判断。例如，"不变"（unchanged）一词有着不同的用法，用来指代"无改动的"或"不停歇的"、"持续的"或是"连续的"。前者衡量的是空间（或空间里的运动），后者衡量的是时间。如果地景里有这三类运动的话，地景里也存在着三种时间吗？而位于瓦拉洛的朝圣之路证明了这种说法。

203

在圣山山腰一路向上的路径是为了追思和纪念一种耶稣式的生活而设计和建造的。"圣山"是此类朝圣路线的通称。位于瓦拉洛的那座圣山被叫作"新耶路撒冷"（New Jerusalem），旨在效仿原来的"耶稣赴难之路"（Way of the Cross）。所以爬山朝圣的过程被当成是对耶稣曾经经历过的历程的重新体验。艾略特（T. S. Eliot）在"干燥的萨尔维吉斯"（Dry Salvage）一诗中写过，"你成了那音乐，音乐才持久。"在舞蹈和仪式中的运动就是要把人自己的步伐带入一种渴望模式的路线中去。此类仪式的上演总是一种重演。其结果就是消灭了时间距离，仿佛此时的体验与彼时的体验是相同的。这样的时间不该被叫作

“现在”，因为这样的时间是跟过去某时确定模式的发生事件联系在一起的。这样的时间也不该被叫作“过去”，因为它就出现在（当下）朝圣的体验之中。就像词组“接下去”（now then）所表示的那样，这样的时刻里既包含着“前情”（antecedent），又与“前情”保持着区别，模仿性的重演将人们在反思时会明白两段很是不同的时间联系了起来。

但是此类暧昧还不是这样的基地所提供的唯一暧昧。假如前去瓦拉洛的人不是朝圣去了，或者对设计师所信仰的宗教不感兴趣的话，又该如何？这样一次行走所占用的时间，是不是那种更为简化的——仅仅局限在“当下”的——也更为私人化的、实用性的而不是范式性的时间呢？肯定，对于这样的行走来说，基地所展示的是新鲜感。来访之人也就是为了寻找新鲜感而来的。旅行和旅游寻找的是新奇。然而，这样的场所难道不也会把自己呈现成为与之前人们所见的某些基地相似的地方吗，例如，相似的陡峭或是相似的蜿蜒的基地吗？如果是这样，“当下”就会再度滑向“过去”或者部分地跟过去重叠。这不是那个其他人曾经到过的过去——那种理想化的、楷模式的或是无时间性的模式——不过，仍是先于当下的过去。

204

虽说人们会经常把时间分成三个部分（之前、现在、以后），这些例子——或许，更为广义地讲，地景的体验——暗示着空间体验也会挣脱当下时刻的束缚，超越当下，进入到之前事件的时间当中去。这就意味着每一次“上演”都是一次“重演”，不管行走的路线是不是为了朝圣而设置的。

不过，“过去”在“当下”的“在场”不可能是完满的，因为如果是饱满的，那就意味着作为过去的“过去”不会再存在了。为了命名这种简化状态的时段，我们通常会说体验遭遇到了以前曾经发生的事件的痕迹。这样的痕迹是片段式的，只是一种残余或是残迹。这个词汇值得注意，因为“痕迹”（trace）与一组传递着方向性或导向性运动感的词汇有关：比如踪迹（trail）、行迹（train）、轨迹（track）所显示出来的拖（pulling）、拽（dragging）、拉（drawing）的动作。“痕迹”一词的拉丁语叫法为trabare，这个词在欧洲语言里有着广泛的同源词。但是丰富的语义学领域给出的是一个简单的观察：既然轨迹是由运动的痕迹构成的，时间和空间变化就彼此互动了。穿越了地景的路径或是路线恰恰是在当下时刻对于过去事件的空间性表示。作为片段，它们也同样邀请占有：也就是说，对于过去表演的不完整见证也是对还没有到来的运动的一种邀请。这里，我们对词汇“片段”和“不完整”的使用并不是想强调痕迹的局部性，似乎在我们的眼前曾经生动地出现过像建筑物或是运河那样完整的、构成饱满的整体，而是想要强调痕迹跟一种可能性尚不清晰的环境的关系。当这类景物把自己呈现给体验时，它们仍然植根于一种尚未成形（nonfiguration）的场域，一种给景物的面貌涌现默默准备着的背景。如果痕迹就是过去事件的当下形式的话，痕迹注定有着某种程度的可见度，服从于某种再也看不到的条件。我们可以说，这样的关联性就是对于某种缺失的见证，但是因为尚没有记号可以为痕迹的清晰化预备好条件，痕迹也就通向了地形伟大的广阔性、巨大的丰富性、无数的可能性——以及地形的未来。

205

在土地上书写：地形之为地志

痕迹、标记（marks）、标识（indications）都是某种形式的刻写（inscription），它们假定了先有某种表面，然后可以在上面划刻。在我们开始描述在瓦拉洛附近山腰的若干痕迹类型（比如，构成着这个新耶路撒冷的土地形态、植被状态、建筑物、绘画和书写）之前，我们需要先去看看这些痕迹的“前文本”（pre-text）都是什么，因为若没有一处可以划刻的表面，这些痕迹也不会存在。这样的一张表面以及其厚度是需要某种与痕迹的品质相对立的品质的，因为“作为图形的景物”只能在自身并非图形的背景的映衬下才会浮现。在地景和建筑中，地形就是这样的背景，就像言说开始之前的那种沉默或是运动开始之前的那种停顿都是背景一样。虽说地形缺乏生动的可读景物，地形却有着某种抵抗力和克制力，可以维系那些片段化、临时性、运动中的清晰化物形的出现。我们可以把地形视为某种“前清晰化状态”（pre-articulation），某种对可能模式的“初描”（predelineation）的原始预备状态。或许这就是艾略特在我们之前所引那首诗的末尾，当他记述“意蕴土壤之生命”（the life of significant soil）时，心里所想到的状态。地形有能力接纳和记录更清晰可读的景物，因为地形是这些景物的受体。地形沉积出来的厚度也在为未来的刻画或再次刻画准备着场地，就像人的活动那样，每一次演出都推动着再次演出。借助地形的这种本性，景观和建筑的基地都被授予了“非历史性基础”（ahistorical basis），为那些转瞬即逝的形象的出现做着准备。这就让那些形象既能被人们记住，又能够被探索。

作为彼在(there)的此在(here)，作为彼时(then)的此时(now)

伯纳尔迪诺·卡伊米（Bernardino Caimi）在瓦拉洛附近“发现”圣山基地正是这样的例子。塞缪尔·巴特勒（Samuel Butler）对卡伊米的“发现”曾做过如下的描述：

“有段时间，他徒劳无功地忙碌着，找不到一个像耶路撒冷的地方。但最后，在1491年近年末时，他独自一人来到了瓦拉洛。还没有靠近，他自己已经沉浸在狂喜之中。激动中，他走近了圣山：当他站在山顶的平地时……他即刻感知到这里跟

206

耶路撒冷的相似之处，甚至旁边的一座山，像极了卡尔瓦利（Calvary），他躺倒在地，感谢神给他带来的喜悦。”[2]

朝圣的路线不仅仅是卡伊米所发现的，还是他所规划和设计的。[3]卡伊米1477年曾经做过耶稣耶路撒冷圣墓的守灵人，他的这种想法可能就来自他在耶路撒冷的这段经历。在当时，在随后的几十年间，前去“圣地”朝圣的人比以前少了许多。随着贸易路线的迁移，从威尼斯前往耶路撒冷的路途变得越来越困难，前方土耳其人的军事压力阻挡了许多忏悔者的步伐。依纳爵·罗耀拉（Ignatius Loyola）记录过他在1520年代前往圣地的旅行，记录显示了他所遇到的诸般困难。[4]他发现，通往圣地的船次很少，船票昂贵，水手们的态度恶劣。相比之下，在耶路撒冷，他受到了方济各会修士们（the Franciscans）的精心照料，他很喜欢待在他们的修道院里。修士们为他提供了住宿和饮食，还带他参观了各种神圣的所在。在伯纳尔迪诺修士（Fra Bernardino）的时代之前，修士们就已经在那些最为重要和经常有人访问的场所设置了一些“停留站”。自君士坦丁大帝的时代以来，这些神圣的场所已经变成了人们进行“一站站礼拜”的地点。在每一处圣地，都有主教在符合教会日程表的时间和时日主持礼拜。[5]这样的活动把空间揉进了时间。在每一次礼拜中——通常是在建筑的前院，也一定是一处公共空间里举行的——都会有唱诗、祷告、讲道、读经的过程。最为精细的礼拜出现在圣周期间耶稣受难的苦路沿途。这些地点或者说“这些站点”也启发了17世纪之后每一个罗马天主教教堂里都设有耶稣受难系列像的做法。于是，这就成了天主教徒表达虔诚的一种标准形式。信徒们每经一站，就做每站的祷告，相应地也会冥思不同的事件。不过，耶路撒冷的这条耶稣受难之路还启发了在瓦拉洛山腰建起的一系列礼拜堂。每一个建筑都是一个“经停地点”，都还是某个重要事件的形象和场合。

当伯纳尔迪诺修士1478年返回意大利后，他就构想着在阿尔卑斯山的山脚下效仿耶路撒冷的“圣路”建一条仿制的圣路。他的目的是要给那些不能或是不愿经历困苦和危险前往耶路撒冷的人也提供一处归隐和朝圣的场所。在当时，大众的宗教热情在高涨，许多天主教徒试图在既有的礼拜形式之外寻找跟他们的救世主进行更为直接、更为个人化接触的机会。朝圣路线就这么在科尔多瓦（Cordova）（大约1420年）、梅西纳（Messina）（大约1420年）、格尔利茨（Gorlitz）（1465年）、纽伦堡（Nuremburg）（1468年）出现了。更早的时候，还在5世纪时，圣彼得罗纽斯（St. Petronius）就已经在博洛尼亚的圣斯特凡诺（San Stefano）修道院建起了一组彼此有关的礼拜堂，就是要代表耶路撒冷那些重要的圣地。也是在5世纪，在罗马，人们开始管教会叫作“苦路之站”，就像耶路撒冷受难路上的经停站一样。当时，人们把斋戒视为跟战士站岗时所保持直立身姿相似的状态。因为“静止地站着”（stasis）乃是不可动摇的奉献精神的表现。说到教堂的教会苦路之站，朝圣以及（由罗马主教主持的）“每站礼拜”不仅仅发生在一个个圣地之间，还发生在那些遍布在当时罗马人烟稀少时有时无的城市肌理中——可以说，就是开放地景中——由私人住宅改成的早期家庭小教堂（tituli）之间。在15世纪晚期，在阿尔卑斯山脚下那片更为崎岖和无人居住的地景中，伯纳尔迪诺修士想在此处设置朝圣路线的想法即刻获得了热烈的响应。他的“新耶路撒冷”成了信徒们不用离开家乡就可以去“朝圣”的地方。这样的基地可以使信徒们重演耶路撒冷圣路上耶稣受难的历程。

总在变化中的场所

到了这时，去往耶路撒冷或是欧洲各处圣地的朝圣活动已经有了很长的历史。当瓦拉洛的朝圣资格得到了承认之后，瓦拉洛的朝圣就可以被理解成为这一漫长历史的一部分了。在早前的朝圣路线中，基地的神圣性是首要的；是真实的场所条件和曾在那里发生过的事件吸引着信徒。当信徒要去朝圣时，他们期待着最终能够站在某个圣徒的墓前，进入某位隐者的洞穴，或是跪向救世主的出生地。神圣的地点是个性化和地理上固定的，有着某种空间上的可识别性而且不可搬迁（尽管圣物经常会从一地被搬到另一地）。然而，瓦拉洛既不独特也不神圣。在伯纳尔迪诺修士于此处设置朝圣路线之前，这里没发生过什么神圣的事情。因此，在把这里指为“新耶路撒冷”的基地时，存在着某种程度的抽象化过程：就是从该场所里提取出神圣性来。这是重要的。朝圣路线就是设置在了无人居住——不然的话——不那么重要的山腰上，不过，伯纳尔迪诺·卡伊米这位托钵修士坚持认为，此地的地势很像耶路撒冷的地势；经停地点之间的距离接近耶路撒冷苦路上站点之间的距离。不过，前来瓦拉洛朝圣的人是不会把这里当成是有着神圣性的场所的，人们之所以要来这里，因为朝圣才是重要的。

208

这既不新鲜也不反常。对于基督徒们来说，朝圣一直都是重要的事情，这就是为何前往圣山一直都是基督徒隐居的漫长传统的一部分。朝圣是旅者——行路之人（homo viato）或是流浪者——的生活方式，在前文艺复兴时代的思想和生活里有着无数的先例。“十字军”东征只是诸多朝圣事例中最为著名的一例罢了；像修道士的戒律，也同样鼓励自愿者隐遁和自我放逐。人们认为这些行为有助于修道。人的一生不过就是旅者的一生，这个世界就是人们不知且不可知的地方，一个人的真正家园存于别世，这类思想都是基督教教义的重要组成部分。在诸多见证了这堆思想重要性的文献中，或许下面这段话最具代表性。“基督徒们的地上家园都像是些陌生者的家园。基督徒们住在自己的祖国，但却犹如异国人一般；他们同本地人那样参与到一切事务之中去，却仍感觉像异乡人那样；对他们来说，所有国家都是故乡，而每一个故乡对他们来说又像是异乡……他们住在大地上，但是却是天国的子民。”[6]

哈特·拉德纳（Gerhart Ladner）进而写道，“带着陌生感以及无家感（the topoi of xenittia and perregrinatio），在这个世上的朝圣，都是早期基督教苦行文字里最为广传的东西。不管是不是修道士，不少的苦行者都曾实践过告别祖国的自愿和流浪式的放逐。”教皇格列高利一世（Pope Gregory the Great）写过，“对于一个正直的人来说，在这个世上获得的暂时舒适，就如同一个旅者在一个旅馆的床上所获得的舒适那样……他只是身体性地在那里休息，精神上，已经在别处了。”这一观察解释了为何朝圣者总是试图寻求偏僻的、很少有人光顾的，甚至很难到达的场所：对于世俗愉悦的惧怕，对于暂时舒适的逃避渴望，对于尘世外方向的向往，都让朝圣者疏离了世界。于是，朝圣旅途的虔诚变得重要起来，还有，就是目的地的吸引力也很重要。既然瓦拉洛的山没有什么特别的历史意义，自我放逐、自我施加困难、流浪，这些主题就成了对这条路线进行阐释的起点。

209

神性化并不是空间意义的唯一基础。那些花了许多时日爬山，从一个礼拜堂走到另一个礼拜堂的朝圣者们，他们用非常具体的空间性和地志性意义重新上演了一次古代形式的仪式。独立于礼拜堂里那些图像们所表现的意义，向高处攀登、把自己从常态环境中分离出来、寻找、流浪、抵达世界的巅峰和中心，这些行为本身，就是这些朝圣者像无数先于他们的人那样实现了他们以为的真正本来自我的方式。[7]一定要把这种对待山峦的态度与更为晚近的人们去看山景的态度区别开来。我们倾向于把山峦看成是美丽的、壮丽的自然奇观。然而，这只是非常晚近才有的情怀。在17世纪之前，人们把山峦看成是人类失宠的证据，山峦就是阻挡人类自由通行的困难障碍。在伯纳尔迪诺修士的时代，用于描述阿尔卑斯山的词汇包括了“horrido”（粗野的）、“selvatico”（野性的）、“disastroso”（灾难性的）、“terribilissimo”（可怕的）。人们当时在山峦身上注意到的是它们难以克服的地形性困难。[8]当然，这也让山峦适宜于朝圣。

当我们更为详细查看朝圣路线时，我们就会更为完整地理解山峦的意义。要做到这一点，最为简单的办法就是调查一下某些具体个人对于朝圣路线的使用。或许，最有代表性的例子就是圣卡洛·博罗梅奥（St. Carlo Borromeo）的例子。圣卡洛是米兰的大主教。他是《梵蒂冈的夜晚》（the Noctes Vaticanae）一书的作者，还写过诸多布道篇和杂论（其中，就有一篇是讨论教堂建筑的）。他在当时的虔诚大众中是个广受欢迎的人物。他是在特伦特大会（the Council of Trent）的后期会议中显示出

211

影响力的高级神职人员，也是瓦拉洛圣山建设工程的资金支持者——在包含了9个礼拜堂的彼拉多宫（the Palazzo di Pilato）的建造中，他支付了相当可观的80000里拉。他还赞助了其他圣地诸如瓦雷泽（Varese）和奥尔塔（Orta）圣地的建设。

圣卡洛对于把意大利的神圣地点打造成为朝圣对象抱有激情。他的一位传记人曾经写道，“他把朝圣这件事当成是‘反改革’宏大计划中的一个要素，而反对基督教改革这件事则是他所有教职生活的真正任务。”[9]这句话还是低估了圣卡洛的狂热程度。圣卡洛写过，“即使在我们不快乐的时候，当打造朝圣路线的宗教实践已经极大地降温之后，我亲爱的兄弟，你千万不可变得冷淡，你必须变得更具激情，因为这恰好是真诚的天主教徒和教会驯顺的子民显示出他们信仰和虔诚的热情的时刻。”
9
而且，教徒们也就是这么做的。前往瓦拉洛、奥尔塔、奥罗帕（Oropa）、瓦雷泽这类基地的朝圣活动在博罗梅奥的时代呈现出激增，特别是前往米兰北部和西部地区以及整个伦巴第（Lombardy）和皮埃蒙特（Piedmont）地区的朝圣活动。虽说每一处圣地的格局、大小、主题都不甚相同，但是所有圣地都共享着促进博罗梅奥的信仰和虔诚思想的目的。但是，圣卡洛的行动远比他的写作更具影响力；他对瓦拉洛的朝圣就是明证。

圣卡洛在诸多不同情况下朝拜过瓦拉洛圣地。在每次朝圣中，他都会花上许多日夜爬山。在每一个礼拜堂处，他都会在住寺的耶稣会修士阿多诺（the resident Jesuit，Father Adorno）的指导下进行冥想。他的回忆录里包含了诸多有关瓦拉洛朝圣的记录，但是他的最后一次朝圣，也就是在他去世前不久的那次朝圣，可能是最具说服力的。当他抵达了休息地时，出于朝圣规定，他也只是喝水、吃面包、睡在木板床上——尽管他每晚都睡得很少。在白天，他要朝拜那些内有表现了基督爱心和受难的作品的礼拜堂。在每一个礼拜堂里，他都要依据阿多诺修士按照罗耀拉《精神修炼》（Spiritual Exercises）一书给出的要点，面向为沉思和冥想设置的画像跪下。在博罗梅奥的时代
212
里，已经有了一些有关瓦拉洛朝圣的指南。第一本出版于1514年。他所常用的指南可能就是弗朗切斯科·塞尔利（Francesco Sealli）所写的《瓦尔塞西亚的瓦拉洛圣山简介》（Breve descrittione del Sacro Monte di Varallo di Valsesia）。[10]

朝圣的顺序是重要的。从一座礼拜堂到另一座礼拜堂，博罗梅奥要不断地登山，在上山的路上，进行着沉思，检查自己的良心。入夜，当其他人都已入睡时，圣卡洛还在秉烛从一个礼拜堂前往另一个礼拜堂。在最后这次朝圣的第五天里，圣卡洛针对自己的一生做了一次忏悔，为此，他先是跪着祈祷了一个夜晚。但是当他想做进一步的精神探求时，被越来越厉害的不断高烧所打断。他的友人建议他下山，返回米兰家中养病。他也的确这么做了，但是没能从高烧中摆脱出来，不久就死了。

图77　圣山，奥尔塔，在两座礼拜堂之间的路径（摄于1983年）

圣卡洛的这次归隐涉及了自我施加的独处、登山、对于身体性舒适比如饮食起居所做的限制，按照罗耀拉的指南所进行的冥想，在描述基督生平的画像前的沉思以及忏悔。这就直观地解释了这样一组活动是怎样吻合着且放大着爬山的朝圣行为的；涉及了人们如何从熟识的环境中抽身，对短暂性舒适的否定，向上运动的困难，以及如何通过沉思努力抵达超验的境界。这些活动构成了精神性操练的一种具体化的任务书。这是一个任何人都可使用的任务书，适用于所有阶层的人。它将单纯的虔诚和耶稣会方法论中有教养的戒律结合了起来；它把大众的习惯与反改革教会的教规结合了起来。登山朝圣的统一和团结的力量解释了为何朝圣会变得如此受欢迎。

痕迹与场所

我们切莫低估罗耀拉文本在帮助我们理解瓦拉洛朝圣路线的使用上的价值。虽然貌似有些不太可能，但也并非绝对不可能，罗耀拉也来过瓦拉洛，并且当他为朝圣撰写任务书时心里所想的就是瓦拉洛那里的那类造像（image）。我们知道，他去过其他偏僻处的修道院，最为著名的就是蒙塞拉特（Montserrat）修道院。他在那里遇见了加西亚·德·西斯内罗斯（Garcia de Cisneros），并得到后者传授精神修炼法。在朝拜了蒙塞拉特和曼雷萨（Manresa）之后，罗耀拉北上，来到了巴黎。在巴黎，他完成了著名的蒙马特（Montmartre）朝圣，然后又向南穿越法国和意大利北部，前往威尼斯，最终抵达了耶路撒冷。多年后，他途经米兰和瓦拉洛地区多次，但在他的自传中他并没有提及瓦拉洛这个在那时已经出了名的朝圣圣地。

213

罗耀拉的《精神修炼》是属于“现代型崇拜”（devotio moderna）这一派的，同旧有的神秘主义者沉思和寂静派（quietism）的做法很是不同。他鼓励人们去创造生动和具体的造像，鼓励人们发现和创建适于精神修炼的特殊场所。罗耀拉是这么指导他的弟子们的：

“第一步要准备好的就是去‘合成’（a composition），就是怎么去‘看见某个地方’（seeing the place）。这就是说，当我们沉思或‘有形地’（visibly）冥想（亦即，在某个有形事物身上去冥想）有形的我主基督时，所谓‘合成’就是用我们的想象力之眼，看见某个实在的地方。例如，耶稣基督或是圣母曾经到过的某座神庙或是某座山，然后，我就跟随它，做我所希望的沉思。”[11]

罗耀拉不断地强调“看见某个地方”的重要性。这里的“看见”就是一种精神练习，就是想象力努力给某个观念包上可见形式的过程。沉思的成功与否要看忏悔者针对他的主题生成一种清晰且独特的意象的能力。每一次“合成”里都有两个部分：形象和它的场所。诸如主题是“基督在十字架上受难”的话，那形象就可以是十字架上受难的躯体以及位于耶路撒冷城外山上这样的地方。而对“堕落天使邪恶化”主题的沉思则可以想象在地下世界里魔鬼站在火上的形象。形象在它们所处的场所里成了媒介，忏悔者可以凭借这样的媒介了解、记住、预期什么是善，什么是恶。

一位研究过罗耀拉方法的作者将《精神修炼》一书描述为“迄今为止写得最好的有关基督徒明智能力的一本手册”。[12] 214 如果我们记得当时的人会把“明智”（prudence）理解成为一种记忆力、知性、洞察力的混合体的话，我们也就明白了“明智”的确是《精神修炼》的主要对象。圣托马斯·阿奎那（St. Thomas Aquinas）在他给亚里士多德的《论记忆和回忆》（De Memoria et Reminiscentia）所写的评注中就说过，明智能力的组成要素就是记忆力（memoria）、知性（intelligentia）和洞察力（providentia）。[13]阿奎那也提到了对于形象和场所的合成。在他对亚里士多德的专著《论灵魂》（De Anima）的评注中，我们会读到，“没有幻象（phantasmata），人类是无法理解事物的。幻象是对某种肉身性事物的近似。但是理解总是对从具体事物当中抽象出来的普遍性的理解。”[14]在罗耀拉之前，阿奎那以相似的说法强调了意象在人们获取知识以及保存知识过程中的必要性。同样，阿奎那也强调了场所的重要性：

“对于回忆来说，总要始于某个点。只有找到了那个点，人们才可以开始追述。出于这种原因，我们看到有些人是从说起某事或是某事发生的场所开始追述的，因为进入那个场所就像找到了承托着一切发生的起点。图利乌斯（Tullius）（西塞罗）在他《修辞学》（Rhetoric）里就已经教导我们，记住事物的最简单办法就是想象一些场所，去对应我们所希望记住的事物的意象，让这些场所之间的秩序对应于想要记住的事物的秩序。”[15]

这样，罗耀拉在具体场所里构建生动且具体的意象的方法是基于基督教和前基督教认识论的古老传统的。罗耀拉或许只是隐约地知道这一传统，但无疑，他的老师们比如德·西斯内罗斯，一位先写过精神修炼文本的作者——该书可能就是罗耀拉一书的基础——是熟悉这一传统的，并且精通于阿奎那和西塞罗的写作。因此我们就可以在罗耀拉的修炼法和中世纪及古代哲学的最为强大源流之一之间建立起某种密切的联系：精神修炼是基督徒们修炼明智力的一种形式；明智则是由记忆力、知性和洞察力构成的；记忆力，跟进诸如阿奎那和西塞罗这些作者的说法，涉及精神意象和场所的合成。那么，在某种程度上，罗耀拉为基督徒精神修炼所撰写任务书的动因，跟同时代 215 的伯纳尔迪诺修士在瓦拉洛设计朝圣路线的动因是一样的。那就存在着一种方法，可以更为具体地描述这条朝圣路线：亦即，那些决定着为在明智的记忆中更好地储存下意象和场所的合成规则。

弗朗西斯·耶茨（Francis Yates）在她有关记忆术的经典研究中清晰地勾画出来为记忆储存去制作精神意象的那些规则。玛丽·卡拉瑟斯（Mary Carruthers）在更为晚近的时候也探讨了这些原则。用于形成作为精神意象的场景的那些场所的规则是这样的：这类场所应该是荒凉的，少人的，个性化的，有特点的，这类场所不可太亮，也不可太暗，应该彼此之间保持着适度的间距。我们会惊讶地发现，这些规则很适宜去描述瓦拉洛那些礼拜堂和经停站的布局。如前所述，山腰是自我施加的独处所在。这样的品质也就符合了构建记忆场所的第一规则。

其次，每一座礼拜堂以及该礼拜堂所在的地景环境都是独特的，部分地是因为山腰基地多变的起伏地形。爬上陡坡，穿越台地，朝圣者就被导向了密林，然后是树林里的空地，以及人工修建出来的类似敞地。从一座带有连拱门厅的神庙，到一座带有拱廊的圆厅建筑，朝圣者在一系列明显不同的空间里完成着进入、沉思、穿越的行为——从一站到下一站。从植物到地势，都可以形成反差和差异：植物可以种得有疏有密，物种有别，地势则存在着坡度的变化。瓦拉洛完美彰显了场所独特性这一规则。就连场所的光感都可以根据地景环境和建筑的个性发生变化；但是没有一个场所的光照会被看作要么“太亮”要么“太暗”。这就是记忆场所构建的第三条规则。

最后一点，就是必须照顾到空间之间的间距和序列。西塞罗建议过，最佳的视看距离是30尺。在瓦拉洛，朝圣者始于山下离乡村农宅不远的地方，然后沿着礼拜堂分布的路线爬向山顶的巴西利卡教堂（the basilica）。[16]那些礼拜堂和那些地点远非一个挨着一个，总是会让朝圣者感到它们彼此保持一定的距离，但在视线上又能在任何一个具体地点上看到相邻的礼拜堂。这样，经停站间彼此保持着相互的视觉关系，却又在空间上是独立的。

216

以这样的形式，地景和它的物质性形构（material configuration）就创造了可以以序列的方式视看的诸多景观，建立了朝圣路线的连续性。告别一座神庙，朝圣者就会看到一行引向下一座神庙的树。在这样的情境里，树列构成的屏障遮挡住那些不在序列之内的礼拜堂，地形也在阻止着朝圣者偏离轨道的运动。从另一座礼拜堂的出口，朝圣者可以沿着一条拱廊看到一堵墙，上面幻真的壁画，画的就是下一个经停站的入口。那些被框限着的开敞地带、场景，表面和光照的变化，以及围合程度，它们组织起从一处到另一处的景观。整条朝圣路线的布局和空间性就是有关记忆场所应“如何彼此保持适度距离”放置的完美实例。

这样的布局既不是随意的也不是偶然的。根据瓦拉洛圣山幸存下来的早期历史记录看，特别是根据加莱亚佐·阿莱西的《神秘之书》看，显然，这条山腰路线是经过精心设计的，其序列结构就是要帮助朝圣者去记忆。

在伯纳尔迪诺修士死后，在瓦拉洛的建设工程在教堂财产管理委员会委员（fabriciere）和贾科莫·德·阿达（Giacomo d'Adda）的监督下继续进行。不过，这一时期的建设史记录得不完整，但明显是到了16世纪中叶伯纳尔迪诺修士的“模仿苦路再建设计”（schemi topominetici）记录就完全中断了。针对这种情况，阿莱西提出了一套“圣山重组计划”（il totale riordino del Sacro Monte），想要突出“有机性平面”（un organico piano）并且做一切“从零开始”（ex novo）的重思。[17]在朝圣路线的重组计划中，有些神庙要被拆除，有些要做改动，还要建一些新的神庙，连接各处神庙的路径也要重新组织。之所以要这么做，为的是清晰表现耶稣圣事的编年史顺序。我们于是可以把阿莱西的工作看成是对于记忆场所的一次重组。

阿莱西建议把这座山划分为三个区域。他的建议注意到了不同的氛围环境、叙事的不同组成，以及记忆场所所需的各种类型的空间围合。在第一个区域里，也就是在不平地形上有着稠密林地的地带上，阿莱西建议把事件的再现围绕着“圣母领报”（the annunciation）、“花园里的基督”以及“进入新耶路撒冷”组织起来。在第二个区域里，他建议建造“耶路撒冷城”这样纪念碑式的也更为几何的建筑。第三个区域里包含了炼狱（purgatory）、净界（limbo）、地狱（inferno）。虽说阿莱西的设计只是部分地得以实施，在他的重组设计之后，仍有许多不在其中的建筑被添加了进来，瓦拉洛山腰的空间叙事序列还是得以保留了下来。

219

220

这里，我们必须思考一下这些意象该怎么存储到记忆场所里去。有关记忆意象的建构，耶茨引述了有关记忆术的最老现存著作里的话：

“我们接着该把那些能够长久保留在记忆里的意象安排一下。我们可以在意象之间建立它们尽可能突出的相似性；我们可以分出那些不多也不模糊的积极的意象［imagines agents］；我们可以赋予它们非凡的美或是独特的丑；我们可以装饰某些意象，就像给它们带上皇冠或是紫袍那样，让它们之间的相似性变得在我们看来愈加独特；或者，我们可以通过引入带有血污或是红色油漆的方式，肢解这些意象，让它们的形式变得更加夺目，或者，我们可以通过给我们的意象配置某种化妆特效，这样做，也可以保证我们能把意象记得更为容易些。”[18]

记忆意象的主要特征受制于它的显著程度。就像日后罗耀拉坚持认为要把生动和具体造像合成起来那样，这位论记忆术的专著作者也声称，独特的意象才是难以忘记的意象。不过，“显著度”的意思可是复杂的，因为它触及瓦拉洛意象中的真实

图78　圣山，瓦拉洛，通往“巴西利卡广场”（the Basilica Square）的入口（摄于1983年）

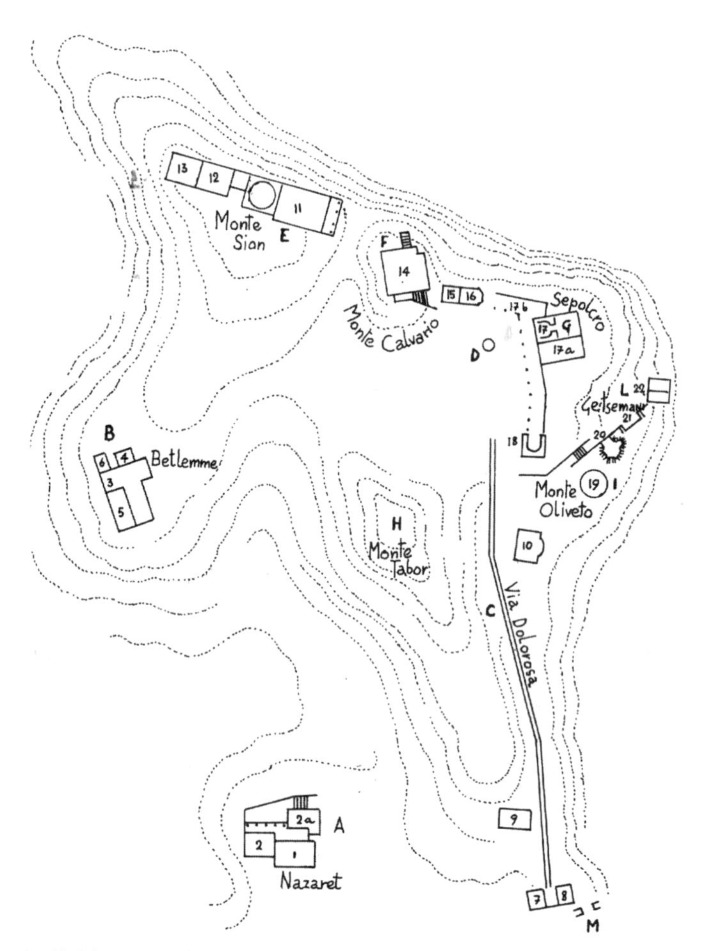

图79 对于伯纳尔迪诺·卡伊米大约在1486至1530年间完成的瓦拉洛圣山“新耶路撒冷”（Nuova Gerusalemme）计划的复原平面图，出自《神秘之书》，1569年

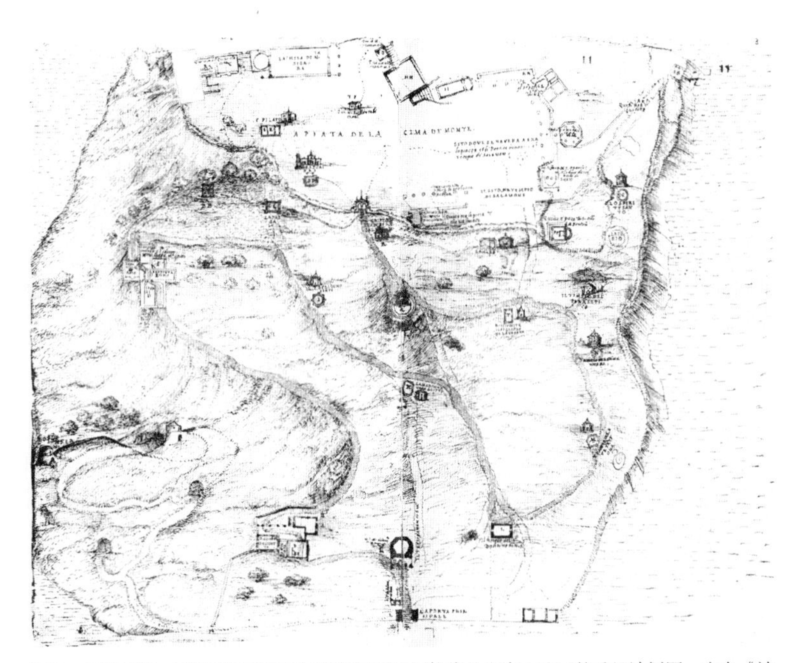

图80　加莱亚佐·阿莱西在1576至1580年间对于瓦拉洛圣山中心地区的重组计划图，出自《神秘之书》，1569年

性（realism）和幻真性（illusionism）的敏感话题。这些意象可以跟早前的记忆意象区别开来，因为后者被“肢解”到一定程度，已经变得“不正常”。而瓦拉洛的意象则“非比寻常”，就像是组成维纳斯或是圣母的美丽妇女肢体的组合那样。它们是显著的，显著地美。对于当下讨论的目的而言，我们足以陈述说，瓦拉洛礼拜堂里所描绘的那些意象都足够显著，(因此理论上讲）都是难以忘记。如果这样，我们这里就可以概括一下在瓦拉洛圣山的地景及建筑、精神修炼、记忆术之间的相互关系了。

地形与它的刻画

221

在打量过瓦拉洛圣山的地理条件后，我们并不会惊讶地发现这个地方真就很适宜归隐和进行精神修炼。圣地的选址就在村庄的边上，在山坡上，无论是自然条件上还是象征意义上都非常适合精神修炼所需要的独处。罗耀拉的修炼法要求修炼者离开有人和熟悉的环境。瓦拉洛就是像圣卡洛・博罗梅奥这样的人可以摆脱日常事务和熟人干扰前去修炼的地方。这种自我施加的独处的目的在于保卫灵魂。归隐时适于人们去回忆。作为基督徒的责任之一，作为四大品德之一，明智的能力包含了了解、记住、坚持向善和向好。罗耀拉的文本就是能把人们带向基督生平的具体媒介的任务书，而基督生平就是基督徒们有关“善与好”的观念的下层基础。这就意味着，体现着这些思想的媒介又把我们带回到瓦拉洛的建设身上；它们包括了对于意象和场所的使用。虽说罗耀拉的意象只不过是些想象的产物，而那些有关瓦拉洛的意象却被人工建造了起来，雕刻了出来，描绘了出来。经过这样设计的瓦拉洛，就可以把对基督楷模一生的独特意象，“置放到”独特的明亮的建筑物内，供人们沿着上山的路线去参拜。经过这样设计的瓦拉洛，可以最为贴切地描述为“用于精神修炼”的大尺度的“记忆剧场”。

阿莱西《神秘之书》里的插图和解释性文字都印证了这一点。他把全部的注意力都放到了“所罗门圣殿”（the Temple of Solomon）周围组织复杂的建筑群身上了。这多少有点令人吃惊，因为当初所罗门圣殿前空地上曾发生的那一幕在基督的生平事迹中所具有的意义并不大。对记忆的重要作用以及记忆剧场概念的理解才能澄清阿莱西的用意。在中世纪晚期以及文艺复兴初期，人们会把所罗门圣殿叫作智慧之殿；例如，朱里奥・卡米洛（Giulio Camillo）就将所罗门圣殿称为依靠七根柱子建起来的“智慧之家”（House of Wisdom）。这七根柱子外加一个入口自然就构成了一个正八边形。正八边形既是阿莱西设计的所罗门圣殿的中央空间的形状，也是诸如《寻爱绮梦》（the Hypnerotomachia Polyphili）所描绘的“圆形”神庙的核心

224

空间的形状。诸多历史学家都曾描述过阿莱西所罗门广场设计的对称性、中心性和统一性。大家认为这个广场是个典型的文艺复兴初期的空间，体现了常见的设计技巧以及常见的建筑象征性。然而，当观者进入这个空间时，就会看到体现了基督生平诸多重要事件的画像。看上去，或许可以被称为“记忆几何”的东西在此地也很重要。这一时期的许多人会把所罗门当成是所谓“魔法”（the Arts Notoria）记忆体系的创始人。正是记忆剧场的再现合理性，解释了为何阿莱西会对所罗门圣殿以及它在瓦拉洛圣山所处的中心位置抱有强烈的兴趣。

这些建筑里布置的画像曾经让许多作者着迷。塞缪尔·巴特勒就是首批开始评论这些圣山再现真实性的英国作家之一。在谈及奥罗帕的圣山时，巴特勒写道：“这些礼拜堂的创建者希望获得真实性。每个礼拜堂都被当成了某种例证，创建者想通过图画、雕像、舞台特效组合成的一体化艺术，在信徒面前更为生动地再现整个场景。”鲁道夫·维特科尔（Rudolph Wittkower）深化了这一观察，他写到，这种一体化艺术的目标就是要“视觉地且准确地再现传说中沿‘苦路’（via dolorosa）发生的事件。每个礼拜堂都像是‘圣戏’（the sacra representazione）里被凝固成永恒的某场戏景。”[19]然而，尽管有着表面上追求准确和历史真实性的愿望，许多人物都被穿上了当时的宗教服装，还有一些人物——事实上，数量有些惊人——展现出当时典型的（也是具有特点的）身体性疾病——甲状腺肿大。在坦齐奥·达·瓦拉洛（Tanzio da Varallo）和“莫拉佐内人”（Il Morazzone）①的画作中，诸多背景人物都穿着一样的服装。这就让观者很容易投入，瓦解了这些画上所表现的事件和观者处境之间的距离，瓦解了彼时和此时的差别。画上的人物既是外来的，也是当地的，既是历史上的，也是当今的；他们的特征是突出的，不仅仅因为画上描绘的是历史事件，还因为所有这些表现都使用了绘画幻真的技巧，比如短缩法（foreshortenings）和变形法（distortions）。有些真人大小的泥塑就穿着真鞋和真衣服，另一些被画在拱顶上的人物会从两维空间的人造深度里冒出来，他们从绘画图面上穿出来，部分地变成了三维立体的人像。这并不是所谓客观真实性，甚至不是历史真实性，而是相对于那个时代流行的兴趣和期待而言的意义或是内容的真实性。逼真是重要的，因为对这些空间的使用——精神修炼——需要它。这里，我们就回到了有关基督楷模一生的生活和具体意象的话题上去了。

227

那么，需要着这种真实性和幻真性的精神修炼到底又是为什么？什么又是反改革时期沉思活动的视觉需要？这类意象必

① 即16世纪末、17世纪初意大利画家皮尔·弗朗切斯科·马祖凯利（Pier Francesco Mazzucchelli）。——译者注

图81 《进入圣山的入口》(Ingresso al Sacro Monte)，埃米利奥·孔蒂尼（ Emilio Contini ）绘制，1916年，瓦拉洛艺术展览馆（ Varallo Pinacotéca ）

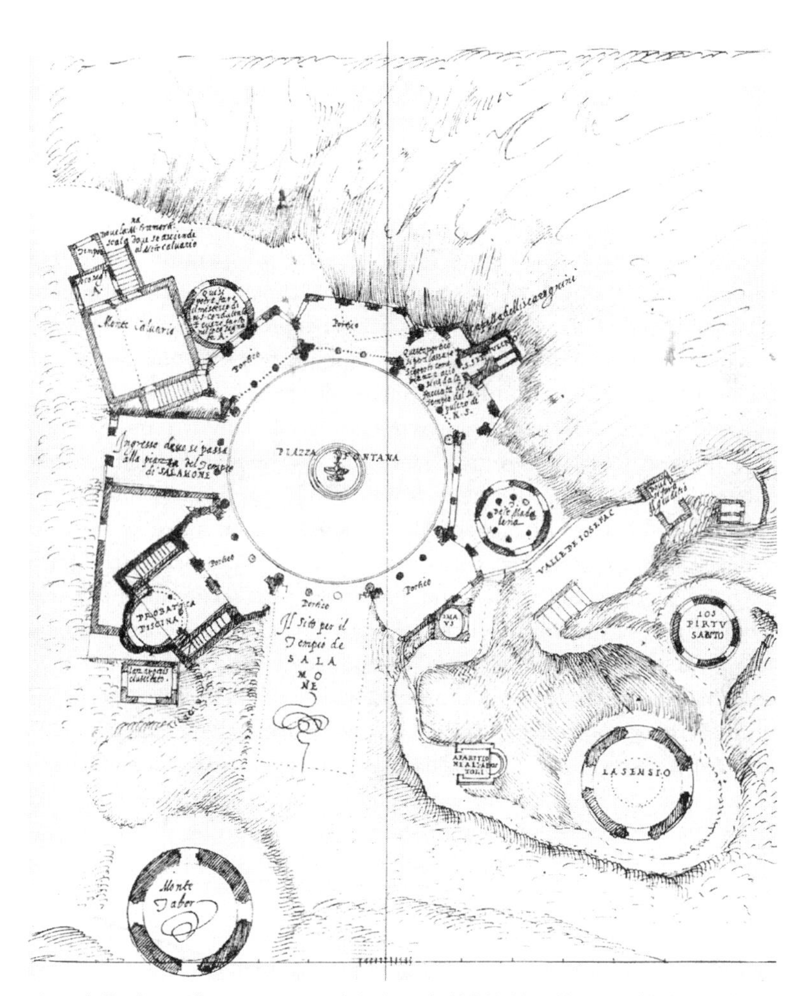

图82　加莱亚佐·阿莱西于1565至1569年间为所罗门神庙前广场所做的重组计划初步设计，出自《神秘之书》，1569年

图83 《通往卡尔瓦利的路》(The Road to Calvary)，圣山，瓦拉洛，礼拜堂35，绘于1599年前后（摄于1983年）

图84 《彼拉多正在洗手》(Pilate Washing His Hands)，圣山，瓦拉洛，礼拜堂34，坦齐奥·达·瓦拉洛于1600年绘制的壁画（摄于1983年）

须揭示什么？维特科尔已经把一幅幅画像描述为“‘圣戏’里被凝固成永恒的某场戏景”。我们知道，每一幅画像都体现着基督生平的某个时刻。但是，什么又是这一时刻的精神意义呢？这样的精神意义又是怎样变得具体化了呢？我之前所用的“楷模”一词或许可以帮助回答这个问题。基督生平是信徒沉思的对象，因为基督的一生就是基督徒行事的榜样。一种明智的人生就是学习基督，像基督那样生活。但是，这并非寓言化的表现，也不指向“其他”事件和个体：这些场景所支持的就是更为直接的体验。因此，这些画像的价值就在于它们能让朝圣者感到仿佛他或她真的见证着或是参与着事件。正如我们已经看到的那样，独特和突出的画像就是令人难忘的画像。

把观者带入戏景中去的技巧就是透视法和舞台布景设计。在瓦拉洛，沉思的朝圣者应该采用的是一个观者的姿态，面对的是基督生平中的某个时刻和它的场景的戏剧化幻真表现。这正是“人造透视”、隐藏和间接的光照、幻真般的绘画可以放大雕刻人物的真实性的地方。这样的幻真特效就把观者带入了戏景中，或者说，带入透视艺术再现能力可能容许的戏景之中。

而三维再现的边缘地带——亦即，构成着一处室内边界的四周墙体、天花和附属空间的表面——就是幻真技巧可以被付诸实践的地方。在某些情况下，礼拜堂的室外建筑形式也被画成了空间内部墙体的连续表面。在后来建起的礼拜堂身上，幻真技巧变得更为老练。在粉刷过的方壁柱之间，通过画上带有透视深度感的景物，场景似乎就延伸到了房间墙表面之外去了，就像在阿莱西的画上所画的那样。墙面上覆盖着街道透视图，天花被画成了廊、屋顶甚至天堂，在某些礼拜堂的背端墙上出现了断开的系列平面，就像剧场里的舞台布景屏那样，它们构成了带有叠加效果的一幅幅透视画面。所有这一切都假定着处在某个位置上的观者，并让我们想起了某个文艺复兴时期和巴洛克初期的那些剧场化空间，比如巴尔达塞雷·佩鲁奇（Baldassarre Peruzzi）和塞巴斯蒂亚诺·塞利欧（Sebastiano Serlio）画中的剧场，帕拉第奥和斯卡莫齐（Scamozzi）的舞台设计，贝尼尼（Bernini）设计的教堂内部，特别是科尔纳罗礼拜堂（Cornaro Chapel）的内部。或许，最具关联性的例子就是多纳托·布拉曼特（Donato Bramante）在圣萨蒂罗附近的圣母教堂（S. Maria presso San Satiro）里设计的唱诗席。而那个教堂离米兰的瓦拉洛不远。

229

事实上，就在室内空间的这些边界上，有关场景再现的困难才会出现。我们之前提到的那些技巧克服了这些困难中的多数。这样，一个人物能从绘画表面里浮现出来，进入一个房间空间的技巧（在奥尔塔做得比在瓦拉洛好），是一种试图拿掉场景空间和画像空间之间分隔的尝试。或许，这是对透视法或是剧场化再现手法的局限的最为清晰的体现。这样的人物，如此

图85 《圣方济各封圣》（The Canonization of St.Francis），第10礼拜堂，圣山，奥尔塔（Orta），1607年，雕塑是迪奥尼吉·布索拉（Dionigi Bussola）的作品，湿壁画由安东尼奥·布斯卡（Antonio Busca）绘制（摄于1983年）

的具有野心，也最终不那么成功，显示出那种凭借透视建构出来的“原点”，要把画上带有透视深度的幻真空间（以及叙事时间）带进泥像所处空间，带进忏悔者/观者所处空间的欲望。如果观者正对着人像时，这个人像就会发挥作用，将二维平面上对于深度的再现和雕像所处的三维空间连接起来。但是作为边缘地带的一部分，这个人像就像四周墙面壁画上的人物那样，通常不会被观者如此视看。当观者穿过景框朝前看向主要人像占据的房间中央时，这样墙面上的人像就成了边缘的——斜向上的——肯定也是非正面的雕像。于是，尽管这类人像是为了正面观看设计的，因为场景的空间性，它们就只能处在边缘被体验。这一人像的困难指明了不同类型的再现方式和参与形式之间的矛盾；亦即，身处礼拜堂室内面对绘画表面的再现方式的视觉和静态的参与方式，和山腰地景再现方式中那种身体性和行动性的参与方式之间的矛盾。 231

室内的空间是为了那些有着透视训练的眼睛，为了那些作为观者参与到事件中去的朝圣者打造的。然而，尽管这里有着画像的力量和再现的高超技艺，观者/朝圣者仍然是某种局外人，在某种程度上还是难以触碰到救世主的楷模一生。真人大小的人像和幻真的壁画都可以触摸，可是有些僵硬——已经“凝固成为永恒”。然而，当朝圣者从透视建构面前撤离，回到山腰，沿着朝圣路线继续上路时，情境和对再现的参与方式都变得很是不同。这里，透视艺术的技巧不再起什么作用。朝圣者是以更为直接和更为即时的方式——也就是身体性方式——参与到场景之中去的。独自一人的攀登是朝圣者重演那种楷模模式的方式：不管你是不是个信徒，登山都是苦功。这种朝圣路线和场景的更为直接的空间和身体性意义为画像那种更为间接的再现性意指提供了某种补充，或许，提供了某种基础。二者都是象征性形式，前者或许没有那么清晰但是更为有力。如果说室内墙上那些美丽的透视绘画是从空间意义的田野——它们的地形——中萃取出来的话，它们也就在很大程度上被剥离了构成它们并且持续让它们被人记住的那些组成。

我们可以把这一观察推而广之。要想改善我们对于某个视觉图形的可回忆程度，那就要把图形当成是某种整体化地形的一部分，一般而言，我们可以通过照顾到人物或是景物所在的空间和地形条件，去提高绘画和造型人物或景物的力度：形象是在具体的适宜的场景中，如西塞罗所建议的那样，在一个“家”中，才会产生意义的。例如，把一幅圣母画像从圣坛处拿走，是会改变画作的意义的。我们很难记住博物馆里的圣母形象，因为没有哪座博物馆的室内有着足够的变化度，可以像瓦拉洛的地景那样给予每一个形象以自己的场所。那些跟地形没有关系的建筑物也有类似的困难。当人们抽象地把建筑场景当成二维正向表面去看待时，当设计师们为了表现效果，把 234

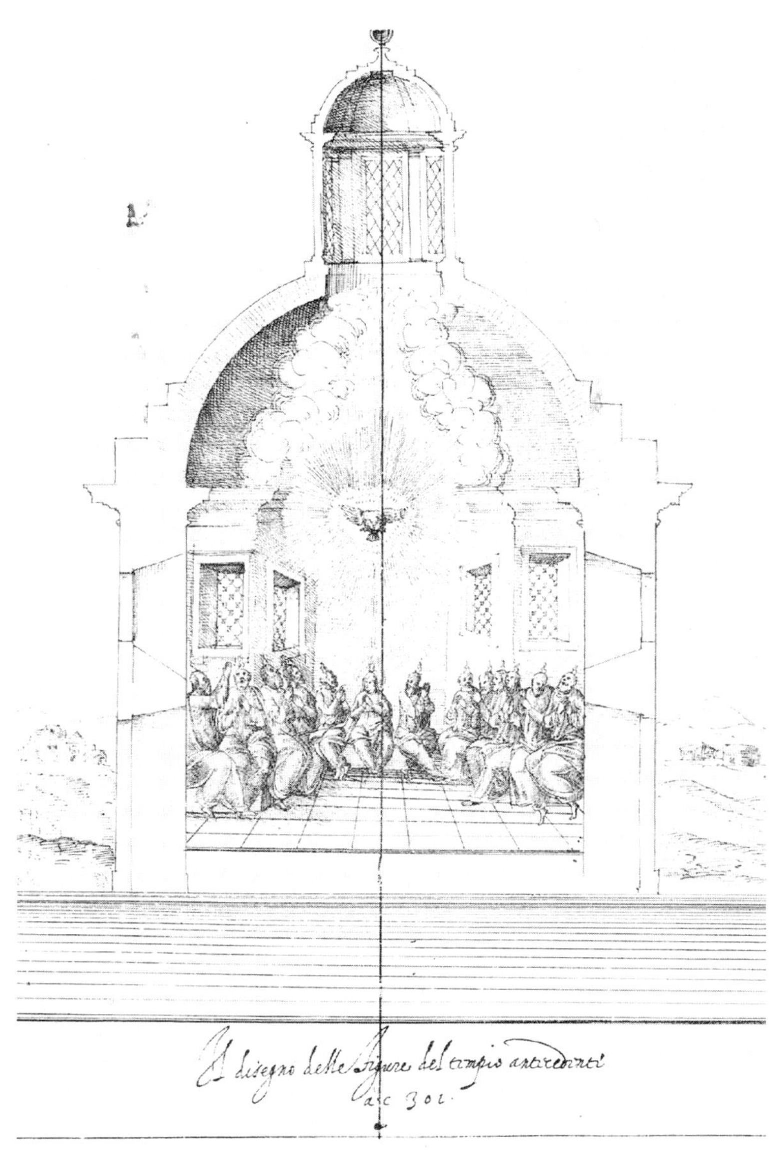

图86　加莱亚佐·阿莱西，1565至1569年间为彭特科斯特神庙（the Temple of Pentecost）所绘制的设计图，出自《神秘之书》，1569年

室内外立面当成图画那样去构图，成为穿越建筑的系列小透视（marche）时，建筑性景物就变得越来越难以被记住，空间的体验就丧失了它的力量和咬合度（integrity）。立面就像画作，只有当它们处在某种情境中时，才容易被记住。没有地点的人物或是景物总是难被记忆。瓦拉洛的基地证明，对于建筑意义在视觉形象中的表现，必须被当作在地景环境中对身体性意义进行更为综合也更为激进的思考的一部分。要想让意象被记住，它们必须被赋予一个场所。

图87 泰伯峰（Mount Tabor），圣山，瓦拉洛，第17礼拜堂，加莱亚佐·阿莱西，1569年前后设计（摄于1983年）

图88　圣山，奥尔塔，风景（摄于1983年）

结语：微尘伦理学

“当你们从花园那里进来，在走道上前拥后挤就像矿物学家会形容的那样，进入了一种溶解的状态，并且逐渐汇聚；当你们一排排地坐下，每人都归于自己的位置，你们就成了水晶。”

——约翰·拉斯金，1865年

235

被拉斯金在这段话中描述成为水晶的那群孩子，并没有在排成行的座位上坐多久。在上完了他们大地（特别是地层）几何学的课后，他们出了教室即刻解散，消融到了他们此前喜欢的状态中去了。这样的结尾是孩子们在课前和课中一直都期待的事情，因为课上孩子们出人意料的提问以及管不住的嘈杂都说明，有序的座席并没有消灭他们先前的流体状态，他们只是短时间地控制一下而已。

地形同样存在着从“有序的行列”到“融化状态”这样的变化范畴。更有甚者，存在于地景和建筑中的这两种“秩序”的矛盾有着伦理学意义。为了表明这一点并将前面诸章的研究做一总结，我想在这里重提前文中的一个实例，就是奥林在与埃森曼合作时设计的俄亥俄韦克斯纳视觉艺术中心的前院。这种简要的描述将使我能够重新引入并且总结一下地形学的主要特点，因为地形学能将景观和建筑各自容纳和代表的实践情境整合起来。

236

虽然建筑立面与周围道路都赋予了韦克斯纳视觉艺术中心的前院非常肯定的边界条件，奥林设计的景观中所展现的材料、表面和几何却暗示着它们与构成着某种更为遥远的天际要素的关联。在一篇讨论“地域主义”（regionalism）的文章中，奥林提到，在这个前院的设计中杰弗逊（Jeffersonian）时代的“测绘网格”成了这里的一种组织手段。[1]虽然埃森曼在设计该建筑时，他对错位网格（shifted pattern）的操控处理受到了来自基地附近环境几何关系的启发（不同方向的网格在该校园的边缘上形成了叠加），而奥林心里想的，则是更为广阔的地势——俄亥俄州东部的地势——20多年前，奥林为了完成一项环境设计研究，曾研究过这里的地势。作为诸多类地势之一，草原地区的特点就是其辽阔，没有起伏的平坦以及严格的规则化土地划分模式。这三种属性在这个前院的基地周围同样存在：笔直的街道平坦地向四下延伸。同样直白的还有建筑正立面上的模度几何线，起码，它们的间隔距离和正交关系体现着这种直白；

237

图89　韦克斯纳视觉艺术中心，俄亥俄州立大学，哥伦布，俄亥俄州，劳里·奥林与彼得·埃森曼，1983—1989年（照片使用得到劳里·奥林的准许）

建筑的上部轮廓则引出了另外一个话题。

项目的植物种植方式也暗示着与业主所据土地之外的地景性格之间的联系。奥林解释说，他希望“通过种植一片又一片热烈的若干种草和当地的野花，唤起人们对很久之前就已经消失了的草原记忆——记起而不是复原或是模拟一个过去的草原。”[2]这样，项目的设计就不再只拘泥于它的界限，或是（反过来）仅仅在提炼环境里的所谓突出特点，仿佛奥林忘记了这个项目还有边界，他把这个前院的层层台地当成了美国中西部地势的一个碎片。

基地上的几何线和植被种植方式因为吻合着被给予的条件，可以说是一种明确追求“原境性”（contextuality）的证据，然而，这里还存在着这样的事实，几何和植被种植同时又偏离了已被给予的条件，激进地改写了事先被给予的那些前提。是的，沿着建筑正面的人行道摆设的种植箱的确是跟城市平面的正交网格对齐的，但这些种植箱也——以有些出人意料的方式——偏离了典型街道剖面上的平行关系。在正面的这道挡土墙一路上从人的膝盖高度升到了腰高，而挡土墙下面的地面却保持着完全的水平。如果仅仅是因袭平原上的网格，那这样的高度变化就没有缘由。然而，偏离还在继续。当行人走向大楼时，这道上升的墙也变化了若干次。在某些地方，挡土墙的高度升到了人的身高，仿佛是地下结构部分有能力变成地上建筑似的（或者说，这里的地构就像是这个中心大楼的框架）。当挡土墙升到它们的习惯高度之上，植物的标高也超过了习惯高度。原本只是匍匐（在草原上）的草丛，现在，升到了丛林和树木的高度——原本被俯视的东西，现在成了被仰视的对象。对于奥林来说，这样处在不太常见的高处的草丛，让他惊讶但生动地记起了儿时看到的杂草和香蒲被冻在了阿拉斯加冰雪之中的景象。在他肩部位置上传来的草丛的声音，让他记起自己小时在辽阔冰雪大地上滑雪的情景。

238

因为合作者埃森曼强调的是“置换”、“差异”、“不和谐”的特点，人们或许会以为奥林在这个项目的设计中，主要思想就是要与已被给予的条件不同，不仅在方法上而且在目的上也采纳建筑“解构”（deconstruction）的手法。然而，奥林的意图并没有这么狭隘地受着学科的局限，其手法也并不是那么具有表现力；相反，他的出发点在很大程度上倒很实际：他想在街道和室内之间实现一种有效的过渡，构成一种进入的过程。奥林将这里本来平坦且正交的网格折起（或架起）的理由如下：“这里（花园）的土地会隆起和上升，将它卑微的自然——草、泥土和石块——强加给来访者。草、泥土和石块被抬到人眼的高度，甚至高过了人头。这样，这个花园就创造出和走入大地相似但又不一样的感受。”[3]这样的体验就被奥林勾画在初步设计的草图上，因为这些草图表明他的目的是把运动从城市规划水平网格那里（规划的运动）组织到建筑立面（规划的面貌）的竖向网格上。这两种网格都只有一层超薄的表面。前院所奉献的是这些表面所缺乏的东西，就是厚度、围合和物质，所有这些都包含在奥林对“大地”一词的使用上。他的论点是：当土地表面被加厚，当土地本身被硬化之后，那才有了“进入”的时刻。

然而，从街道进入这个建筑的通道并不完全掩埋在地下，在奥林看来，进入是一种“与走入大地相似但又不一样的感受”。这里，这个项目带出来某种矛盾，也是到目前为止我们所提到的诸多矛盾中最为尖锐的一种。让我重说一遍。首先，这个项目的内部的确是由外部特征所限定的（依据地势打造的一层层台地）。其次，基地上原本平坦的正交属性是与项目逐渐加强和不规则的厚度相对立的。第三，这个项目既可以说是土质的围合，也可以说不是。奥林的“但又不是”明显指的就是这个前院的竖向延伸，指的是步道和隆起的草床都是以天空而不是土壤覆盖的。但是这样的“但又不是”似乎也意味着这个项目中那些线性要素——那些靠精致收边的红砂岩挡土墙所勾勒出来的轮廓线或是几何线——的持续重要性。“进入”因此不是进入大地，因为步道是沿着草地的几何线和转角延伸的。当土地被平整之后，被提炼成为“有秩序的行列”之后，进入方式的布置也就完成了。

239

奥林那份《杰弗逊网格研究》发表于1968年，作为图例出现在西比尔·莫霍利-纳吉（Sibyl Moholy Nagy）的著作《人类的网阵》（Matrix of Human）中。同年，美国雕塑家罗伯特·史密森（Robert Smithson）也发表了一篇关于大地表面几何的文章，叫作《心灵的沉积：大地项目》（A Sedimentation of the Mind：Earth Projects）。[4]韦克斯纳前院和史密森论点之间的平行性很有意思，因为雕塑家史密森的那些项目也提出了类似的问题，就是几何图形超越了自身，变成了它们流体状态或是“海洋”状态的原初形式。例如，1967年，迈克尔·海泽（Michael Heizer）的《埋在泥和雪中的双级固井》（Two-Stage Liner Buried in the Earth and Snow）雕塑，里面就有一些金属板，深陷到地下。这些金属板勾画和围合出一眼方口的井，井身陷入彻底的黑暗之中。因为要在冰冻的平面上发现（难以限定）的深度，方形所具有的严格正交特别适合这一主题。在史密森本人的“非基地”系列装置中，我们会看到同样的“界面”和“物质”之间的张力。在《残骸的线》（Line of Wreckage）中，由一条条涂着油漆的铝框构成的架子里，陈列着一块块破碎的混凝土块。那些碎块的特点就是无定形性或者形式不整，而架子的特点就是严格的模数化。在其他的“非基地”项目中，有时史密森会用同样一些挺拔的框子去框限托盘里的片岩或是云母的残片。在一张桌子上放上样本，在一只笼子里关进动物，

242

图90　韦克斯纳视觉艺术中心，俄亥俄州立大学，哥伦布，俄亥俄州，劳里·奥林与彼得·埃森曼，1983—1989年，初步设计草图（照片使用获得劳里·奥林的准许）

图91　韦克斯纳视觉艺术中心，俄亥俄州立大学，哥伦布，俄亥俄州，劳里・奥林与彼得・埃森曼，1983—1989年（照片使用获得劳里・奥林的准许）

图92　韦克斯纳视觉艺术中心，俄亥俄州立大学，哥伦布，俄亥俄州，劳里·奥林与彼得·埃森曼，1983—1989年（照片使用获劳里·奥林准许）

让孩子们整齐地坐成一排：每一个例子中，都是要在那些本没有约束的事物身上套上一个框子——或者说，频繁地给这些原本没有约束的事物不断定义它们的界面。当史密森用这样的方式把土地和几何组合在一起时，他将它叫作“抽象地质学”，不是那种要去否认形式和物质之间的对立，而是要彰显这种对立的“抽象地质学”：形式提供的是能够把握概念的形构，物质提供的是能够把理解力带进“原物质自然深渊”（the physical abyss of raw matter）的素材。

近来，有人将雅克·赫尔佐格（Jacques Herzog）和皮埃尔·德梅隆（Pierre de Meuron）从1982至1988年设计的塔沃拉住宅（Tavole House），与史密森的那些“非基地”项目做了比较。[5]这栋房子是与韦克斯纳视觉艺术中心前院同年完工的。这种双向的比较（将这栋住宅与史密森的“非基地”项目以及韦克斯纳视觉艺术中心前院的比较）是有趣的，因为这栋房子直线化的框架将房子的身体进行了细分，但是没有用到泥土（框架里的石灰石是干垒起来的）。在房子的转角处，也就是在传统建筑中最为注重和最经常出现支撑，以确保和显现建筑结构稳定性的地方，框架并没有出现。史密森的“界面”和奥林的“网格”同样都在框限它们的内容。然而，在塔沃拉住宅的一张初稿上，混凝土框架出现在转角上，只是藏在了垒起的石头背后，仿佛表面的连续性（作为一种形象）比见证建筑的构造咬合度更为重要似的。这里，是另外一种强烈的矛盾：框架中间填上去的那些石块像是给这个建筑穿上一个外罩，仿佛这个外罩还是一个不间断或是连续性的表面。这种在墙体和框架之间的冲突和矛盾有着诸多先例，比如诸多手法主义（mannerist）和巴洛克建筑。在拉斐尔（Raphael）设计的罗马波波罗圣母教堂的基吉礼拜堂里（Chigi Chapel，S. Maria del Popolo），贴在填充墙表面的各色理石也跑出了边框，反而包住了那些白色的结构性“框架”。弗朗切斯科·博罗米尼（Francesco Borromini）夸大了这种冲突，将之生动地体现在了罗马四泉圣卡洛教堂（San Carlo alle Quattro Fontane）的立面上。或许，这种墙体和框架之间冲突最为明显的例子乃是16和17世纪的花园。其中，构成墙体的材料拒绝在设计和建造物所赋予它们的框子里面好好待着——最完美的例子就是拉斐尔在罗马设计的马达马别墅（MadamaVilla），那里，粗石处理手法将粗凿的石头边框和挺括的石头边框编织在一起。在塔沃拉住宅身上所使用的石料，也都会冒出边线。这里，不仅是几何意义上的“冒出”，还是生成意义上的“冒出”。因为建造此宅的这些石块，都来自附近过去的一处废墟建筑的石堆。更早的时候，这些石头则埋在附近的山上。这些墙体所表现的连续性不仅溢出了结构性框架的界线，也溢出了建筑红线的范围，仿佛基址的边界是不存在似的，仿佛建造物就是周围土地的一部分似的。对于韦克斯纳视觉艺术中心前院，奥林有着非常相似的用意："我开始痴迷于种上草原野草和野花的想法，让它们覆盖、穿越、贯穿这张网格和建筑物。"[6]随着时间的流逝，那些草开始覆盖并掩埋那些容器的边框，仿佛草原重新夺回曾经属于自己的东西，但是，又不是在完全自然的层面上。

作为一处"入口"空间，这个前院负责管理好几股流线的汇集。大的区域的几何线和局部地点的几何线汇集在了广阔的正交网格和基地特有地势的交接处。处在两个不同标高上的草原植被的交汇也带出了在大的区域植被状态和项目特有的植被状态之间的结合。但是，围合与延展的相遇却代表着另外一种不一样的汇集：前院的墙体同时既在建筑内，也在建筑外，既是房间，也是步道，这就见证了一种交互的置换或是位移。换种说法，前院挑战了人们习惯上对于都市状态和室内状态的区别，制造出一种既暗示着二者、又实际上并非二者的情境。这样的中间位置恰恰就是"入口"的意义。

246

因为前院的设计跟随着这种情境的"廓线"（the contours of such a situation），这个前院的设计就不该被解读为仅仅为了不同而制造差异。那些可见的手段——比如，片段化（fragmentation）、置换（displacement）、位移（transposition）、陌生化（defamiliarization）——都不是目的，而仅是些手段。这样的工作方式，这样的对内涵的执着，以及设计师对存在于平淡事务中的可能性的可见追求（比如，原本就是一条从人行道进入一处展示空间的通道而已），都跟我们今天在设计领域里常见的东西相反。比如，以为仅靠我们塑形世界的活动就能完全改造世界，那是太过迷信于设计手段的力量了。然而，今天仍有好多人还在相信着这个假说。或许，我们对当代实践的技术持有那么一点儿过分的迷信，而对作为条件的世界持有那么一点儿过分的不相信。当我们的方法所产生出来的结果经常证实着方法的可靠工具性时，它们却很少会给那个真正能为内涵提供丰富性的地平面提供一次发声的机会。

换种说法，那些限定着某类艺术——景观建筑学、建筑学或是雕塑艺术——的组织技术，的确会有一种操控、安排和表达世界的威力，但是，这点威力根本就没有挖掘出世界的潜能。拉斯金当年用"水晶般的忧伤"来描绘他的微尘伦理学。而在他身后，对这个世界的安排以及这个世界被打造出来的格局，开始经受着各种变化。有时，变化来自人们的故意，就像在项目建设中那样，但并不总是如此。当变化来自不可预见的因由时，人们会用诸如"随机"或是"事故"这样的标签来解释这类因由。这些词汇见证着"理性"的缺席。场所、情境、制度的历史就见证着来自可预见和不可预见或是可理解与不可理解的变化的组合与互动效应。

图93 塔沃拉住宅，雅克·赫尔佐格与皮埃尔·德梅隆，1982—1988年［摄影：玛格丽塔·斯皮卢蒂尼（Margherita Spiluttini）］

图94　韦克斯纳视觉艺术中心，俄亥俄州立大学，哥伦布，俄亥俄州，劳里・奥林与彼得・埃森曼，1983—1989年（照片使用获得劳里・奥林准许）

“地形”（topography）代表的正是这样一些在计划内外正在发生变化的领域。为了结束对地形的研究，我在此处将对前文中有关韦克斯纳视觉艺术中心前院的简要记述和之前章节的要点做一次概括，以便把景观建筑学和建筑学描述成为“地形性艺术”。 248

为了让“地形”一词可以同时体现景观建筑学和建筑学的本质方面，我已经拓展了“地形”一词的传统含义。这里，地形的六点特性是重要的：（1）地形的延展性或者说地平性特点；（2）地形马赛克般的异质性，就是在地形上所发生的运动，始终会遭遇到地形的反向制约条件；（3）地形不可以被仅仅等同于土地或是作为自然物质的材料；（4）地形作为非物质化的体量或是轮廓时，也不只是形式；（5）地形展现自己的方式总是悖论式的：或以显现的方式处在潜伏状态（manifestly latent），或以已被给予但不显现的状态出现（given not shown）；（6）地形的时间性特征使其既激发人类的实践活动，同时也留下这些活动的痕迹，因此，它既是人类自由赖以发生的条件，又是这些发生的编年史。

景观建筑学和建筑学共有的地平面

单独的空间场景总是要相对于其他场景程度不一的区别或是分离才能得以限定。地形，作为这种差别和分化的地平面，同时包括了城市和乡村的地点。要描述这种环境是困难的，因为描述，就像感知，总是会让注意力聚焦，而地形则存在于任何被带入焦点的话题之外。这里，“边缘性”（marginal）并不意味着“不重要”，而只是被当前所关注的主题所遮蔽了。如此理解的地形永远不会突前，只会藏在注意力所聚焦的事物的身后。地形不是一张被动地承受着知觉兴趣点的板，而是能让这些知觉兴趣点浮现出来的那个寂静且模糊的背景。“horizon”这个词的常规意义就是天与地在远处相会的地平线。不过“地平线”的意思或许还不如“horizon”的古义更能解释这种环境：“horizon”一词古时指的是向外延伸出去的一圈平地，在其上，上演着各种日常事务。地景和都市的地势都在刻画着这一圈更为根本的地平面，不过这两者都不能囊括或是恰当地体现地平面的潜质。

马赛克般的异质性

如此描述的地形学总是比在任何时刻所看到的内容更多。 249
这多出的部分潜藏在我们所观察的周围环境之中，因为那些构成知觉中心的边缘总是超出对焦点的预期。但是这种多不是同一性的多。我们可以在地形的扩展中发现差异性。在地形的情

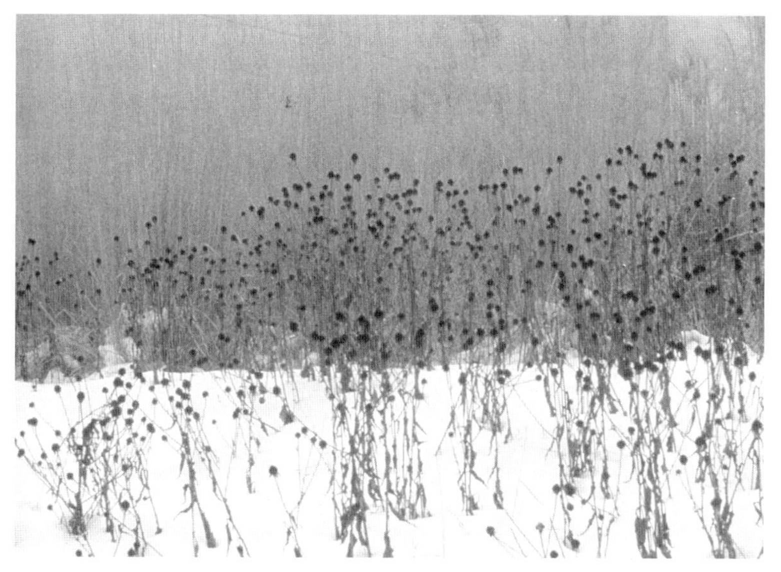

图95　阿拉斯加香蒲［摄影：费利斯·弗兰克尔（Felice Frankel），照片使用获得劳里·奥林准许］

境和机制之间的结构关系中，发现对比和互补。而地形却一直以另外的方式出现。在现代主义者的学说中，空间被当成是囊括一切具体情况的框架，是包容所有可能内容的巨大容器，是彻底可理解没有任何秘密的充实体（plenum）。同理，在现代科学以及借助其公理的景观和建筑著作中，连续性的空间因其概念属性，常被理解为各向同性、匀质、自我相同的，从而便于知性把握。而地形恰恰与空间对立：它是多源发生的（polytropic）、异质的、具体的：它的各个区域相互反衬、冲突，有时也彼此对话。不过，地形不是只有那种无限的差异。它连续的同时提供着令人熟悉和出乎意料的情境。如果说空间同时会向三个维度延伸（即时性地），地形则需要时间去呈现它的地点。在任何一处基地，任何一个时刻，那里的结构都需要人们去想起某些别处的场所，某些期待中的场所。出于这个原因，地形也能衡量着人的生命有限性，邀请和淘汰那些穿越地形的运动。

既非“如是”的土地，也非“如是”的物质

在一般性用语中，地形常常被具体化为“土地”或是“地势”。出于这样的原因，当我们说，景观建筑学必须关注地形，因为景观建筑学是一门对大地表面进行重塑和处理的艺术时，几乎没人会反对。同理，建筑学也涉及了建造跟土地是合作或是对抗。建造活动要想（真的）发生，也需要土地和材料。因此，无论是景观建筑学还是建筑学，在设计领域中，似乎不可避免地总是需要某些物质的东西，这样或那样的材料。那么，地形因此就一定是物质的吗？是，也不是。是，是因为地形必须可以被知觉触知；不是，是因为被人感知到的部分藏匿着某些潜在的品质，赋予了地形的当下以及未来的存在。我们对于物体、形象、数据的专注，限制着我们对于潜伏性的把握。沙夫茨伯里所说的自然力乃是某种“深藏不露的”东西的说法，指的正是这样一种缄默的维度。其他一些词汇也同样具有表示性。“能力”（capacity）一词同样适用于实体物质，暗示了支撑的和表面呈现（之外）看不见的可能性——比如，发光的或晦暗的表现就体现着某种潜能。而“潜质”（potentials）一词也表示着事物和场所的某些内在可能性。能力不能被完全洞悉，因为它总试图藏匿自身，就像看不见的物体的背面，或是看不见的某种已成形物体或抛光物体的内部。我们可以通过换一个角度，就看到了原本看不到的物体的后背。而事物潜伏的部分总在保持自己的后退：它们展现给人的知觉的部分，并不构成充分条件，让人可以借此去预判未来。每一个表面都是某种事物的表面，而某种事物才是地形中重要的东西。建造的整修过程恰恰就在于培育这种事物的潜质。然而，每一种整修行为所书

250

写的都不过是整修再整修的编年史中的一页。地形，因此，不是在一个已被给予的场所里物质性的呈现——不管是建造的还是未经建造的——至少，不止于此。

并非阳光下的形式游戏

地形也不应该被当成是景观或是建筑的形式特征。在景观建筑学和建筑学的话语中，形式是一种超级复杂的符号系统，就像它所涉及的现代空间概念那样，形式的意义也常令人费解。当代的形式概念大都暗示着体量和轮廓，而忽视事物的物质属性。或许，此类认识中最为有名的就是勒·柯布西耶把建筑学当成是阳光下的形式或体量游戏的说法。同一话题也体现在勒·柯布西耶“从形体拿捏方式，就能辨出造型人”的格言之中（“à la modénature，on reconnait le plasticien”）。在这些发言中，勒·柯布西耶从没有提到物质事物的重要性——它们的深度，它们的时间性，它们的具体性——他所强调的，就是形状。可是，从这个角度所理解的形式却远不够清晰，因为一旦一个方案中的线条和角度被建造出来之后，它们都具有了具体的品质，就像勒·柯布西耶晚期对建筑粗野性的觉悟所展示的那样。地形既不（仅）是土地也不（仅）是形式。

251

已被给予，但不显现

地形通过一种悖论的方式把自己展现给体验：就是显现地潜伏。物质的潜质所具有的隐匿特性显示了这种隐而不见的方式。不过，我对形式假说的批判，却表明存在于土地或是物质之中的能力并非那么隐晦不明。困难之处在于如何恢复一种对于地形情境的理解，在这种情境中，隐匿的状态不仅拥有而且为体验提供了一种漫溢，一种不可能被彻底把握的漫溢。在这样的情境中，显然有某些隐而不见的东西，它毫无疑问是具有潜力的。设计师在设计之初都会对基地进行考察，以便描述和理解“已被给予的条件”。这听上去好像很清楚，可“已被给予条件”的内容却远非清晰可言。我们倾向于假定，场所会像我们的设计那样，展现它们自己的“意向”（intentions）：因此，在设计中可以同时表现出两者，既有我们的意向，也有场所的意向，因而确信“已被给予”就意味着可以获得表现。不过，这样的看法再次混淆了“图形”与“图底”的状态，因为地形并不以相同的方式与其中的物体构成类似的图底关系。它不会暴露其“构成”内的“底”（所谓意向性），而是作为构成呈现的底。我们或许可以区别一下这两种“意向性”（intentionalities）：一种是被动的不设计，一种是针对设计条件肯定下来的意向性。当景观和建筑展现自己时，地形不是被废弃了，而是被升华了（sublimated），因为它继续存在（从而使自己呈现）于所有那些引人注意的东西的边缘或是背后。或许，只有“痕迹”这个词才适于描述地形的这种“显性面目的退场”，这种现时成为过去的“可见性”。

漫溢着人类活动的痕迹

252 如果我重申一下地形学的历史或是时间维度，这一点可能是最清楚的。一旦经历了建造和使用，景观建筑或是建筑物身上的材料就会邀请、记录，最终让人想起那些人类行为典型模式的痕迹，让它们不断在自己的表面沉积起来。这也使任何一种表面多少有点像一座时钟，一幅日历，和一部编年史。但是地形的时间矢量并不只是指向过去；每一种痕迹又会激发或是邀请随后的事件。这种对于地形来说特有的时间使得地形成了可以更新的遗产。通过一系列调试行为，地形这个遗产得以更新。这种转换并不一定要屈从于过去，而是把过去当成重新定义的条件。在地形的时间中，过去、现在、未来并非线性地一字排开，而是弯曲的，在自身内部穿梭，让过去和未来都层叠在现在。这样的时间相当缓慢，而地形的展现也相当地沉默和遥远。或许，虽然对在地形积淀演化过程（也正是凭借它们，地形才可以积累并延续历史）的两种要素——人力作用与环境作用——做出区分不无道理，但是我们更应该意识到，只有通过两者的合力作用，才能让地形恰当地发声。这样的刻画，未必一定是书写，正如“地形”一词中的“graphic”所意指的那样。作为一种铭刻形式，它不是在墙上书写，也不是关于墙的书写，因为地形远比那不易辨识。要抓住它的这种感觉，我们就必须重视那种侧面的、间接的或是缄默的交流。它的重要性并不是因其沉静而减弱，只是因其而有不同的表现。

上述有关地形的六点概括或许暗示着，地形或多或少就是“自然”那样的东西。不过，我们还是应该抵制一下如此将地形等同于自然的看法。虽说地形的结构一旦被吸纳到人的行动当中去，就可以被称为是“自然态”，但这并不能使其成为传统含义上的“自然”。这种把地形仅仅视为自然的观点错在了两个方面：地形并不是一种物质实体，或者一堆物质实体，其次，地形的显现跟我们所说的人性或是人造物是不可分的。当然，有些对“自然”的解释的确像我所理解的那样，澄清了地形学的意思。我这里只引述一段话。在《对人类自由本质的哲学探索》（Philosophical Inquiries into the Nature of Human Freedom）中，弗里德里希·谢林（Friderich Schelling）这样写道：

253 “世界若以我们现在的认识看，就是规则、秩序和形式；但是，无规则性（das Regellose）却潜藏在世界的深处，就像随时又会爆发似的，而且没有地方显示秩序和形式是世界本来就有的，似乎是原本没有规则的东西被带向秩序之后的结果。这就是事物现实性那难以彻底理解的基础，一种总在提醒着我们的东西。无论我们怎么努力，它都难以被理性消融，并且总是藏在世界的深处。”[7]

虽说《对人类自由本质的哲学探索》一书在德国于1809年就出版了，直到1845年，它才有了英译本。20年后，拉斯金写下了《微尘伦理学》。该书同样见证着在秩序行为表面下一直存在的无规则性。现代哲学家们一直试图理解谢林观察中的“regellose”一词。“无规则性”是这个词比较直白的翻译；另一些译法可以是“不规范的”（normless）或是“未成形的”（inchoate）。莫里斯·梅洛-庞蒂在其1960年关于自然的讲座中，把谢林的“野蛮原理”（barbaric principle）描述成为“狂野”、“野蛮”、“粗野”的存在（ête brut）。六年之后，雷纳·班纳姆（Reyner Banham）在他记述勒·柯布西耶的加沃住宅（Maisons Jaoul）的表面时，精心阐释了“粗野主义”（brutalism）这个词。那么，地形是否也具有相似的混沌未开、无规则或者粗野的特征呢？

在我已经强调过的地形品质中，包括了地形的地平性特点，地形的马赛克式异质性或是对立性，它的隐退性，他的叠压的时间性。这里，每一种品质都意味着地形在空间上和时间上超越了个体项目的限制，或者说，地形显露着这些局限被隐藏的特性。那么，地形是不是承托设计探索的某种原初条件呢？约翰·狄克森·亨特（John Dixon Hunt）最近指出，无论“第二自然”（农田）和“第三自然”（花园）的认识都理所当然地将第一自然或者叫“原初的野生自然”看作在向第二、第三自然提供着原料，但又缺乏第二、第三自然清晰可读性的对象。[8]三种自然的数字序列，并不意味着“高清晰度”的自然已经取代了原初的自然，只是说第一自然是后面这些自然的摇篮。还有，这些对自然类型的细化也不是要消除它们无所不在的关联。地形一直是以被修整过的作品中的残余物而存在的。地形提醒着我们，它抗拒彻底（完美）的培育、整修或者刻画。并且因为它的无规则性而具有一种常常被人忽视的“随时可能破土而出”的力量。物象的成形过程“利用”了物体和地层之间的这种关系，但也没有“切断”两者之间的纽带，因为地形有一种力量，去持续修改那些已经被赋形的东西，打乱已做好的安排。在做景观和建筑的表面处理时，正是利用了地形的这一能力，来关照物体的内在潜能。而且，由技术（例如维护）或环境影响（比如天气）而来的表面变化（re-finishing）也要借助这种潜力，就像它必须对这种不可预见的效果作出反应一样。那些貌似被动的东西，比如“资源”或是慷慨的馈赠，也是积极的影响，甚至偶尔会带来灾难性的后果。所有的改动都要依靠那些难以控制的残余物来进行。典型的使用，以及所有

254

对于外形、温度、抵抗力的期待都有赖于这种未被驯服的潜力。然而，如果事物混沌不开，仍然继续抵抗所有这些努力和影响，那么地形也同样要忍受和吸收它们。[9]正是这种吸收赋予漫溢现象以丰富的意义。场景之所以可以激发行为，是因为这些场景所在的地形已经漫溢了太多的典型事件的痕迹。

因此，设想为地形艺术的建筑或是景观建筑都还不够资格被看作是“与自然合作”。地形不能被操作，也不是制作的对象，也不能被设计、赋形、构成或是制造。相反，它制定了项目意向得以实现的条件，或者说地形“就是”诸多条件的总和，可以作为衡量作品知性的标尺。置身于这些外部影响和内部潜能中，设计的任务就是将项目中的意向与让地形中从未被见过甚至从没被想过样子的“事物”显现出来的意愿连接起来。如果我们这么去想地形的呈现时，那么街市上发生的公共事件是个比在乡村看到野花更好的例子，因为事件的发生往往出人意料。

如果地形是建筑师和景观建筑师应该努力去理解而不是去生产的东西的话，那就剩下两个问题值得注意了：这样的理解对于建筑和景观的实践会带来怎样的要求，这样的理解又会怎样帮助我们认识建筑设计和景观设计的差别?

路易斯·康并不是第一个讨论什么是“秩序”的建筑师。然而，与他的同代人相比，他的不同寻常之处在于他抵抗使秩序——房间、建筑、城市以及世界的秩序——成为设计结果的倾向。在这一点上，如今却很少有人再像他那般踌躇了。但“文化作为事业”并不是个新观点，在远距20世纪的时代里，建筑师就确信“柱式”能够成为组织设计的工具，可以既是目的又是手段。作为这一传统的继承人，我们已很难把设计看作技术手法和规划之外的东西了，更难把它看作对既存结构的一种参与方式。我们的手段是如此强大有效，我们完美管理世界的愿望是如此强烈，因而将一切秩序化成了建筑师的首要任务，如果地形学在今天的设计中有作用的话，那就是为这些“制造秩序”的技法赋予导向，为它们提供一个全面参考框架，一种环境，一部历法。如果设计实践能够接受上述这些馈赠，我们的方法就不仅是寻求它们自身生产力的乐趣，还应该试图从地形和地形的结构之中，揭示出它们的生成条件。

255

作为“揭示”而不只是“生产”的媒介，景观建筑与建筑以不同的方式建造于地形之上。地形学作为首要的前提和基础，它使接下来不同层次的刻画得以浮现。这些刻画不仅包含景观和建筑物，还包含它们要去适应与表现的情境。而更高层次的刻画包括描绘、言说和书写出来的景物。这也表明存在着一种刻画途径的系列。[10]并且，那些所谓更高程度的刻画，意味着跟出现环境的差异更大。第二和第三自然就能这么从第一自然中区别出来，甚至还能区别出来更多层次来。

这种差异增大的后果之一便是其潜能隐藏得更深，二者之间的关系似乎呈反比。如果说建筑拥有比景观更为“永久”的形象，那么它也就使自己的潜能保持在更为遥远处。在地景身上，当变化的步伐加快时，地景的形象就会不那么稳定。同理，建筑的表面比花园的表面会产生更多的漫溢，但在面对不可预见的情形时，后者则表现出更强的自发性。差异程度的不同带来的另一个重要后果则关乎隐而不见的问题，因为揭示景观和建筑的能力多多少少取决于内在和外在的作用力：景观在很大程度上会自我更新，而建筑物则需要修缮。然而如前所述，这里的差异只是程度上的不同，而非类型上的分别。在花园和建筑之中，是来自相同源头的力量在推动着它们的更新和揭示。地形学赋予了地景和建筑另外一种感觉，那不是通过设计和建造的意图、控制和期待所赋予的感觉，而是类似事件发生的感觉：它是迷人的、本能的，并且时常令人惊讶。

256

索引

本索引列出页码为原英文版页码。为方便读者检索，已将英文版页码作为边码附在中文版相应位置。

Achilles，阿基里斯，120，123
Ackerman，James，詹姆斯·阿克曼，124
Addison，Joseph，约瑟夫·艾迪生，133，136，138，174；Addison's garden at Bilton，艾迪生在比尔顿的花园，136，138；Addison's Walk at Bilton，艾迪生在比尔顿的小径，136，137，138，152；Bilton Hall，比尔顿堂，I36，137，138；Holland House，霍兰住宅，136；The Spectator，旁观者，136
Adorno，Father，阿多诺修士，211-212
Alberti，Leon Battista，列昂·巴蒂斯塔·阿尔伯蒂，115，122，174-177；De re aedificatoria，论建筑，174
Alessi，Galeazzo，加莱亚佐·阿莱西，201，216，219，221，223-224，229-230；Libro dei Misteri，神秘之书，201，216，218-219，221，223，230；Mount Tabor，塔伯尔山，Sacro Monte at Varallo，瓦拉洛的圣山，chapel 17，第17礼拜堂，232；project for reorganizing the central areaof the Sacro Monte at Varallo，重组瓦拉洛圣山中心地区计划，219；reconstruction of Caimi's plan for Sacro Monteat Varallo，卡伊米瓦拉洛圣山的规划复原，218；reorganization plan for Solomonic piazza，所罗门广场平面复原图，223，224；Sacro Monteat Varallo，瓦拉洛圣山，201；Temple of Pentecost design，彭特科斯特神庙设计，230；Temple of Solomon，所罗门神庙，221，224
Anaximander，阿那克西曼德，118
Arendt，Hannah，汉娜·阿伦特，11，16
Argyllshire，阿盖尔郡，172
Aristotle，亚里士多德，13-15，116，202，214；De Anima，论灵魂，214；De Memoria etReminiscentia，论记忆与回忆，214，Physics，物理学，13，203；Ars Notoria，魔法，224
Aurelius，Marcus，马可·奥勒留，124

Banham，Reyner，雷纳·班纳姆，253
Barragan，Luis，路易·巴拉干，4，51，54-55，57；El Pedregal

Gardens，[佩德雷加尔园（岩园）]，51，54，55，57
Baulatura，隆起的田地，123
Beeston Castle，比顿城堡，158
Bennett，Jane，简・贝内特，93
Berlin，柏林，44
Bernini，Gian lorenzo，吉安・洛伦佐・贝尼尼，229；Cornaro Chapel interior，科尔纳罗礼拜堂室内，229；Berti-Pichat，Carlo，卡洛・贝尔蒂-皮沙，123；istituzioni di agricoltura，农业制度，123
Black Heath，布莱克・希思，179
Bologna，博洛尼亚，122，207
Borromini，Francesco，弗朗切斯科・博罗米尼，244；San Carlo alle Quattro Fontane façade，圣卡洛四泉教堂立面，244
Bramante，Donato，多纳托・布拉曼特，229；choir in S. Maria presso San Satiro，圣萨蒂罗附近的圣母教堂唱诗席，229
Breuer，Marcel，马塞尔・布劳耶尔，80，97
Bringing up of Semele，养育塞墨勒，krater，双耳喷口杯，117
Brittany，布列塔尼，125
Brownell，Morris，莫里斯・布劳内尔，194
Bryant，William Logan，威廉・洛根・布赖恩特，55；Dirt，尘泥，55；"Stardust" 星尘，55
Buber，Martin，马丁・布伯，11
Burlington，Lord，伯灵顿勋爵，171，186-187；Chiswick Gardens，奇西克花园，7，171，186-187，187-197；Burlingron，Lord，and William Kent，伯灵顿勋爵与威廉・肯特，188-189，191；Chiswick Amphitheatre，奇西克露天剧场，190，191；Chiswick Cascade，奇西克叠水，187，188；Chiswick Orangery，奇西克橘园，189，189；Chiswick Pantheon，奇西克万神庙，190
Busca，Antonio，安东尼奥・布斯卡，228；frescoes in The Canonization of St. Francis，（chapel 10）"圣方济各封圣"里的湿壁画，第10礼拜堂；Sacro Monte at Orta，奥尔塔圣山，228
Bussola，Dionigi，迪奥尼吉・布索拉，228；sculpture in The Canonization of St. Francis。（chapel 10）"圣方济各封圣"里的雕塑，第10礼拜堂；Sacro Monte at Orta，奥尔塔圣山，228
Butler，Samuel，塞缪尔・巴特勒，205，224

Caimi，Bernardino（Fra Bernardino），伯纳尔迪诺・卡伊米（伯纳尔迪诺修士），205-209，215-216；Sacro Monte at Varallo，瓦拉洛圣山，205，208，215
California，加利福尼亚，4，13，17

Cambridge University，剑桥大学，18
Camillo，Giulio，朱里奥・卡米洛，221
Campbell，Colin，科林・坎贝尔，172
Carruthers. Mary，玛丽・卡拉瑟斯，215
Carson，Anne，安妮・卡森，117—118
Chelsea，切尔西，139
Chicago，芝加哥，92
Chrysippus，克律西波斯，89
Chthonia，克托尼娅，119
Cicero，西塞罗，89，214-215，231
Closterman，John，约翰・克洛斯特曼，142-147，153，167；The Third Earl of Shaftesbury，沙夫茨伯里伯爵三世，143，144，147，153，167；The Third Earl of Shaftesbury and His Brother Maurice，沙夫茨伯里伯爵三世与他的弟弟莫里斯，144，145，166
Code of Justinian，查士丁尼法典，89
Columbus，哥伦布，4，235
Compton Wynates，康普顿・温耶慈，133，135
Concordant discordance，谐调过的不一致性，48
Construction，建造，59-61，68-72，75-77，82-85，103，114，246
Contini，Emilio，埃米利奥・孔蒂尼，222；Ingresso al Sacro Monte，进入圣山的入口，222
Continuity，连续性，44，170
Cordova，科尔多瓦，207
Creech Hill woods，克利奇山林，166
Cruickshank，Dan，丹・克鲁克香克，171
Cultivation，培育，59-61. 68，82-85，161，164

d'Adda，Giacomo，贾科莫・德・阿达，2 16
daVarallo，Tanzio，坦齐奥・达・瓦拉洛，224；frescoes in Pilate Washing His Hands，彼拉多正在洗手，湿壁画，Varallo chapel 34，瓦拉洛，第34礼拜堂，226
Dawley Park，道利猎园，156，157，158
de Cisneros，Garcia，加西亚・德・西斯内罗斯，213-214
de Piles，Roger，罗杰・德・皮勒，176-177；Cours de peinture，绘画教程，176
Distance，距离/距离感，35，39，50，57-58，183-185
Dorset，多塞特，138-139
Dover Cliff，多佛尔悬崖，175，178
Drexler，Arthur，亚瑟・德雷克斯勒，103
Dugdale，Sir William，威廉・达格代尔爵士，136
Durrant，Thomas，托马斯・杜兰特，149

Earthwork，地构，13，17-18，20，38，58，123，190，237
Eaton Hall，伊顿堂，156，158，159
Eckbo，Garrett，加勒特·埃克伯，59，62-63，65-67，69，71，82-84；ALCOA Forecast Garden（ALCOA预示园），63，83；Art of Home Landscaping，居家造景艺术，66；Atkinson House，阿特金斯住宅，69；Grading section，竖向设计剖面，66；“Is Landscape Architecture”地景是建筑吗，62；Landscape for Living，面向生活的地景，62，65，82；trees and topography，树木与地形，65
Ecology，生态学，68，92-93
Edelman，Gerald，M.D.，格拉尔德·埃德尔曼医学博士，39-41
Eden story，伊甸园故事，3
Eiffel Tower，埃菲尔铁塔，75
Eisenman，Peter，彼得·埃森曼，87，91-92，23 6
Eliot，T. S.，艾略特，203，205；Dry Salvages，干燥的萨尔维吉斯，203
Esher Gardens grotto，伊舍花园洞窟，198
Eyre，艾尔，149

Fehn，Sverre，斯韦勒·费恩，23
Felibien，Andre，安德烈·费里比安，195
Finishing，表面处理/整修，44，46-47，82，84-85，239，247，252
Flitcroft，Henry（Burlington Harry），亨利·弗利特克罗夫特（伯灵顿·哈里），141
Fox，Warren，沃伦·福克斯，92，93
Framework，框架，17，19-20，33，58，118-119，237
Frampton，Kenneth，肯尼思·弗兰姆普顿，19
Free surface，自由表面，41，44，47-48，237
Furly，Benjamin，本杰明·弗利，139

Gadamer，Hans-Georg，汉斯-格奥尔格·伽达默尔，70
Gaia，盖亚，119
Gehry，Frank，弗兰克·盖里，75
Gibson，William，威廉·吉布森，171
Giedion，Sigfried，西格弗里德·吉迪恩，97
Gill，Irving，欧文·吉尔，46
Gorlitz，格尔利茨，207
Graves，Michael，格雷夫斯，48
Gribelin，Simon，西蒙·格里伯兰，146-148，155-156，158，167；The Third Earl of Shaftesbury，沙夫茨伯里三世，146，147，153，155-156，158，167；The Third Earl of

Shaftesbury，detail，沙夫茨伯里三世细部，148
Gropius，Walter，瓦尔特·格罗庇乌斯，97
Grosvenor Square，格罗夫纳广场，171-172
Gwynn，John，约翰·格温，173；London and Westminster Improved，造后的伦敦和威斯特敏斯特，173

Hadfield，Miles，迈尔斯·哈德菲尔德，133，136；The English Landscape Garden，英国风景园，133
Heckell，Augustin，奥古斯丁·赫克尔，193
Hegel，Georg W. F.，黑格尔，6
Heidegger，Martin，马丁·海德格尔，11
Heizer，Michael，迈克尔·海泽，242；Two-Stage Liner Buried in the Earth and Snow，埋在泥和雪中的双级固井，242
Herzog，Jacques，and Pierre de Meuron，雅克·赫尔佐格与皮埃尔·德梅隆，242；Tavole House，塔沃拉住宅，242，243，244
Hines，Thomas，托马斯·海因斯，103
Hippocrates，希波克拉底，115
Hippocratic treatises，希波克拉底专著，117
Hirschfeld，C. C. L. 赫施费尔德，18；Theory of Garden Art，园艺理论，18
Hiscock，Richard，理查德·希思科克，149
Holland，霍兰，139，141
Holy Sepulcher，圣墓，206
Homer，荷马，115，120；Iliad，伊利亚特，120
Horace，贺拉斯，156
Horizon，地平线/地平面/视域，33，124-125，127-129，236，248
House of Lords，上议院，144，167-168
Hunt，John Dixon，约翰·狄克森·亨特，7，133，136，253
Hyde Street，海德街，171-172
Hypnecrotomachia Polyphili，寻爱绮梦，224

Image，形象/意象，80，176-177，202，209，212-214，220，224，227-231，234
Imitation，模仿，mimesis，摹仿，14，46-48，80，118，185，207，224，227，237
Italian Veneto，意大利威尼斯大区，122
Italy，意大利，211，213

James，John，约翰·詹姆斯，172
Jerusalem，耶路撒冷，206-207，213，219
Juvenal，尤维纳利斯，156

Kahn, Louis I., 4, 50-53, 57, 254; Salk Institute, 4, 50, 52, 53, 57
Kandinsky, Wassily, 瓦西里·康定斯基, 83
Katsura Palace, Shokin-Tei, 桂离宫的松琴亭, 42
Kaufmann, Emil, 埃米尔·考夫曼, 171
Kensington, 肯辛顿, 136
Kent, William, 威廉·肯特, 186, 191, 192, 195, 198; Chiswick Exedra, 奇西克的开敞式对话间, 190; Chiswick Exedra preliminary design drawing, 奇西克的开敞式对话间初步设计图, 190, 192; drawing of Shell Temple, Alexander Pope's garden in Twickenham, 亚历山大·蒲柏特威克南花园里的贝壳神庙图, 195; drawing of "Temple and Round Pond" 神庙以及圆形水池图, 198
Kingsbury, Dorothy, 多拉西·金斯伯利, 136; Bilton Hall, 比尔德堂, 137
Kip, J. 基普, 133-134, 157, 159-160; engraving of Dawley Park, 道利猎园的雕版画, 157; engraving of Eaton Hall, 伊顿堂的雕版画, 159; engraving of Longleat, Wiltshire, 威尔特郡朗利特园雕版画, 133, 134; engraving of Orchard Portman, 波特曼果园的雕版画, 160
Knyff, L. 克尼夫, 134, 157, 159-160

Ladner, Gerhart, 格哈特·拉德纳, 208
La Jolla, 拉荷亚, 4, 13, 17
Land, 土地/场地, earth, 大地, 9, 21, 25, 38, 41, 55, 67, 72-76, 119-124, 127-129, 235-244, 249
Langley brothers, 朗利兄弟, 172
Latency, 潜力/潜伏性, 58, 66-67, 72, 82, 110-113, 118, 119, 124, 129-132, 155, 165-167, 189-190, 204-205, 246-255
Le Clere, John, 约翰·勒·克莱尔, 139
Le Corbusier, 勒·柯布西耶, 44, 82, 94, 97, 100, 111, 125-129, 250-251, 253; A, 127; Berlin Unite, 柏林集合住宅公寓楼, 44; Chimney, 壁炉, 127; drawing of the acropolis, 雅典卫城的速写, 127; E, Characters（E节, 个性）, 128; figure E（E节, 人物）, 125; G, 127; Le Poeme de l'angle droit（Poem to the Right Angle）直角之诗, 125, 127-128; MaisonsJaoul, 加沃住宅, 250; photograph of the Mill Owner's Building, 纺织厂主之家, 127; Precisiones, 详细报告, 125; Precisions sur un etat present de l'architecture et de l'urbanisme, 对于当下建筑及城市规划状况的详细报告, 126; point for All Dimensions, 一切维度的起点, 126; Towards a New Architecture, 走向新建筑, 127; Villa

Savoye，萨沃伊别墅，125
Leibniz，Gottfried Wilhelm，戈特弗里德·威廉。莱布尼兹，185
Leoni，James，詹姆斯·莱昂尼，175
Levens Hall，利文斯庄园，138
Levinas，Emmanuel，伊曼努尔·列维纳斯，11
Lisle，莱尔，149；Observations on Husbandry，对农耕的观察，149
Locke，John，约翰·洛克，1 83
Lombardy，伦巴第，211
London，伦敦，19，136，138，142，144，171-172，176
London，George，乔治·伦敦，156
Longleat，朗利特，133，134，138
Loos，Adolf，阿道夫·路斯，44，97，106
Los Angeles，洛杉矶，75
Lovejoy，Arthur，亚瑟·洛夫乔伊，170
Loyola，Ignatius，罗耀拉，206，212-214，220-221；Spiritual Exercises，精神修炼，212—214
Lucretius，卢克莱修，89；On the Nature of Things，物性论，89

Manresa，曼雷萨，213
Marcel，Gabriel，加布里埃尔·马塞尔，14，111
Marion，Jean-Luc，让-吕克·马里翁，12
Marylebone，玛利勒伯恩，152
Mason，James，詹姆斯·曼森，193；engraving of Alexander，亚历山大·蒲柏的雕版画，Pope's villa，Twickenham，蒲柏的别墅，特威克纳姆，193
Masonic Lodge，共济会馆，172
Materials，材料，materiality，物质性，9，44-50，55，68-70，72，75，77，82-85，106-107，116，120，127-129，152，242，250
McHarg，Jan，扬·麦克哈格，93，Design with Nature，设计结合自然，93
Merleau-Ponty，Maurice，莫里斯·梅洛-庞蒂，11，111，253
Messina，梅西纳，207
Mexico City，墨西哥城，51
Michelangelo，米开朗琪罗，115，124；Campidoglio，坎皮多利奥，124
Micklethwayte，Thomas，托马斯·米克尔思韦特，147
Mies van der Rohe，Ludwig，路德维格·密斯·凡德罗，97
Milan，米兰，211-213，229
Moholy Nagy，Sibyl，西贝尔·莫霍利·纳吉，239；Matrix of

Man，人类的网阵，239
Montmartre，蒙马特，213
Montserrat，蒙塞拉特，213
Morazzone，IL，莫拉佐内人，224
Morris，Robert，罗伯特・莫里斯，170-187，189-190，192，196-200；“An Adytum enclosed on threesides with shrubs and evergreens”三面环灌木和冬青的密室，184；The Architectural Remembrance，建筑回想，173；Architecture Improved，改造之后的建筑，173；The Art of Architecture，a poem in imitation of Horace’s Art of Poetry，建筑艺术，一篇仿贺拉斯的《诗艺》而创作的诗，173，177，179；An Essay in Defense of Ancient Architecture，为古代建筑而辩的一篇论文，171-172；An Essay Upon Harmony as it relates chiefly to Situation and Building，论和谐，论主要跟情境和建筑物有关的和谐性，173，177，179，185-187；“A Country House to be built upon an eminence”一栋杰出的乡村住宅，173；“A Garden Pavilion to be placed at the end of an Avenue of a Garden”在一个花园林荫道尽头布置的馆阁，182；Lectures on Architecture，建筑讲稿，172-174，177，179-181；Rural Architecture，乡村住宅，171，173，181-182，184；Select Architecture，建筑选型，173，181
Morris，Roger，罗杰・莫里斯，171-172；Hyde Park Street，Grosvenor Square，海德公园街的格罗夫纳广场，171；Inveray Castle，因弗雷里城堡，172；St. James’s Square，圣詹姆斯广场，172

Naess，Arne，阿尔内・内斯，92
Naples，那不勒斯，139，147
Neutra，Richard，理查德・努伊特拉，12，59，62，64-65，72-80，87，94-100，102-109，112；Beard House，比尔德住宅，97，103；Darling Residence，达林住宅，95；Health House（Lovell House）[健康住宅（洛弗尔住宅）]，77，97；Kaufmann House（Desert House）[考夫曼住宅（沙漠之家）]，12，73，74，77，80，103，105，106，110；Life and Shape，生命与形状，94；Moore Neutra，Richard House，努伊特拉住宅，64；Nature Near，自然就在身旁，94；Nesbitt House，奈斯比特住宅，109；On Building：Mystery and Realities of the Site，论建造：基地的神秘性与真实性，62，94；Plywood Model House，胶合板住宅样板房，75，76；“The Significance of the Natural Setting”自然环境的意义，77，80，96；Survival Through Design，通过设计生存，94；Tremaine House，特拉梅因住宅，98，100，102，103，

104，106；VDL Research House（VDL 试验住宅），77，78，79，97；von Sternberg or Ayn Rand House，冯・史坦伯格或安・兰德住宅，103；Yew House，黄耀夫妇住宅，108

Neutra，Richard，and Robert Alexander，理查德・努伊特拉与罗伯特・亚历山大，81，101；Child Guidance Clinic，USC（USC儿童辅导诊所），81；Nursery Kindergarten and Elementary School，UCLA（UCLA幼儿园与小学），101

New Jerusalem，新耶路撒冷。See Sacro Monte at Varallo，参照瓦拉洛的圣山

Niemeyer，Oscar，奥斯卡・尼迈耶，80

Nouveau Theatre de la Grande Bretagne，大不列颠的新剧场，134，157，159-160

Nuremburg，纽伦堡，207

Ohio，俄亥俄，4，235，237

Olin，Laurie，劳里・奥林，87，91，236-239，243；preliminary sketch，初步设计，238，239

Olin，Laurie，and Peter Eisenman，劳里・奥林与彼得・埃森曼，4，88，235-236，240-241；Wexner Center for the Visual Arts，韦克斯纳视觉艺术中心，4，88，91，235，236，236-238，239，240，241，242，244，245，248

Orchard Portman，波特曼果园，156，158，160

Ortega y Gasset，Jose，何塞・奥特嘉・伊・加塞特，14

Palladio，Andrea，安德烈亚・帕拉第奥，175，177，229；Quattro Libri（The Four Books on Architecture）建筑四书，175

Pantheon，万神庙，122，124

Paris，巴黎，75，142，176，213

Parthenon，帕提农，127

Performance，表演/实效，9-10，48，80，82

Perrault，Claude，克洛德・佩劳，199

Perspective，透视，depth of field，prospect，景深，10，23，27，39-40，57，138，147-158，176-185，190，215-216，227-231

Peruzzi，Baldassarre，巴尔达萨里・佩鲁奇，229

Pherecydes，费雷西底，118

Piano，Renzo，伦佐・皮亚诺，82

Piedmont，皮埃蒙特，211

Pilgrimage routes，朝圣路线，6，200，203，207，208；Alps，阿尔卑斯山，6；Cordova，科尔多瓦，207；Gorlitz，格尔利茨，207；Italy，意大利，211；Jerusalem，耶路撒

冷，207-208；Messina，梅西纳，207；Monastery of San Stefano in Bologna，博洛尼亚的圣斯特凡诺修道院，207；Nuremburg，纽伦堡，207；Oropa，奥罗帕，211，224；Orta，奥尔塔，211（see also Sacro Monte at Orta）（参照奥尔塔的圣山）；Rome，罗马，207；Varallo，瓦拉洛，200，203，207-208，211（see also Sacro Monte at Varallo）（参照瓦拉洛的圣山）；Varese，瓦雷泽，211
Piranesi，Francesco，弗朗切斯科・皮拉内西，122
Platform，土台，38，114-115，121-I22
Plato，柏拉图，3，144；The Sophist，智者篇，3
Pococke，Richard，理查德・波科克，141，152
Ponge，Francis，弗朗西斯・蓬热，116
Pope，Alexander，亚历山大・蒲柏，136，171-172，174，185-186，190，192-198；"Epistle to Lord Burlington"（传书伯灵顿勋爵），185，196；Shell Temple，贝壳神庙，192，194，195，196；Twickenham Garden，特威克纳姆花园，171，186，190，194，195，197；villa，别墅，193
Pope Gregory the Great，教皇格列高利一世，209
Portman，Henry，亨利・波特曼，158
Po valley，波河河谷，122
Pythagoras，毕达哥拉斯，118

Raphael，拉斐尔，244；Chigi Chapel，S. Maria delPopolo，波波罗圣玛丽亚教堂里的基吉礼拜堂，244；Villa Madama，马达马别墅，244
Reigate，赖盖特，Surrey，萨里，139
Repetition，重复，19，47，84，96
Richmond，里士满，171
Richmond Hill，里士满山，179
Ricoeur，Paul，保罗・利科，11
Riegler，Florian，弗洛里安・里格勒尔，82
Riewe，Roger，罗杰・里夫，82
Riley，John（Duke of Somerset）[约翰・赖利（萨默塞特大公）]，142
Rocque，John，约翰・罗克，186-189，191，198；engravingof Lord Burlington's Chiswick House and Gardens，伯灵顿勋爵奇西克花园的宅邸与花园雕版画，187；engraving of Lord Burlington and William Kent's Chiswick Cascade，伯灵顿勋爵与威廉・肯特的奇西克叠水雕版画，188；engraving of Lord Burlington and William Kent's Chiswick Orangery，伯灵顿勋爵与威廉・肯特的奇西克橘园雕版画，189；engraving of Lord Burlington and William Kent's Chiswick

Amphitheatre，伯灵顿勋爵与威廉·肯特的奇西克露天雕版画，191；engraving of Green House，Wrest Gardens，莱斯特花园暖房的雕版画，198
Rome，罗马，122，124，144，207，245
Rosa，Salvator，萨尔瓦托·罗萨，144
Rossi，Aldo，阿尔多·罗西，16，48
Rotterdam，鹿特丹，138
Royal Gardens at Richmond，里士满的皇家花园，197；Hermitage，灵修园，197；Merlin's Cave，默林洞，197
Rugby，拉格比，136
Ruskin，John，约翰·拉斯金，44，235，244，250；Ethics of the Dust，微尘伦理学，250
Rykwert，Joseph，约瑟夫·里克沃特，171-172

Saarinen，Eero，埃罗·沙里宁，80
Sacra via，圣路，207
Sacro Monte，圣山，203，208；images，意象，224
Sacro Monte at Orta，奥尔塔的圣山，210，211，229，233；The Canonization of St. Francis（chapel 10）圣方各济封圣（第10礼拜堂），228
Sacro Monte at Varallo（New Jerusalem）[位于瓦拉洛的圣山（新耶路撒冷）]，200，201，205，205-209，211-212，215，216，217，218，219，220-221，222，224，225，226，227，229，251-252，254；chapels，礼拜堂，206，211，215-216，221；entry to the Basilica Square，巴西利卡广场入口，217；images，意象，220-221；Mount Tabor（chapel 17）[塔伯尔山（第17礼拜堂），232；Palazzo di Pilato，彼拉多宫] 211；Pilate Washing His Hands（chapel 34）彼拉多正在洗手（第34礼拜堂）；226；Temple of Solomon（Temple of Wisdom）[所罗门神庙（智慧神庙）]，221，224；The Road to Calvary（chapel 35）[通往卡尔瓦利之路（第35礼拜堂）]，225
Saffron Walden，萨弗伦·沃尔登，138
St. Carlo Borromeo，圣卡洛·博罗梅奥，211-212，221；Noctes Vattcanae，梵蒂冈的夜晚，211
St. Giles，圣吉尔斯。See Wimborne St. Giles，见温伯恩的圣吉尔斯
St. James's Square，圣詹姆斯广场，172
St. Petronius，圣彼得罗纽斯，207
St. Thomas Aquinas，圣托马斯·阿奎那，214
Saint-Exupery，Antoine，安东尼·德·圣-埃克苏佩里，11
San Stefano monastery，圣斯特凡诺修道院，207
Scamozzi，Vincenzo，文森托·斯卡莫齐，229

Schelling，Friedrich，弗里德里希·谢林，252-253；Philosophical Inquiries into the Nature of Human Freedom，对人类自由本质的哲学研究，252-253
Searle，John，约翰·瑟尔，190，194；engraving of a plan of Alexander Pope's Twickenham garden，亚历山大·蒲柏在特威克纳姆的花园平面雕版图，190，194
Sedtmayr，Hans，汉斯·塞德迈尔，6-8，14；"The Lost Centre"失去的中心，6；Verlust der Mitte，失去的中心，6
Semper，Gottfried，戈特弗里德·森佩尔，19-20
Sennett，Richard，理查德·桑奈特，11；The Fall of Public Man，公共人的陨落，11
Serlio，Sebastiano，塞巴斯蒂亚诺·塞利欧，229
Sett，Jose Luis，胡塞·路易·塞特，80
Sesalli，Francesco，弗朗切斯科·塞尔利，212；Breve descrittione delSacro Monte di Varallo di Valsesia，瓦尔塞西亚的瓦拉洛圣山简介，212
Sessions，George，乔治·塞森斯，92
Shaftesbury，First Earl，沙夫茨伯里伯爵一世，139，151；plantations，种植园，151
Shaftesbury，Fourth Earl，沙夫茨伯里伯爵四世，139，141；gardens，花园，141
Shaftesbury，present Earl，当前的沙夫茨伯里伯爵，144
Shaftesbury，Seventh Earl，沙夫茨伯里伯爵七世，139
Shaftesbury，Third Earl，沙夫茨伯里伯爵三世，7，132-133，136，138-139，141-142，143，144-145，146，147，148，149，150-153，155-156，158，161-168，174，185，197，250；Characteristics，特征，142，144，146-147，153，185；Gardens（see Wimborne St. Giles）花园（参照温伯恩的圣吉尔斯）；"Of landscape painting or perspective considered by itself"（专论风景绘画或透视），156；"Of the Scene，Camps，Perspective，Ornament"论景致、山中小屋、透视、点缀，156；"Paper full of Corrections and additions by Lord Shaftesbury on Plantations to be altered and renewed in his estate，under five headings"满是沙夫茨伯里阁下修改和补充手迹的分了五部分的有关他庄园里种植部分的改动和重修计划书，149-150，156，158；"The Moralists"道德家，132-133，149，162
Shakespeare，莎士比亚，175
Shooter's Hill，射手山，179
Silver Lake，银湖，77
Situation，情境，11，20，58，48，57，113，170-171，174-189，192，196-198，235，255

Siza，Alvaro，阿尔瓦罗·西扎，2，60；Leca da Palmeira，莱萨·达·帕尔梅拉，2，60
Smithson，Robert，罗伯特·史密森，239，242；“A Sedimentation of the Mind：Earth Projects”心灵的沉积：大地项目，242；Line of Wreckage，残骸的线，242；“Non-site” projects“非基地”项目，242
Sotheby Painter，索斯比画家，121；Dance of Maenads，迈纳德们的舞蹈，121
Stirling，James，詹姆斯·斯特林，18；History Faculty，历史学院，18
Stone，Edward Durrell，爱德华·杜莱尔·斯通，46
Stourhead，斯托海德，138，141
Stowe，斯托，138
Sullivan，Louis，路易斯·沙利文，92
Summerson，John，约翰·萨默森，171
Syros，希洛斯，118

Taylor，Charles，查尔斯·泰勒，11
Temporality，时间性，82，110，132，200，203-204，249，252
Terrace，台地，19，29，38，66，77，114-116，121-124，127，237-238
Terrain，地势，9，12，23，27-29，41，59，65-67，107，179，185，197，237-238，249
Thames River，泰晤士河，179
Thomson，James，詹姆斯·汤姆森，186
Topogenesis，土生，72
Trace，痕迹，12-13，67，110，119，204-205，251-252，254
Tsien，Billie，钱以佳，23，27，38，47，57
Twickenham，特威克纳姆，171-172，186

Vals，瓦尔斯，35
Van Doesburg，Theo，特奥·凡·杜斯伯格，97
van Handel，David，戴维·凡·汉德尔，38
Varallo，瓦拉洛，213，234。See also Sacro Monte at Varallo，亦参照瓦拉洛的圣山
Varese，瓦雷泽，211
Varro，瓦罗，124
Venice，威尼斯，206，213
Venturi，Robert，and Denise Scott Brown，罗伯特·文丘里与丹尼丝·斯科特·布朗，48
Villanueva，Carlos Raul，卡洛斯·劳尔·维兰努瓦，80
Vitruvius，维特鲁威，89，122

Vitruvius Britannicus，不列颠的维特鲁威，187-189，191，197-198

Warburton，Bishop，沃伯顿主教，194-196
Ware，Isaac，艾萨克・韦尔，175
Warwickshire，沃尔克郡，133
Way of the Cross，Jerusalem，耶路撒冷，走向十字架之路，203，206
Westwood，韦斯特伍德，76
Wheelock，John，约翰・惠洛克，141，144，153，167
Williams，Tod，托德・威廉姆斯，35，38，44，58
Williams，Tod，托德・威廉姆斯 and Billie Tsien，钱以佳，13，17，21-22，24-26，28，30-32，34，36-37，40，43，45-47，49-50，56，58；Neurosciences Institute，神经科学研究所，13，17，21，22，23，24，25，26，28，30，31，32，34，36，37，40，43，44，45，48，49，55，56
Willis，Peter，彼得・威利斯，133，136
Wiltshire，威尔特郡，133
Wimborne St. Giles. 温伯恩的圣吉尔斯，138-142，144，147，149-150，152-153，154，156，158；canals，运河，158；estate map，庄园地图，140，142；garden art，园艺，150；garden pavilion，馆阁，150；gardens，花园，141-142，150-153，158，166，168
Wind，Edgar，埃德加・温德，147
Windsor，温莎，178-179
Wisconsin，威斯康星，70
Wittkower，Rudolf，鲁道夫・维特科尔，170，224
Wotton，Henry，亨利・沃顿，176，180
Wrest Gardens，莱斯特花园，197，198；Green House，暖房，197-198，198
Wright，Frank Lloyd，弗朗克・劳埃德・赖特，18，48，71-72，94，97；Bach House，巴赫住宅，97；Taliesin East，东塔里埃森，71；The Living City，鲜活的城市，19，48；Unity Temple，联合教堂，97

Xenophon，色诺芬，144

Yates，Frances，弗朗西斯・耶茨，215，220
Yeats，William Butler，威廉・巴特勒・叶芝，6

Zeus，宙斯，118-120
Zumthor，Peter，彼得・卒姆托，23，58；Bathhouse at Vals，瓦尔斯浴场，35

致谢

本书所包含的研究是过去诸多年间发展起来的成果。其间，我获得了诸多的帮助，这也并非简单的“谢谢”就可以回报的。不过，我还是对提供了这些帮助的人致以感谢。第一组我想感谢的人里，包括我之前和现在所教的许多学生。我也非常高兴地说，他们作为我的研究助手，我从他们身上学到了治学精神。我想感谢的学生包括：斯蒂芬·安德森（Stephen Anderson）、汤姆·贝克（Tom Beck）、丹尼尔·弗里德曼（Daniel Friedman）、胡安·曼努埃尔·埃雷迪亚（Juan Manuel Heredia）、玛丽娜·拉瑟里（Marina Lathouri）、朱迪思·梅杰（Judith Major）、卡洛斯·纳兰霍（Carlos Naranjo）、通考·帕宁（Tonkao Panin）、埃尔萨·沙欣（Ersa Sahin），哈亚伯·桑（Hayub Song）。除了这些学生之外，我还想感谢另外两个人，没有她们的帮助，此书不会出现：弗兰卡·特鲁比亚诺（Franca Trubiano）、安娜·沃尔特曼（Anna Vortmann）。诸多我的同仁们也曾经帮助发展、改善和提炼我的立论。我从他们的洞见中受益匪浅。这些我想致谢的同仁是：威廉·布鲁厄姆（William Braham）、艾伦·柯尔孔（Alan Colquhoun）罗宾·埃文斯（Robin Evans）、爱德华·福特（Edward Ford）、肯尼思·弗兰姆普敦（Kenneth Frampton）、托马斯·海因斯（Thomas Hines）、马可·弗拉斯卡里（Marco Frascari）、佩里·卡尔坡（Perry Kulper）、默森·莫斯塔法维（Mosen Mostafavi）、劳里·奥林（Laurie Olin）、阿尔伯托·佩雷斯·戈麦斯（Alberto Pérez Gómez）、罗伯特·斯卢茨基（Robert Slutzky）、恩里科·维罗尼（Enrique Vironi）、理查德·韦泽利（Richard Wesley）、托德·威廉姆斯（Tod Williams）、朱迪思·沃林（Judith Wohlin）。我要特别感谢那些读过以及评论过我的这些研究的某些部分的友人和同事：詹姆斯·科纳（James Corner）、弗朗切斯科·佩利齐（Francesco Pellizzi）、迈克尔·波德罗（Michael Podro）、约瑟夫·里克沃特（Joseph Rykwert）、钱以佳（Billie Tsien）、达利博尔·韦塞利（Dalibor Vesely）。还有，就像我之前的那些书，本书也从我跟之前剑桥同事彼得·卡尔（Peter Carl）的对话中受益匪浅。最后一位我想致谢的人就是在本书形成的整个过程中一直以其激励、批评、洞见和友谊陪伴着我的人——约翰·狄克森·亨特（John Dixon Hunt）。

本书的某些章节之前曾经作为文章在杂志上刊登过，或者作为讲稿在大学的讲座中出现过。所以在此，我还想感谢那些刊物和大学。本书的第1章，“作为框架的地构”，并没有出现在刊物上，而是为了我在宾夕法尼亚大学的课程而撰写的；“培育、建造和创造力”也没有在刊物上发表过，而是堪萨斯州立大学（Kansas State University）的一次建筑学与景观建筑学的学会上的讲稿；“设计自由与自然法则”最初是为弗吉尼亚理工学院（Virginia Polytechnic Institute）的一个讲座讲稿而撰写的，修改过之后，曾在康奈尔大学（Cornell University）的讲座上讲过；《平整场地》一文最初在宾夕法尼亚大学的“建筑与景观中的时间和时间性”（Time and Temporality in Architecture and Landscape）的学会上宣读过，随后发表在《修复地景》（Recovering Landscape）一书里，由詹姆斯·科纳编辑（普林斯顿：普林斯顿建筑出版社，1999年），第170至184页；“性格、几何与透视”乃是我博士论文的一章，曾经发表在《园林史杂志》（Journal of Garden History），第4期（1984年），第332至358页；“建筑与情境”也是我论文的一部分，最初曾发表在《建筑史学家学会杂志》（Journal of the Society of Architectural Historians），第44期（1985年），第48至49页；最后一章“形象和它的场景”最初发表在《物：一份人类学与美学的杂志》（Res：A Journal of Anthropology and Aesthetics），第14期（1987年），第107至122页。

注释

导言：景观建筑学与建筑学的地形性前提

1. 柏拉图（Plato），《智者篇》（The Sophist），254页。

2. 亨特（Hunt，J.D.），《更加完美：造园理论的实践》（The Greater perfections：The Practice of Garden Theory），宾夕法尼亚大学出版社，2000。亨特书中的题词引自弗朗西斯·培根的《论花园》（Of Gardens）："仿佛园林都是如此尽善尽美。"

3. 塞德迈尔（Sedlmayr H.），《危机中的艺术：失去的中心》（Art in Crisis：the lost center），伦敦：霍利斯与卡尔特（Hollis and Carter）出版社，1957，特别是II-27页。

4. 亨特，《花园与洞窟：存在于英国人想象中的意大利文艺复兴花园，1600—1750》（Garden and Grove：The Italian Renaissance Garden in the English Imagination，1600—1750），宾夕法尼亚大学出版社，1996，197页。

5. 桑内特（Sennett，R.），《公共人的陨落》（The Fall of Public Man），剑桥：剑桥大学出版社，1974。

6. 海德格尔（Heidegger，M.），《存在与时间》（Being and Time），纽约：哈尔普与罗（Harper & Row）出版社，1962。海德格尔有个更狭义但相似的观点是关于主体间性决定性作用的讨论："存在，存在于共同存在之中（sein istmitsein）。"

7. 阿伦特（Arendt，H.），《人的境况》（The Human Condition），芝加哥：芝加哥大学出版社，1958。有关阿伦特和海德格尔关于"人存于世"（in der Welt sein）的看法之异同，参照雅克·塔敏尼奥（J.Taminiaux）在《色雷斯女仆与专业的思想者：阿伦特与海德格尔》（The Thracian maid and the professional thinker：Arendt and Heidegger）中的精彩论述（阿尔班尼：纽约州立大学出版社，1977）。就像该书标题已经暗示的两极性那样，该书第4章"归属与隐退的悖论"展开讨论了这一矛盾，特别值得一看。

8. 梅洛-庞蒂（Merleau-Ponty，M.），《知觉现象学》（Phenomenology of perception），纽约：人文丛书出版社，1996。安东尼·德·圣-埃克苏佩里《战区飞行员》的这句话被梅洛-庞蒂当成该书第456页的结语。虽然梅洛-庞蒂在书中多处论证“自我和他者的矛盾与辩证关系”，但最有说服力的是第二部分、第4章“他者和人类世界”。在他的讲座中，还提到了儿童心理及语言习得方面主体间性的体验。例如《知觉的首要地位及其哲学结论》（The primacy of perception：and other essays on phenomenological psychology，the philosophy of art，history，and politics）一书中《儿童与他人的关系》（梅洛-庞蒂，《知觉的首要地位及其哲学结论》，西北大学出版社，1964），以及《世界的散文》（The prose of the world）中“对话和感知他者”[梅洛-庞蒂，《世界的散文》，伦敦：海因曼（Heinemann），1974]。

9. 马里翁（Marion，J. L.），《过量：有关漫溢现象的研究》（In Excess：Studies of Saturated Phenomena），纽约：福德汉姆（Fordham）大学出版社，2002。见该书第2章的“事件或正在发生的现象”。

10. 对这一词汇的广泛使用及其在艺术和其他领域里的各种含义所作的最佳概述，参照彼得·伯克（Burke，P.），《语境中的语境》（Context in context），常识出版社，2002，8（1），152-177页。

11. 显然模仿活动的存在要早于“模仿”概念形成许久。相关文献很多，此处有帮助的文献参照最近且对“表演性摹仿”做出了较好阐述的一本书，格雷戈里·纳吉（Nagy，G.），《作为表演的诗歌：荷马以及荷马以外》（Poetry as performance：Homer and Beyond）（剑桥：剑桥大学出版社，1996）。

12. 阿伦特作品中“世界之爱”（amor mundi）主题重要性就体现伊丽莎白·扬-布鲁尔为其撰写的传记标题中——《汉娜·阿伦特：对世界的爱》。

第1章 作为框架的地构：或地形如何超越自己

1. 赫希费尔德（Hirschfeld，C. C. L.）编辑，《园艺理论》（Theory of Garden Art），帕尔萨尔（L.B.Parshall）译，宾夕法尼亚大学出版社，2001，206页。

2. 赖特（Wright，F. L.），《鲜活的城市》（The Living City），纽约：地平线出版社，1958，112页。

3. 弗兰姆普顿（Frampton，K.），《建构文化研究：19和20世纪建筑中的建造诗学》（Studies in tectonic culture：the poetics of construction in nineteenth and twentieth century architecture），剑桥：麻省理工学院出版社，1995，特别是84-89页。戈特弗里德·森佩尔的观点在其《建筑四要素与其他著作》中做出了阐述。见森佩尔，《建筑四要素以及其他著作》（The four elements of architecture and other writings），毛格雷夫（H.F.Mallgrave），赫尔曼（W. Herrmann）编辑与翻译，1989，74-129页。

4. 钱以佳，《非具体化的张力》（The Tension of Not Being Specific），钱以佳与托德·威廉姆斯对话彼得·卒姆托，《2G：建筑国际期刊》9期，1999，20页。

5. 同上，13页。

6. 托德·威廉姆斯，《非具体化的张力》，《2G：建筑国际期刊》9期，1999，12页。

7. 托德·威廉姆斯，《访谈》，《GA文档》50期，1997，90页。

8. 这一观察在前文已有介绍，但未给出其出处。在姬娃·弗里曼的文章中提到“没人会支持一个无人使用的30000美元的石凳”［弗里曼（Freiman，Z.），《头脑交流》（The Brain Exchange），《进步建筑》（Progressive Architecture）76期，1995，78页］。

9. 关于这些术语，我建议参照雅克·德里达（J. Derrida）著名的关于“增补”（supplement）的研究，这个研究在《论文字学》［德里达，《论文字学》（Of Grammatology），巴尔的摩：约翰·霍普金斯大学出版社，1974］中首次提出，在他之后的著作中被再次阐释。

10. 托德·威廉姆斯，《访谈》，《GA文档》50期，1997，48页。

11. 勒·柯布西耶，《详细报告》（Precisions），剑桥：麻省理工学院出版社，1991，78页。

12. 托德·威廉姆斯，《访谈》，《GA文档》50期，1997，48页。

13. 这种用法源于霍马・法德加迪（H.Farjiadi）在《延迟空间：法德加迪与莫斯塔法维的作品》（Delayed Space：Work of Homa Fardjadi and Mosen Mostafavi）一书中的“延迟空间：建筑的实效与劳作”一章。（法德加迪，《延迟空间：法德加迪与莫斯塔法维的作品》，纽约：普林斯顿建筑出版社，1994）。

14. 托德·威廉姆斯，引用于姬娃·弗里曼的《头脑交换》一文。（弗里曼，《头脑交换》，《进步建筑》76期，1995，82页）。

15. 路易斯・康，引自丹尼尔・弗里德曼（D.S.Friedman），《被审的太阳：康在萨尔克的诺斯替式花园》（The Sun on Trial：Kahn's Gnostic Garden at Salk），（博士论文，宾夕法尼亚大学，1999，204页）。关于巴拉干的报道全文见理查德・索尔・沃尔曼（R.S.Worman），《永存的事物：路易斯・康的词语》（What will be has always been：the words of Louis I. Kahn），（纽约：利佐里出版社，1986，268-269页）。

16. 同上。

17. 巴拉干1951年建造的“神秘园”（Secret Gardens）。见《巴拉干作品全集》[Barragán：The Complete Works，利斯帕（R.Rispa）编辑，伦敦：泰晤士与哈德逊出版社，1996，35页]。

18. 同上。

19. 洛根（Logan，W. B.），《尘泥：地球神奇的皮肤》（Dirt：The Ecstatic Skin of the Earth），纽约：河源书籍出版社，1995，7页。感谢阿尔伯托·佩雷斯–戈麦兹提供的参考资料。

20. 钱以佳，威廉姆斯，《非具体化的张力》，《2G：建筑国际期刊》9期，1999，23页。

第 2 章　培育、建造与创造力：或地形是如何（在时间中）变化的

1. 亚里士多德之语，见《物理学》199a 20。

2. 埃克伯（Eckbo，G.），《地景是建筑吗？》（Is Landscape

Architecture?),《景观建筑》(Landscape Architecture)3期，1983，64-65页。

3. 埃克伯，“评述”,《论建造：基地的神秘性与真实》(On Building：Mystery and Realities of the Site)，摩根与摩根(Morgan & Morgan)出版社，1951，41-42页。

4. 同上，第41页。

5. 埃克伯，斯特利德菲尔德(Streatfield，D. C.),《面向生活的地景》(Landscape for living)，纽约：道奇(F. W. Dodge)出版社，1950，131页。

6. 赖特,《鲜活的城市》，纽约：地平线出版社，1958，113页。考夫曼(Kaufmann E.),《一种美国的建筑》(An American Architecture)，纽约：地平线出版社，1955，190页。

7. 努伊特拉,《沙漠住宅：理查德·努伊特拉建筑事务所》(Desert House：Richard Neutra Architect),《艺术与建筑》(Arts and Architecture)6期，1949，31页。

8. 努伊特拉,《生活与人类聚居地》(Life and human habitat)，斯图加特：高什(Alexander Koch)出版社，1956，21页。

9. 关于这一词汇和概念的详细剖析参见戴维·莱瑟巴罗(D. Leatherbarrow)和默森·莫斯塔法维(M. Mostafavi)的《表皮建筑》(Surface architecture),(剑桥：麻省理工学院出版社，2002)。

10. 托马斯·海因斯(T.S.Hines)在《理查德·纽伊特拉与现代建筑探索：一部传记与历史》(Richard Neutra and the Search for Modern Architecture：A biography and history)一书中128至131页对该项目进行了翔实的描述(海因斯,《理查德·努伊特拉与现代建筑探索：一部传记与历史》，伯克莱：加利福尼亚州大学出版社，1982，128-131页)。感谢海因斯教授与房子现在的主人进行了协商，为我提供了一个不可多得的机会来研究这栋建筑的外部和内部空间。

11. 努伊特拉,《沙漠住宅：理查德·努伊特拉建筑师》,《艺术与建筑》7期，1949，31页。

12. 努伊特拉,《自然场景的意义》(The Significance of the

Natural Setting),《艺术杂志》(Magazine of Art)43期，1950，19页。

13. 这种事实上的实效已被莱瑟巴罗和莫斯塔法维讨论过，见《表皮建筑》，特别是第3章“窗与墙”。

14. 对于这一点的详述，见莱瑟巴罗，莫斯塔法维，《关于风化过程：建筑在时光中的生命》(On Weathering：The Life of Building in Time)(剑桥：麻省理工学院出版社，1993)。

15. 讨论这一问题的文献是海量的。最近戴维·萨默斯（D. Summers）的“形式与性别”(Form and Gender)一文对这一问题做了非常有益的总结。见布列森（Bryson，N.)、霍利(Holly，M.A.)、莫西（ Moxey，K.）编辑，《视觉文化：形象与阐释》(Visual Culture：Images and Interpretations)，卫斯理（Wesleyan）大学出版社，1994，384-412页)。马丁·海德格尔已经多次对这个话题进行讨论，对这个问题的论述最有帮助的是《物的追问》(What is a Thing?)(芝加哥：亨利·雷吉纳里出版公司，1967）和《艺术作品的起源》(The origin of the work of art)，见《诗、言、思》(Poetry，Language，Thought)，(纽约：哈尔普与罗出版社，1971，15-88页)。两部关于古代科学的著作也可以作为了解这个问题的入门——《物质结构》(The Architecture of Matter)，图尔敏（Toulmin，S.)、古德菲尔德（Goodfield，J.)，《物质结构》，(纽约：哈尔普与罗出版社，1962）与麦克马林（McMullin，E.)、鲍比克（Bobik，J.)，《物质在希腊和中世纪哲学的概念》(The Concept of Matter in Greek and Medieval Philosophy)，(印第安纳诺特丹：诺特丹大学出版社，1963)。

第3章　设计自由与自然法则：或地形是如何因地而异的

1. 齐默尔曼（Zimmerman，M. E.)，《重思海德格尔与深生态学的联系》(Rethinking the Heidegger-deep ecology relationship)，《环境伦理》(Environmental Ethics）15期，1993，197页。彼得·卡尔（P. Carl）已在一篇极具合理性及包容性的文章中阐明并且拓展了我对相关问题的思考，卡尔在其文章的第28至34页以及54至59页都对“自然与文化”之间关系的不同理解都进行了详尽的阐述。《死了的自然（静物）》(Natura Morta)，《模度20：土地的打理》(Modulus 20：Stewardship of the land)，(纽约：普林斯顿建筑出版社，1991，26-71页)。

2. 齐默尔曼,《重思海德格尔与深生态学的联系》,《环境伦理》15期，1993，199页。

3. 努伊特拉,《一种信条的剖面》,《自然就在身旁》(Nature Near)，1989，5页。

4. 努伊特拉,《自然场景的意义》(The Significance of the Natural Setting),《艺术杂志》43期，1950，18页。

5. 赖特,《一种美国的建筑》，考夫曼编辑（纽约：地平线出版社，1955，77页）。我在《建筑发明的根源：基地、围合、材料》(The Roots of Architectural Invention：site，enclosure，materials）一书中对这段话进行了引用及讨论（剑桥大学出版社，1993）。

6. 德雷克斯勒（Drexler，A.），海因斯（Hines，T. S.),《理查德·努伊特拉的建筑：从国际式到加州现代式》(The architecture of Richard Neutra：from international style to California modern)，现代艺术博物馆出版社，1982，62页。更完整的描述见福特（Ford，E. R.),《现代建筑细部：卷二（1928—1988)》(The Details of Modern Architecture：Volume 2. 1928 to 1988)，麻省理工学院出版社，1996，第5章。

7. 努伊特拉,《沙漠住宅：理查德·努伊特拉建筑师》,《艺术与建筑》66期，1949（7)，32页。

8. 见马丁·海德格尔对这一残篇的翻译。海德格尔,《阿那克西曼德残篇》(The Anaximander fragment)，见《希腊早期思想》(Early Greek Thinking),（纽约：哈尔普与罗出版社，1975，13-58页）。我根据汉斯-格奥尔格·伽达默尔（H.G. Gadamer）在《知识的开端》(The beginning of knowledge)（连续统书籍出版社，2002，113页）中的新译本对海德格尔的译文进行了修正。同时还参考了查尔斯·卡恩（C.H.Kahn）同样具有权威性的《阿那克西曼德与古希腊宇宙论的起源》(Anaximander and the origins of Greek cosmology）里的译本（纽约：哥伦比亚大学出版社，1985，178页及之后）和柯克（Kirk，G.S.)、雷文（Raven，J.E.),《前苏格拉底哲学家：带有选篇的评介史》(The Pre-Socratic Philosophers：A Critical History with a Selection of Texts)（剑桥大学出版社，1983，177页及之后）。

第 4 章　平整场地：或地形是如何成为各种小地平汇聚起来的地平面的

1. 这种对立关系的总结如同萨默斯在其文章中详述的形式——内容的对照关系一样［萨默斯，《“形式”：19世纪形而上学与艺术史描述的问题》（‘Form’：Nineteenth-Century Metaphysics，and the Problem of Art Historical Description），《批判性探索》（Critical inquiry）15期，1989，372-406页］。马丁・海德格尔也对这种区别进行了深层的思考，对其观点论述最有帮助的两篇文章是《艺术作品的起源》（见《诗、言、思》，纽约：哈尔普与罗出版社，1971，26-31页）以及《物的追问》（雷吉纳里出版公司，1967）。在当代语言环境和社会实践中，并非所有的联系都延续了下来，尤其是关于性别差异所带来的影响也不是人们所能接受的。

2. 卡森（Carson，A.），《爱欲厄洛斯：又苦又甜》（Eros：The Bittersweet），普林斯顿：普林斯顿大学出版社，1986。

3. 蓬热（Ponge，F.），“水”篇，《万物之声》。（麦格劳–希尔出版社，1972）。

4. 希波克拉底（Hippocrates），《论养生》（On Regimen），28节，剑桥：哈佛大学出版社，1984；引自卡森（Carson A.），《把她放到她的位置去》（Putting Her in Her Place），见《性以前：古代希腊世界爱欲体验的建构》（Before Sexuality：The Construction of Erotic Experience in the Ancient Greek World），哈尔佩林（D.Harperin）、温克勒（J.Winkler）、蔡特林（F.Zeitlin）编辑（普林斯顿：普林斯顿大学出版社，1990，137页之后）。同时参照杜布瓦（DuBois，P.），《缝合身体：精神分析与妇女的古代再现》（Sowing the Body：Psychoanalysis and Ancient Representations of Women），（芝加哥：芝加哥大学出版社，1990，特别是70-71页）。以及帕德尔（Padel，R.），《心内心外：悲剧自我的希腊意象》（In and Out of the Mind：Greek Images of the Tragic Self），普林斯顿：普林斯顿大学，1994，特别是99-113页。

5. 帕德尔，《心内心外：悲剧自我的希腊意象》，普林斯顿：普林斯顿大学，1994，13页。

6. 这段话我在上文第3章中引用过。对于阿那克西曼德来说，“aperion”并不特指土地、空气、火等任意单一要素，而是用于替代空间不确定性原理的概念。伽达默尔曾说过，对于亚里士多德物质概念（bylê）的误解将回归到前苏格拉底学家的思想当中。后来的宇宙学家通过阐述单一元素的性质来描述宇宙的基本物质。在这些浩瀚的关于宇宙学说的文献当中，也许最原始及最有帮助的资料是柯克和雷文所著《前苏格拉底哲学》(剑桥：剑桥大学出版社，1983)。对于“物质”本身，可以参考麦克马林的著作《希腊及中世纪哲学中物质的概念》，66-69页阐述了亚里士多德对于物质形态的区分，而83页之后描述了形式概念。为更好地理解阿那克西曼德残篇，最好是参考卡恩的《阿那克西曼德及希腊宇宙论的起源》(Anaximander and the Origins of Greek Cosmology)(纽约：哥伦比亚大学出版社，1960)。在伽达默尔的《知识的起源》一书中可以看到其简短的论述（纽约：连续统书籍出版社，2002，205-211页)。

7. 卡森，《把她放到她的位置去》(Putting Her in Her Place)，《性以前：古代希腊世界爱欲体验的建构，1990。以及勒纳(Lerner，G.)，《父权的创造》(The Creation of Patriarchy)，纽约：牛津大学出版社，1986，205-211页。

8. 柯克，雷文，《前苏格拉底哲学家：带有选篇的评介史》，剑桥大学出版社，1983，60页。

9. 麦克埃温（McEwen，I.)，《苏格拉底的祖先：关于建筑起源的一篇论文》(Socrates' ancestor：an essay on architectural Beginnings)，麻省理工学院出版社，1993，54页。

10. 戴维·法雷尔·克雷尔（D.F.Krell）曾用这个词源去定义建筑本身（克雷尔，《建筑：空间、时间的狂喜与人体》(Architecture：Ecstasies of Space，Time，and the Human Body)，阿尔班尼：萨尼出版社，1997，11-37页。同时参见9。麦克埃温，《苏格拉底的祖先：关于建筑起源的一篇论文》。

11. 对“inter”这个词来说，很有可能其语法形式的根源相同：(1)在“terra”语族中，不及物动词“inter”的意思是埋葬；(2)前缀“inter”的含义是在两者之间或其中，如同法语中的“entre”和拉丁语的“terus”，英文单词“interior”便起源于此。因此，地球就如同一个平台，可被看作永久公共空间的地形前提。阿尔伯蒂提出的这个观点我将在下文进行阐述。

12. 荷马（Homer)，《伊利亚特》(The Iliad of Homer)，纽约：

维京企鹅出版社，1990。

13. 在《神谱》的序篇，赫西奥德用“choroi”来命名缪斯的舞场，指的是山上的台地；女神缪斯居住的赫利孔山是记忆的发源地。最近对于这个词汇身上的地形性话题尤其是建筑性思考，参见玛丽亚·西奥多罗（Theodorou M.），《作为体验的空间体验》（Space as Experience），见《AA档案》34，1997（3），45-55页，此文主要依赖于德里达那篇，《Khora：析名》（加利福尼亚州斯坦福：斯坦福大学出版社，1995）。

14. 品达的诗歌中说：市民们在这样的表面跳舞，为的是引来“城市女神”吉祥的关注（cthonia phren）。对于这一点的讨论，见威廉姆斯·马伦（Mullen W.），《舞场：品达与舞蹈》（Choreia：Pindar and Dance）（普林斯顿：普林斯顿大学出版社，1982：特别是79-89页）。格雷戈里·纳吉的两本著作也十分有帮助：《作为表演的诗歌：荷马以其其他诗人》（Poetry as Performance：Homer and Beyond）（剑桥：剑桥大学出版社，1996）以及《品达的荷马》（Pindar's Homer）（巴尔的摩：约翰·霍普金斯大学出版社，1990）。

15. 阿尔伯蒂（Alberti，L.B.），《论建筑》（On the Art of Building in Ten Books）（剑桥：麻省理工学院出版社，1988），第三卷，第16章。

16. 关于身姿的哲学人类学，见斯特劳斯（Straus，E.W.），《直立的身姿》（The Upright Posture），《现象学的心理学》（Phenomenological Psychology）（纽约：基本图书出版社，1996，137-165）。

17. 对于这种实践，请参阅塞莱尼（Sereni，E.），《意大利农业景观史》（History of the Italian Agricultural Landscape）（普林斯顿：普林斯顿大学出版社，1997，特别是298-303页）。在此我要感谢汤姆·贝克提供的参考文献。

18. 在希腊和罗马的军事图像志中，胸甲就像盾牌一样带有装饰，这样的装饰赋予持有人以世界主宰的地位。对这类装饰的图像志研究，见布兰代尔（Brendel，O.），“阿基里斯之盾”（The Shield of Achilles），《可见的理念》（The Visible Idea）（华盛顿特区：戴卡特出版社，1980，72页）以及卡蒙特（Cumont，F.），《宗教性装饰》（Die orientalischen Religionen）（斯图加特，1959，276页及之后）。

19. 阿克曼（Ackerman，J. ），《米开朗琪罗的建筑》（The Architecture of Michelangelo），伦敦：茨威默（Zwemmer）出版社，1961，167-169页。

20. 见戴乐古（Delcourt，M.），《德尔斐的卜辞》（L'oracle de Delphes），巴黎，1981，及冯腾洛斯（Fontenrose，J. E.），《巨蟒：对于德尔斐神话及其起源的研究》（Python：A Study of the Delphic Myth and Its Origin），伯克莱：加利福尼亚州大学出版社，1959。及哈里森（Harrison，J. E.），《西弥尔斯：有关希腊宗教的社会起源研究》（Themis：A Study of the Social Origins of Greek Religion），伦敦：默林（Merlin ）出版社，1963。

21. 对于大地的肚脐（omphalos），见下列参考文献：

（1）韦尔南（Vernant，J. P. ），《希腊人的神话与思想》（Myth and Thought among the Greeks），伦敦：劳特利奇（Routledge）与基根·保罗（Kegan Paul）出版社，1965，特别是第5章。

（2）赫尔曼（Herrmann，H.），《脐》（Omphalos ），西韦斯特法仑明斯特（Münster，Westf.）：阿申多夫（Aschendorff）出版社，1959。

（3）热尔内（Gernet，L.），《古代希腊人类学》（The Anthropology of Ancient Greece），巴尔的摩：约翰·霍普金斯大学出版社，1981，特别是第15章。

（4）关于“肚脐”的类似思想，见杜梅齐尔（Dumézil，G.），《上古罗马宗教》（Archaic Roman Religion），芝加哥：芝加哥大学出版社，1970。

（5）对于象征主义对景观及建筑建造的影响，见里克沃特（Rykwert ，J. ），《城之理念：有关罗马、意大利以及古代世界的城市形态人类学》（The Idea of a Town：The Anthropology of Urban Form in Rome，Italy and the Ancient World），普林斯顿：普林斯顿大学出版社，1976，以及史密斯（Smith，E. B.），《穹窿：思想史研究》（The Dome：A Study in the History of Ideas），普林斯顿：普林斯顿大学出版社，1950。

22. 瓦罗（Varro），肯特（Kent，R. G.），《关于拉丁语》（On the Latin Language），马萨诸塞剑桥：哈佛大学出版社，1977—1979，第七卷，第17节。

23. 勒·柯布西耶，《详细报告》，马萨诸塞剑桥：哈佛大学出版社，1991，75页。

24. 同上。

25. 这种关系，及我将论述的许多其他内容，参照彼得·卡尔（P.Carl）的文章，《勒·柯布西耶位于巴黎努吉塞–科里街24号上的阁楼》（Le Corbusier's Penthouse in Paris，24 Rue Nungesser-et-Coli），《戴德拉斯》（Daidalos）28期，1988，65-75页。

26. 勒·柯布西耶，《直角之诗》（Poem to the Right Angle），巴黎：勒·柯布西耶基金会，1989，65。关于柯布西耶的《直角之诗》及直立姿势的主题见贝克特-查利（Becket-Chary，D.），《直立》（Droiture），论文，剑桥大学，1989。

27. 卡尔，《勒·柯布西耶位于巴黎努吉塞-克利街24号上的阁楼》，《戴德拉斯》28，1988，65页。

28. 杜布瓦，《缝合身体：精神分析与妇女的古代再现》，芝加哥：芝加哥大学出版社，1990，65-86页。

29. 卡尔，《勒·柯布西耶位于巴黎努吉塞-克利街24号上的阁楼》，《戴德拉斯》28期，1988，67页。

第5章　性格、几何与透视：或地形是如何藏匿自身的

1. 曼瓦令（Manwaring，E.），《18世纪英格兰的意式景观》（Italian Landscape in Eighteenth Century England），纽约：牛津大学出版社，1925。以及艾伦（Allen，B. S.），《英式格调的潮流》（Tides in English Taste），剑桥：哈佛大学出版社，1937。

2. 沙夫茨伯里伯爵三世（Shaftesbury，A. A .C.），“道德家”（Moralists），《人、风俗、意见与时代之特征》（Characteristics of Men，Morals，Opinions and Times），印第安纳波利斯：鲍勃斯-梅林（Bobbs-Merrill）出版社，1964，125页。

3. 举例来说，见克利福德（Clifford，D.），《一部花园设计史》（A History of Garden Design），伦敦：费伯（Faber）与费伯出版社，1988，128页。

4. 亨特（Hunt，J. D.），威利斯（Willis，P.），《场所的守护神：英国风景园，1620—1820》（The Genius of the Place：The English Landscape Garden，1620—1820），剑桥：麻省理工学

院出版社，1988，8页。

5. 哈德菲尔德（Hadfield，M.），《英国风景园》（The English Landscape Garden），艾尔斯伯里（Aylesbury）：希雷（Shire）出版公司，1977，13页。

6. 引自史密泰尔（Smithers，P.），《约瑟夫·艾迪生生凭》（The Life of Joseph Addison ），牛津：克莱尔顿（Clarendon）出版社，1968，277页。

7. 同上。

8. 金斯伯里（Kingsbury，D. G.），《比尔顿堂》（Bilton Hall），牛津，1957，扉页。

9. 金斯伯里，《比尔顿堂》，牛津，1957，17页。

10. 同上。

11. 沙夫茨伯里伯爵三世，“本性”（Self），见《沙夫茨伯里伯爵三世生凭、未公开书信以及哲学修身法》（The Life, Unpublished Letters，and Philosophical Regimen of Anthony, Earl of Shaftesbury），兰德（B.Rand）编辑，伦敦：劳特利奇/索梅斯（Thoemmes）出版社，1900，118-119页。

12. 同上。1703年11月16日，致约翰·惠洛克（John Wheelock）信，317页。

13. 引自克里斯蒂（Christie，W. D.），《沙夫茨伯里伯爵一世生凭，1621—1683》（A life of Anthony Ashley Cooper，first earl of Shaftesbury，1621—1683），伦敦：麦克米兰公司，1871，1x页。

14. 圣吉尔斯市档案馆，会计账簿。

15. 波科克（Pococke，R. ），《英国漫记1750—1957》（Travels through England 1750-7）（伦敦，1757），1754年10月6日笔记。

16. 惠尼（Whinney，M.），米拉尔（Millar，O.），《英国艺术1625—1700》（English Art 1625—1700），伦敦，1957，190页。

17. 引自温德（Wind，E.），《作为艺术赞助人的沙夫茨伯里》(Shaftesbury as a Patron of Art),《瓦尔堡学院院刊》(Journal of the Warburg Institute), 1938—1939, 2(2), 185-188页。

18. 当前一代的沙夫茨伯里伯爵认为这位人物可能是“沙夫茨伯里家族的一位长者”。见《约翰·克洛斯特曼,英国巴洛克大师1660—1711》(John Closterman, Master of English Baroque 1660—1711)一文,《国家肖像馆展览录书》(The National Portrait Gallery Exhibition Catalogue)(伦敦, 1981)。沙夫茨伯里家族中那时最突出的人物应该是惠洛克。他是跟沙夫茨伯里伯爵三世在建设工程和造园事宜上有着频繁书信往来的人以及这些计划的执行者。

19. 同上。

20. 沙夫茨伯里于1711年12月写给托马斯·米克尔思韦特(T. Micklethwayte)的信,见《沙夫茨伯里伯爵三世生凭、未公开书信以及哲学修身法》,448页。

21. 温德,《作为艺术赞助人的沙夫茨伯里》,《瓦尔堡学院院刊》2期, 1938。我曾在《可塑性格,或如何用造型扭曲道德观》(Plastic Character, or, How to Twist Morality with Plastics)一文中讨论这种关系及其审美意义(莱瑟巴罗,《可塑性格,或如何用造型扭曲道德观》,见《物》21 期, 1992, 124-141页)。

22. 1707年5月23日沙夫茨伯里写给艾尔(Eyre)的信,该手稿现收于伦敦法院路巷(Chancery Lane)公共档案馆的《沙夫茨伯里文稿》系列V中,编号PRO 30/24/4。

23. 1707年12月19日沙夫茨伯里写给艾尔的信,该手稿现收于伦敦法院路巷公共档案馆的《沙夫茨伯里文稿》系列V中,编号PRO 30/24/22/7。

24. 该手稿现收于伦敦法院路巷公共档案馆的《沙夫茨伯里文稿》系列V中,编号PR0/30/24/20/133b。“修过”的笔迹与第三代伯爵信件及其他手稿中的签名相同。在沙夫茨伯里一生中,其关于房产及国内事务的账目都记录得十分细致。这份与信件、分类账本、账簿及婢仆须知订在一起的手稿,可能是由伯爵三世本人口述成文后再亲自修改的。另一份主题及笔迹相同的手稿,现藏于圣吉尔斯城市档案馆。当前一代的沙夫茨伯里伯爵很慷慨地将这份手稿的拷贝借给了我。此稿书写时间早了5个月，因此内容并不那么具体。我详细研究的是那份晚了5个月且内容更为详细的手稿。其内容如下："满是沙夫茨伯里阁下修改和补充手迹的分了五部分的有关他庄园里种植部分的改动和重修计划书。"（该手稿现收于伦敦公共档案馆的《沙夫茨伯里文稿》系列V，录册188页，编号［PRO 30/24/20/133b］）

运河另一侧育苗室花园前的种植计划

拆掉紫杉树篱后的树障（Quick-sett），向后移种紫杉树篱，退到山谷里去，在那里形成一道新的树篱。在设置新树障的地方，种上一排枫树；作为最耐寒的夏绿植物，可以庇护内侧的冬绿植物。枫树的生长高度容易控制，不会长得过高而遮挡了从宅邸和平台看过来的前景［（这里的种植计划是）：在种植园上方两侧平行于凯旋门的围护田野的篱处，种上体量最大但茎干最糟的球型冬青：只是几株去吸引目光而已，不到多到或是高到遮挡了背后的高地和远处的山景。鹿院里的冬青还没长成，要等到下一年过了米迦勒节（Michaelmas）的12月才可栽植——本书作者注］：这类树木最宜修剪成球状，与内部的绿色植物相呼应；在这一段的大型紫杉球之间，现在苏格兰冷杉围成的"房间"里，剪种出8或9株最大的紫杉金字塔形。在作为中段的地带，种上最大的高茎球型冬青，它们的间隔与身后大型球形紫杉和即将栽植的金字塔形紫杉的间隔相呼应。最后一排作为树障的枫树种植间隔也与冬青的间隔相呼应：每株冬青背后都有一株笔直的紫杉形成金字塔形；它们与内侧的金字塔们形成鲜明对比。

同样的序列应从洞窟向上、从保龄球绿地背后向上延伸，那里现存的紫杉绿篱同样要退后移植，但是留下此处的苏格兰冷杉，因为它们在此处并不遮挡任何视线。再下一排不种冬青了，或许可以改种苏格兰冷杉（即上文提到的球形紫杉之间的苏格兰冷杉，这些苏格兰冷杉从小路前的运河边被移走——本书作者注）兼柏树（这里遮蔽得很好），形成对比，在最外一排，种上移栽的紫杉而不是枫树，在这两排树内的范围，所有适合的夏绿植物都保留不动。

可能会将冬青移出（其中一些最好的冬青）从鹿院苗圃中移出来，如此一来，除了保留大庭院内平台-台阶处的两排冬青（为了产生对比，修剪成更小的球形），就只剩9株左右。还有两株是一年前在平台大门外地基较稳固一侧栽植的。另外6株相同的小尺寸球形冬青现在种在看门人小屋两侧的月桂篱内，绿篱内有一些高大的球形紫杉（所在之处）没有（？——因原文缺失，此处有疑问）与之产生对比的图案或者物种。一些体量更大的金字塔形紫杉会因为太过茂密而有可能被移植……到运河边高大球形紫杉之间的苏格兰冷杉所形成的小“房间”里……（此处原文被划掉）……我们发现当位于更高大的夏绿植物之间或者下方时，球形紫杉在构图上确实要优于金字塔形紫杉；因此单株的球形紫杉树冠的尺寸（例如大庭院宽石头台阶两侧的紫杉）至少要达到保龄球绿地南侧桑树的尺寸；移除双排小型的金字塔形紫杉。但是如果这些球形紫杉由于茎秆太小而难以与那些高大的紫杉或者桑树相协调的话，那么它们有可能会被栽植到其他地方。但无论将这些球形紫杉种到何处，都会打破金字塔形紫杉林所形成的秩序，并且分散栽植会产生不尽如人意的混乱感。

南边运河下段的种植计划

……（此处原文被划掉）……榆树间隔着隔一棵，移走一棵，剩下的榆树都被剪成类似运河上段紫杉树球的模样，排成一列。从看门人小屋两侧月桂篱边上与柏树相对比的最后一排非常大的金字塔紫杉树里，移植过来三四株……如果树干需要通过不断修剪才能保持低矮，需要（支架？）才能加固的话，那这一排榆树有可能会被移除（此处存在疑问，有可能不是这些榆树被移除呢？如果是的话那如何与紫杉相协调？——本书作者注）：没有了支架的话，这些榆树就长不直，配不上西南的开阔地，特别是配不上这一段的运河，也没有任何其他植物能跟它们相配。因此如果它们还在那里的话，就得像新花卉园栅栏（Flower Garden Pallasades）后的榆树那样，像中等大小的紫杉一样，栽成一列；或者这批树木，如果需要的话，也可以成为青苹果树“房间”的树篱［这些树可能当初是作为呵护此处一个柏树篱（？育苗）以及从果园看过来视线的收尾而种下的——本书作者注］。在这些植物的后面是一片遮挡着果园的桤木树篱，它们从紫杉上头冒出来，每两株榆树之间的一株小金字塔紫杉将两侧的空间统一了起来。

旧野生林地处的种植计划

从平台延伸出来的横道也要铺上石子，这条路以及另外一条都该拓宽，拓宽程度视现状树木容许，不得将就。然后，在路两侧镶上缘石，各种一排冬青树篱。这些事情要在下一个米迦勒节后的第一季内完成。

沿旧河畔小径的种植计划

最后一排的常青植物还是继续种植其他种类的纯冬青树（实在没什么种的，就种桑树）。这排树在那里，将很远处望过来的视线引向那座小山。让视线在重新整理过的田野的尽头，看到仍在山上的老紫杉。为了与之对应，计划中范围扩大的苗圃边界就有了用场。横向绿篱可以用开敞时围栏或栅栏所取代……河东旧界的大量白蜡树可能到时就要被移走。这些白蜡树的根系会破坏新种的冬绿植物的土壤，既不利于视线，当也不适于降低河畔小径的标高，让河面露出来……（？是时候了）该将河道拓宽一两英尺。两侧很容易挖，但另一侧地势太低，或许需要垫高……土源可以来自这一侧，也可以靠夏天清理河床淤泥时的土。

靠近草莓园的种植计划

河流另一边的青苹果树篱要被移除，较老的一片树篱将被移植到“房间”里。将会种植矮梨树（或者其他果树）去呼应白色碎石步道另一侧的温柏树。在距离栅栏一定距离的位置上，用相同的桤木树篱连续地围合住南侧的果园。在桤木树篱身上，通过切开其转角而尽量打开从女士更衣间的书房（Lady's Closet Library）窗口到老河的视野。倒是在下一个转角，即东侧，栅栏内的包围果园的树篱上，可以用柏树篱或一排柏树去结束从保龄球绿地或是花园看过来的视线。

（手稿到这里就结束了，但是显然这份手稿还未完成。）

25. 历史纪念物皇家委员会（Royal Commission on Historical Monuments），《多塞特郡历史纪念物明细》（An Inventory of the Historic Monuments in the County of Dorset），伦敦：HMSO出版社，1975，卷5，图32。

26. 同上。

27. 沙夫茨伯里伯爵三世，《第二类个性，或形式语言》（Second Characters，Or，The Language of Forms），兰德编，纽约：格林伍德出版社，1914，162页及之后。

28. 同上，162页。

29. 同上，163页。

30. 沙夫茨伯里伯爵三世,《随想录》(Miscellaneous Reflections),见《人、风俗、意见与时代之特征》(印第安纳波利斯:鲍勃斯-梅林出版社1964,267页)。

31. 同上。

32. 沙夫茨伯里伯爵三世,《道德家》,见《人、风俗、意见与时代之特征》(印第安纳波利斯:鲍勃斯–梅林出版社,1964,100)。

33. 同上,137页。

34. 本章的题词。

35. 沙夫茨伯里伯爵三世,《道德家》,见《人、风俗、意见与时代之特征》(印第安纳波利斯:鲍勃斯-梅林出版社,1964,110页)。

36. 同上,131页。

37. 同上。

38. 同上,106页。

39. 同上,64页。

40. 同上,65页。

41. 同上,122页。

42. 本章开头的引文。

43. 沙夫茨伯里伯爵三世,《道德家》,见《人、风俗、意见与时代之特征》(印第安纳波利斯:鲍勃斯-梅林出版社,1964,122页)。

44. 同上,130页。

45. 沙夫茨伯里伯爵三世,《不真实的塑形》,《第二类个性,或形式语言》,兰德编,(纽约:格林伍德出版社,1914,139页)。

46. 沙夫茨伯里伯爵三世，“道德家”，见《人、风俗、意见与时代之特征》（印第安纳波利斯：鲍勃斯-梅林出版社，1964，131页）。

47. 同上，138页。

第6章　建筑与情境：或地形是如何显露自己的

1. 参考文献如下：

（1）考夫曼（Kaufmann，E.），《理性时代的建筑》（Architecture in the Age of Reason），康涅狄格哈姆登：阿尔松（Archon）丛书出版社，1966，28页。

（2）萨默森（Summerson，J.），《英国建筑：1530至1830年》（Architecture in Britain：1530 to 1830），哈蒙兹沃思：企鹅出版社，1970，214页。

（3）吉布森（Gibson，W. A.），《罗伯特·莫里斯初涉建筑理论时所受到的文学影响》（Literary Influences on Robert Morris' First Excursion in Architectural Theory），《邂逅：爱荷华州立大学艺术与文学校刊》（Rendezvous：Idaho State University Journal of Arts and Letters）6期，1971，1-14页。

（4）里克沃特（Rykwert，J.），《现代早期：18世纪的建筑师们》（The First Moderns：The Architects of the Eighteenth Century），马萨诸塞剑桥：麻省理工学院出版社，1980，185页。

（5）克鲁克香克（Cruickshank，J.），《一种英式理性》（An English Reason），《建筑师杂志》（Architect's Journal）4期，1983，49-58页。

2. 莫里斯，《建筑讲稿》（Lectures on Architecture），伦敦：布林德利（J. Brindley）订印，1734，第一部分，17-36页；第二部分，86页。其他术语也贯穿始终。詹姆斯·阿克曼是为数不多研究莫里斯这方面理论的历史学家，见其《英格兰的帕拉第奥式别墅》一文，《别墅：乡村住宅的形态与意识形态》（The Villa：Form and Ideology of Country Houses），普林斯顿：普林斯顿大学出版社，1990，135-158页。

3. 莫里斯，《为古代建筑而辩的一篇论文》（An Essay in Defense of Ancient Architecture），伦敦，1728。

4. 里克沃特，《现代早期：18世纪的建筑师们》，剑桥：麻省理工学院出版社，1980，190页。

5. 科尔文（Colvin，H.），《英国建筑师的传记词典：1600—1840》（A Biographical Dictionary of British Architects：1600 – 1840），伦敦：穆雷出版社，1978，559页。

6. 英国皇家建筑师协会（RIBA）图书馆中有一份1753年1月2日致黑尔斯先生的信的副本，信件的内容是对“主教卧室”进行内部改造的汇报。这是罗伯特·莫里斯参与建筑工程实践的一个例子。科尔文的《传记辞典》还列举了莫里斯可能参与的其他小项目。

7. 吉布森，《介绍1742年的匿名之作〈建筑艺术：一首诗〉（Introduction to “The Art of Architecture：A Poem”，anonymous，1742），奥古斯坦再版协会（Augustan Reprint Society）144期，威廉·安德鲁·克拉克（William Andrews Clark）纪念图书馆，（洛杉矶，1970），xii页。

吉布森宣称，科尔文认为这首诗出自格温之手。然而，科尔文在其《传记辞典》的第558页明确地指出“内部资料均非常清楚地表明《论和谐》《建筑艺术》及《鲁伯特致玛丽亚》（Rupert to Maria）的作者实际上是莫里斯”。吉布森所言的格温“既看向过去，也看向未来”，并不能让我们忽略在《论和谐》，或是《建筑艺术》与《改造后的伦敦与威斯特敏斯特》（London and Westminster Improved）之间的差异，而他对莫里斯设计出现在《建筑艺术》扉页上的原因乃是格温对莫里斯的“钦佩”（admiration），也没能解释莫里斯作品与两部匿名出版物之间的诸多相似之处。

造成这个错误的是英国皇家建筑师学会图书馆收藏的《测绘师的资质及职责》（The Qualifications and Duty of a Surveyor）一书有一段时间不详的铅笔字，把《建筑艺术》那首诗、《论和谐》以及上述一些文学作品都说成是格温的手笔。英国皇家建筑师学会图书馆接受了这一说法，《国家传记辞典》（Dictionary of National Biography）的编辑及其他相关研究的学者都接受这一说法。就连新近再版了《建筑艺术》的编辑也重复了这一说法。

还有两个事实，可以推断格温为这些作品的作者。首先，格温曾出版了一本书，书名是《论设计，包括对建立公共学院的建议，1749年》（An Essay on Design including proposals for erecting a public academy，1749）。这个书名与《论和谐》相呼应，并且其题材涉及对建筑诗的讨论。再者，格温与塞缪尔·约翰逊（Samuel Johnson）众所周知的交往，比之莫里斯的朋友圈来，似乎更具文学追求的框架条件。但这是一个很不确切的证据。还有，格温的朋友，同时代作家罗伯特·多兹利（Robert

Dodsley）同时还是一个戏剧家、书商和出版商，他出版的一部作品《劝诫术：仿贺拉斯的〈诗艺〉》（The Art of Preaching：in imitation of Horace's Art of Poetry）（出版日期不详）也使人想起莫里斯的建筑诗。多兹利与约翰逊的关系也十分亲密；他似乎提议出版一部新的较完整的英语字典。显然效仿贺拉斯的大作去摹写杂文，在当时是很流行的做法。

但这两部匿名作品的归属不能仅靠这些间接证据确定。格温最不可能是这两本书的作者，因为他关于建筑和城镇规划的主要著作都与这本书的写作风格大相径庭，并且他的著作中没有采用这两本书所体现的原则与理论。然而莫里斯署名作品的写作风格与这两本书相同，并且重复了相同的概念，特别是"情境"（situation）的概念。它是《论和谐》一书的主题。莫里斯在《建筑讲稿》的第二部分中写道："服装和饰品都是仅次于和谐的必需品，它们有赖于情境"（莫里斯，《建筑讲稿》，第二部分，220页）。在《论和谐》中有这么一句话，"在这些设计中无论是需要怎样的量级还是形式，建筑师在设计原则中都必须将自然考虑在内；让场地直接指导他选择服装和饰品"（莫里斯，《论和谐》，伦敦，1739，35页）。最后，在那首建筑诗里我们发现了相同的观点："建筑（必须）与土地相协调"及"每个场地都有着多样的面孔；装饰也要因地而异"（莫里斯，《建筑艺术》，伦敦，1742，13，16页）。这三部作品都渗透着这一原则，但在格温所著的《改造后的伦敦与威斯特敏斯特》中并未有所体现。格温的这本书讨论的是场地和装饰。

莫里斯还出版了许多奇妙、有趣的文学作品。这些作品都是匿名发表的，其中许多作品的作者到现在还存在争议和不确定性。人们也会猜测约翰·格温和罗伯特·多兹利可能是这些书的作者。这些作品有：《贤德探究》（An Enquiry After Virtue）（第一部（1737 ？ ）及第二部（1740））、《是的，他们都是》（Yes They Are）（1740）、《还有你》（Have You All?）（1740）、《注定的必然性或是重新获得的自由》（Fatal Necessity or Liberty Regained）（1742）、《圣列奥纳多山》（Saint Leonard's Hill）（1743）、《鲁伯特致玛丽亚》（1748）。最后还有一部匿名发表的《测绘师的资质及职责》（1752），无法归入上述三类。

8. 莫里斯，《建筑讲稿》，第一部分，86页。

9. 关于帕拉第奥（Palladio），见艾萨克·韦尔（Issac Ware）翻译的《建筑四书（Quattro Libri）》或1738年伦敦出版的《建筑四书》（伦敦，1738），46页。

10. 沃顿（Wotton，H.），《建筑要素》（The Elements of Architecture）（伦敦，1624），2-5页。

11. 原文出自德·皮勒（De Piles，R.），《绘画教程》（Cours de peinture），英译本1743年，引自亨特，威利斯，《场所的守护神：英国风景园，1620—1820》（剑桥：麻省理工学院出版社，1988）113页。

12. 同上。

13. 同上。

14. 莫里斯，《建筑讲稿》，第一部分，79页。

15. 同上，82页。

16. 莫里斯，《论和谐》，15页。

17. 同上，16页及之后。

18. 同上，31页。

19. 莫里斯，《建筑艺术》，16页。

20. 这几段话分别来自：《论和谐》，35页；莫里斯，《建筑艺术》，21页；莫里斯，《建筑讲稿》，第一部分，72页。

21. 莫里斯，《建筑艺术》，第二部分，vi页。

22. 同上，187页。

23. 同上。

24. 沃顿，《建筑要素》，109页。

25. 莫里斯，《建筑讲稿》，第二部分，210页。

26. 莫里斯，《乡村住宅》（Rural Architecture）（伦敦，1750），图XV。

27. 同上，第一部VIII页。

28. 同上，2页。

29. 莫里斯，《建筑讲稿》，第二部分，196页。

30. 洛克（Locke，J. ），《人类理解论》（An Essay Concerning Human Understanding）（伦敦，1700）第二卷、第1章、第二与第三部分。

31. 莫里斯，《建筑讲稿》，第二部分，196页。

32. 同上，87页。

33. 莫里斯，《论和谐》，扉页。

34. 同上，iii页。

35. 同上，32页。

36. 引自布朗韦尔（Brownell，M.R.），《亚历山大·蒲柏与乔治王时代英国的艺术》（Alexander Pope & the Arts of Georgian England）（牛津：牛津大学出版社，1978），253-254页。

37. 同上。

38. 见亚历山大·蒲柏（Pope，A.），《亚历山大·蒲柏诗歌全集》（The complete poetical works of Alexander Pope），沃伯顿（W.Warburton）编辑，全21卷，（伦敦，1760）卷3，268页。及里克沃特（Rykwert ，J.），《亚当的天堂之家：建筑史中原始棚屋的概念》（On Adam's House in Paradise：the idea of the primitive hut in architectural history）（纽约：现代艺术博物馆，1972），94-101页。

39. 里克沃特，《亚当的天堂之家：建筑史中原始棚屋的概念》（纽约：现代艺术博物馆，1972），94页。

40. 亚历山大·蒲柏，《传书伯灵顿子爵》（An Epistle to Lord Burlington），57-70行。

第 7 章　形象和它的场景：或地形是如何保留行动的痕迹的

1. 亨特（Hunt , J. D.），《"脚的领地"：面向游园视学》（"Lordship of the Feet"：Toward a Poetics of Movement in the Garden），见《景观设计与动感体验》（Landscape Design and the Experience of Motion），科南（Michel Conan）编辑［华盛

顿特区：敦巴顿橡胶园（Dumbarton Oaks）图书馆及藏馆，2003］，187-213页。

2. 参考文献如下：

（1）巴特勒（Butler，S. ），《朝圣：关于圣山或位于瓦拉洛-塞西亚的新耶路撒冷记述》（Ex Voto：An Account of the Sacro Monte or New Jerusalem at Varallo-Sesi），伦敦：特吕布纳（Trubner）公司，1888，41页。

（2）《意大利人传记辞典》（Dizionario Biografico degli Italiani），（罗马：意大利百科全书学会，1973），卷16，34页。该辞典使用“vagheggiore”一词来形容这种初期失败的最佳地点搜寻活动。此时我们应该想到卡伊米（Caimi）仿佛在梦中徘徊、渴望。

3. 维特科尔（Wittkower，R.），《意大利境内阿尔卑斯山脉的“圣山”》（‘Sacri Monti’ in the Italian Alps），见《思想与形象》（ Idea and Image）（伦敦：泰晤士与哈德逊出版社，1978），175-178页。这篇晚近的文章有助于入门。对意大利瓦拉洛圣山相关资料搜集得最完善的还属加洛尼（Galloni，P. ），《瓦拉洛的圣山》（Sacro Monte di Varallo），见《奠基行为，艺术作品的起源和发展》（Atti di fondazione，Origine e slovgimento della opera d’arte）全2卷，1973年再版。同时可参考胡德（Hood，W.），《瓦拉洛的圣山：文艺复兴艺术与流行宗教》（The Sacro Monte of Varallo：Renaissance art and popular religion），《隐修制度与艺术》（Monasticism and the Arts），弗登（Verdon，T.G.）编辑，（纽约锡拉丘兹：锡拉丘兹大学出版社，1984），291-313页。

4. 罗耀拉自传性叙述见凡·戴克（Van Dyke P. ），《罗耀拉：耶稣会的创始人》（Ignatius Loyola：The Founder of the Jesuits）［纽约州华盛顿港：肯尼卡特（Kennikat ）出版社，1968］，46-62页。

5. 鲍尔多文（Baldovin，J. F.），《基督教崇拜的城市特点：苦路礼拜的起源、发展与意义》（The Urban Character of Christian Worship：The Origins，Development，and Meaning of Stational Liturgy），［罗马：宗座东方学院（Pontificium Institutum Studiorum Orientalium），1987］。感谢约翰·迪克森·亨特推荐的参考资料。

6. 拉德纳（Ladner，G. B. ），《行路之人：中世纪时有关隔离与皈依的思想》（Homo Viator：Mediaeval Ideas on Alienation

and Order),《反射镜：一份关于中世纪研究的期刊》(Speculum: A Journal of Mediaeval Studies)42期，1967，236页。

7. 赞奇(Zanzi，L.)《"神迹"：反改革时期在伦巴第地区一栋"若瑟建筑"的故事》('Cosa Miraculosa'：Per la storia di una 'Fabricadel Rosario' in una terra Lombarda all'Epocha della Controriforma),《瓦雷泽圣山》(II Sacro Monte sopra Varese)，1985，15页。赞奇引用了米尔恰·伊利亚特(Micea Eliade)的学说，将这一辽阔世俗空间的改变，说成是一种"空间圣化的体验"以及"世界的创生"。

8. 对于山景更老的描述，尤其在英文文学中的描写，见尼科尔森(Nicolson，M. H.),《山昏山明：无限性美学的发展》(Mountain Gloom and Mountain Glory：The Development of the Aesthetics of the Infinitive)(纽约：康奈尔大学出版社，1959)。后者，尤其这种观点在19世纪的表述，见斯塔福德(Stafford，B. M.),《探索物质：艺术、科学、自然以及带插图游记，1760—1840》(Voyage into Substance：Art，Science，Nature，and the Illustrated Travel Account，1760—1840)(剑桥：麻省理工学院出版社，1984)，特别是第2章。

9. 奥森尼诺(Orsenigo，C.),《圣卡洛·博罗梅奥生凭》(Life of Carlo Borromeo)(纽约，1945)，302-303页及胡德，《瓦拉洛的圣山：文艺复兴艺术与流行宗教》，《隐修制度与艺术》，弗登编辑，(纽约锡拉丘兹：锡拉丘兹大学出版社，1984)，291-311页。上述两位作者都引用并参考了《圣卡洛·博罗梅奥生凭》(Della Vita di San Carlo Borromeo)的内容(博洛尼亚，1614)。

10. 胡德，"瓦拉洛的圣山：文艺复兴艺术与流行宗教"，《隐修制度与艺术》，弗登编辑，(纽约锡拉丘兹：锡拉丘兹大学出版社，1984)，299页。这篇文献解释了这些指导方针不仅仅是描述了空间序列及过程，同时也阐述了适当的思想与感触。

11. 罗耀拉，《精神修炼》(The Spiritual Exercises of Saint Ignatius)，(Longridge，W. H.)翻译，[伦敦：莫布雷(A. R. Mowbray)出版社，1955]。

12. 布罗德里克(Brodrick，J.),《耶稣会的起源》(The origin of the Jesuits)(伦敦：罗耀拉出版社，1940)，21页。

13. 阿奎那（Aquinas，T. ），《全集》（Opera Omnia ）（帕尔玛，1866），198页及之后。

14. 阿奎那，《亚里士多德著作评注：论感觉、情感、记忆、回忆》（In Aristotelis Libros：De Sensu Et Sensato De Memoria Et Reminiscentia），斯皮亚齐（Spiazzi.，R.）编辑［都灵：马里亚蒂（Marietti）出版社，1973］，91页。.

15. 英译文引自耶茨（Yates，F. A. ），《记忆之术》（The Art of Memory），（芝加哥：芝加哥大学出版社，1966），72页。意大利原文见阿奎那，《全集》（帕尔玛，1866），199页。玛丽·卡拉瑟斯（M.Carruthers）在她的书中阐述了这个观点［《记忆之书：对于中世纪文化的记忆研究》（The Book of Memory：A study of memory in medieval culture）（剑桥：剑桥大学出版社，1990），73页及之后］。

16. 这是在圣山研究中最为重要的一个案例。参照诸如赞齐对瓦雷泽的蒙特圣玛丽亚教堂的描述。见赞齐，“神迹”，156页。

17. 参照加莱亚佐·阿莱西（G. Alessi），《神秘之书》（Libro dei misteri）［博洛尼亚：福尼（A. Forni）出版社］，特别是序言，以及佩罗内（S.L. Perrone），“圣山及阿莱西的城市性”（L’Urbanistico del Sacro Monte e l’Alessi），见《加莱亚佐·阿莱西与16世纪建筑》（Galeazzo Alessi e l’architettura del Cinquecento）［热那亚：萨基（Sagep）出版社，1975］；在同一份出版物中，我们可以读到穆拉特（A.G.Murat），“阿莱西为当时的一栋集合住宅所做的形式选择”（Scelte formali di G. Alessi per una moderna aggregazione edilizia），特别是64-65页。还有穆拉特（C.Murat）在他的《都灵巴洛克时期的城市形态与建筑》（Forma urbana ed architettura nella Torino barocca）中对于瓦拉洛的讨论（都灵：都灵地形学协会，1968），卷1，特别是38-42页。最后，1980年在瓦拉洛举办的国际会议总录。《圣山，在建筑、造像、风景之间穿行的朝圣路线》（Sacri Monti，itinerari di devozione fra architettura，figurativa e paesaggio），丰塔纳（F.Fontana），索伦蒂（P.Sorrenti）编辑。此总录有一部分对了解阿莱西的项目很有帮助，并提供了有关瓦拉洛圣山和其他14处圣山基地大量的文献线索。除了这些文本之外，本人在与诸多同事的讨论中受益匪浅，包括约瑟夫·里克沃特、彼得·卡尔、达利博尔·维斯利、彼得·卡尔及约翰·迪克森·亨特。

18. [西塞罗]，《论题术》(Ad C. Herennium)，卡普兰(H.Caplan)翻译(剑桥：哈佛大学出版社，1954)，221页(第三书、第22章、第37段)；引自耶茨，《记忆之术》(芝加哥：芝加哥大学出版社，1966)，10页。

19. 巴特勒(Butler, S.)，《阿尔卑斯山与圣所》(Alps and Sanctuaries)[伦敦：菲特费尔德(A. C. Fifield)出版社，1920]，176页。

结语：微尘伦理学

1. 劳里·奥林(Laurie Olin)，《地域主义及汉娜/奥林事务所的建筑实践》(Regionalism and the Practice of Hanna/Olin, Ltd.)，见《美国的地域性花园设计》(Regional Garden Design in the United States)，奥马利(T.O'Malley)，特雷伯(M.Treib)编辑(华盛顿特区：敦巴顿橡树园研究图书馆与藏馆，1995)，260页。

2. 劳里·奥林，《回忆而非怀旧》(Memory not Nostalgia)，一篇未发表的完全展开讨论的文章(作者慷慨地将此文章借给了我)，5页。这篇文章的精简版以相同的标题发表在《记忆，表现，再现》(Memory, Expression, Representation)，史密斯(W.G.Smith)编辑(奥斯汀：得克萨斯州大学出版社，2002)，8-17页。

3. 奥林，未发表手稿，6页。

4. 史密森(Smithson, R.)，《心灵的沉积：大地项目》(A Sedimentation of the Mind: Earth Projects)，《艺术论坛》(Art forum)7期，1968(9)，44-50页。此文再刊于《史密森文集》(Robert Smithson: The Collected Writings)，弗拉姆(J.Flamm)编辑(伯克莱：加利福尼亚州大学出版社，1996)，100-113页。

5. 库尔特·福斯特(K.Forster)，《四手及多手联弹音乐作品》(Pieces for Four and More Hands)，见《赫尔佐格与德·梅隆：博物志》(Herzog J. Herzog & de Meuron: Natural History)，乌斯普朗(P.Usprung)编辑(蒙特利尔：加拿大建筑中心，2002)，49-51页。

6. 奥林，“地域主义”，260页。

7. 谢林（Von Schelling F. W J.），《对人类自由本质的哲学研究》（Philosophical inquiries into the nature of human freedom）（伊利诺伊拉萨尔：敞院出版社，1936），34页。

8. 亨特，《更加完美：造园理论的实践》（宾夕法尼亚大学出版社，2000），第3章。

9. 这里，我使用了“漫溢现象”（saturated phenomena）一词。这个词汇，在某种意义上，是由让·吕克·马里翁发展出来的。特别参照马里翁（Marion，J .L.），《漫溢现象》（A Saturated Phenomenon）；《今日哲学》（Philosophy Today）40期（1996春季号），103-124页，以及马里翁，《已被给予》（Being given）（加利福尼亚斯坦福：斯坦福大学图书馆，2002），特别是21节、22节。

10. 这个观察依据的是达利博尔·维斯利提出的论据。维斯利（D. Vesely），《分工再现时代的建筑：处在生产阴影下的创造性问题》（Architecture in the age of divided representation: The question of creativity in the shadow of production）（剑桥：麻省理工学院出版社，2004）。

译后记：关键词译法

想从本书里读到地形故事的读者也许会失望，这本书里没有关于大地运动或是塌陷的报道，也没有对各类特殊地形的直接概括和对策。更准确地说，这种地质尺度上的地形状态在本书中构成了一个个古代或现代建筑或景观整体设计中所要面对的具体基地条件。地形不是以自在体也不是以被动的美学影像出现，而是一处上演着来来去去的景观与建筑思考的时间大舞台。是的，就像戴维·莱瑟巴罗教授在本书的“致谢”中所言，本书是他针对如何跨越学科分野，用更为流动和多点的当代思考去整合景观与建筑学科的论文及讲稿集。但与一般性论文集不同，本书还地形般地呈现出某种或隐或显的结构。导言、第1章（作为框架的地构）、第2章（培育、建造与创造力）以及结语（微尘的伦理）更为哲学地在破解建筑与景观的学科对立。第5章、第6章、第7章着眼于在历史中描述先人的地形认识和地形整修智慧。落脚点在诸如地景和建筑的“性格”、“场景”、“情境”的精辨上。而第3章更像是对设计过程自身的反思。第4章几乎可以独立地成为一部关于土地地形的小史诗。

这么看时，本书穿越了人们熟知的多个领域：建筑或景观的历史研究、古代和当代的土地伦理观、人类学与美学以及愈发多彩纷呈的存在哲学和现象学等。诸多关键词直接地反映了它们非设计领域的出处。像“涌现”、“生成”来自德勒兹（Gilles Deleuze）；“被给予”、“漫溢”、“过量”有着马里翁的影子；“存在”、“保持”、“培育”很像海德格尔诗学；“地平线”、“视域”、“意识”全都是胡塞尔关注过的对象；而“物理”、“几何”、“舞蹈”、“混沌未开”又把我们带回到了亚里士多德、柏拉图、苏格拉底甚至更早的阿那克西曼德的话语。由于有了这样的视点，特别是对哲学话语的汲取，戴维·莱瑟巴罗把我们以前熟悉的所谓专业词汇也一并做了扩展，连书名里的“地形”一词都不再仅是英语的常规用法。“地形故事”的译法只能说表达出原标题的直观意思而已，因为“topography”在莱瑟巴罗笔下有时是土地上的人类活动刻痕，有时是人对土地的认识，地形学，有时更像是意识所面向的身前世界。

怎样向中文读者尽量传递这些被拓展的关键词词义，就成了本次翻译的最大挑战。在此，译者觉得有必要向读者交代一下某些关键词译法背后的理由，这样，既可以帮助读者警惕那些习以为常的词汇，又期待方家斧正。这些关键词包括：

Agency：作用力。比如自然风化的力量或是人类改造地形的能力。

Articulation：突出、突显的动作。在语言学里，“articulation”指的是发声的“分节”；在绘画了雕塑里，这个词常指依靠光影去“凸显”轮廓或是节奏。莱瑟巴罗的用法在诸多时候是指大地和其中的景物不断“清晰化”的过程。这里，译者通常将之译为“刻画”，更靠近文学里的用法。

Arts：诸艺。在亚里士多德的那个时代，“ars”即“techne”，指技艺，这跟现代时代的美术化的艺术，很是不同。

Composition：用指绘画画面要素关系时，译成“构图”；指要素的空间关系时，译成“构成”；指设计过程中不同原型局部的整合时，译作“组合”。

Creative：指人的时候，创造力；指作品，创造性。

Cultivation：相对于自然的天然生长（growth）以及全人工的非生命体（construction）而言的中间状态，比如花园，这里译成“培育”。“培育”既有人工性，也有自然性。

Emergence：涌现、浮现。莱瑟巴罗在使用这个词的时候，主要用来描述地形面向意识的时候，各种力量的结构得以突然清晰化的过程。然后，这种呈现又同时意味着边缘的模糊和某些过去呈现的隐退。

Earthwork：这个词在土木工程里就是一般意义的“土方、土方量”，但莱瑟巴罗显然并不满足于这种物理性描述，他像森佩尔那样暗示着土地本身也具有结构潜能，甚至更多的东西，建造活动是该考虑与“earthwork”对话的。所以本书将“earthwork”译成“地构”。

Figure：图形、图像、景物，特别是相对于“图底”/“背景”这类词汇而言时，是在讨论格式塔视觉认知的“图-底”关系；外形、物形——即人物、景物、物体的轮廓，特别是相对于事物内在意式（ideal）而言时，figure就成了外在的形象；泛指景物或人物。

Figuration：成形的过程。本书中，莱瑟巴罗常会用figuration指向建筑物单体如何在环境中被意识聚焦的过程。这种在人们的关注目光下，物体浮现出来的过程跟环境以及大地隐去的过程是同时性的。

Figurative：一般的译法是“喻象的”，某形象代表着其他的含义；但本书中，“figurative”往往说的就是景物变得外形突出，凸显在了地形之上。所以，译成“景物的”“图形性的”均可。

Finish：整修。莱瑟巴罗常用“finishing”这种动名词形式讨论建筑表面或是土地表面不断风化或不断再造的过程。有时，就指的是建筑或是土地地表的修整。在指建筑表面时，通常译成表面处理。

Form：外形的形状、定式意义的意式。

Framework：框架。但莱瑟巴罗更多地指的是事物形成的架构。

Garden：翻译中一般译成“花园”，有时会译成“庄园”或是“园子”。

Horizon：常规理解的horizon就是天地交汇的地平线或天际线；在哲学上，有时会被当成是“思想和生活视野的范围”。本书中，特别是结尾处，莱瑟巴罗回到了“horizon”的古老意义上，就是一圈平地，可以上演生命戏剧的土地平台。

Image：如果是人的心智认知里的印象，译为“意象”；如果是绘制出来的，译成“画像”、“肖像”；通称时，译成“形象/图像”。

Landscape：如果通称大地、辽阔的土地地表时，译成“地景”；在landscape garden中，译成“风景园”的“风景”；因为历史语境与习惯用法，在“landscape architecture”中的“landscape”，仍译成“景观建筑学”。

Latency：潜伏性/潜力。这个词跟“潜质”（potential）一样，指的是处在潜伏状态的可能性，但是似乎比“潜能”更接近“浮现”的临界点。

Lineament：这个词不该被简单理解成为建筑的廓形。在阿尔贝蒂的《论建筑》一书中，这个词往往指的是控制建筑部件定位的隐含控制线所形成的局部与整体的关系。这包括诸如柱位、开口位置、轴线等非外部廓形的线条。这也是莱瑟巴罗的用法。这里，译成较为抽象的“线构”。

Performance：实效性、实效或是发挥作用的过程。

Prospect：在讨论景观种类时，莱瑟巴罗用到了Prospect这个词，指的就是眼前的景观，也是大尺度的整体景观，译为“前景”，希望不至于该跟“近景”相混淆。

Setting：通常译为“场景”，有时译为“环境”。

Site：基地。但不仅仅指红线内的可建设基地，而是受到项目影响的范围。

Situation：情境。这是莱瑟巴罗刻意选择的词汇之一，指的是具体场合场所的具体氛围与条件。

Technique：技术，技巧。

Terrain：地势，有起伏高差的地形；本书中，地势地形往往指有着高差变化的具体基地条件，作为通属词汇“地形”的局部条件或是具体说法。有时，二者完全可以互换通用。

Topography：地形、地形学、地志。一般不再译作“地貌”，因为地貌与地形在汉语中基本等价。而当“topography”主要指代“地理范围”或是“空间”存在时，译成“地形”或是“地形学”，如果带有时间维度特别是土地上的行为痕迹史的意思时，译为“地志”。

最后，请容许我们感谢为此书的翻译做出过帮助的原书作者戴维·莱瑟巴罗教授，以及中国建筑工业出版社的戚琳琳和李婧两位责编，还有整理与初译索引及注释的张冠亭同学。

译者
2013年夏一稿，2016年春二稿

著作权合同登记图字：01-2011-5457号

图书在版编目（CIP）数据

地形学故事：景观与建筑研究／（美）莱瑟巴罗著；刘东洋，陈洁萍译．—北京：中国建筑工业出版社，2017.12 （2020.9重印）
（AS当代建筑理论论坛系列读本）
ISBN 978-7-112-21277-4

Ⅰ．①地… Ⅱ．①莱… ②刘… ③陈… Ⅲ．①城市景观－景观设计－研究 ②城市建筑－建筑设计－研究 Ⅳ．①TU984.1 ②TU2

中国版本图书馆CIP数据核字（2017）第239218号

责任编辑：戚琳琳　李　婧
责任校对：王　瑞　李美娜
封面设计：邵星宇
版式设计：刘筱丹

AS当代建筑理论论坛系列读本
地形学故事：景观与建筑研究
[美]戴维·莱瑟巴罗　著
刘东洋　陈洁萍　译
*
中国建筑工业出版社出版、发行（北京海淀三里河路9号）
各地新华书店、建筑书店经销
北京锋尚制版有限公司制版
北京市密东印刷有限公司印刷
*
开本：850×1168毫米　1/16　印张：18　字数：333千字
2018年1月第一版　2020年9月第二次印刷
定价：62.00元
ISBN 978－7－112－21277－4
（30923）